地理信息系统实习教程（第三版）

ArcGIS 10 for Desktop

宋小冬　钮心毅　编著

科 学 出 版 社

北　京

内 容 简 介

本教材内容共 9 篇，每篇针对地理信息系统（GIS）的一类功能或一种数据结构；篇中分章，每章为若干相对独立的练习，除了通用的查询、显示、分析，还包括数据输入、编辑、维护，使初学者通过循序渐进式的练习掌握 GIS 基本功能、数据类型，对 GIS 产生兴趣，进而理解 GIS 原理。所有练习均采用 ESRI 公司的软件 ArcGIS 10.1 for Desktop 的中文界面，有专门的练习数据相配套，并附带试用版软件。本教材内容涉及空间、属性信息查询，专题地图显示，属性数据管理，地图布局，空间数据的输入、编辑、校正、转换，空间插值，考虑成本的空间距离，缓冲区分析，叠合分析，邻域分析，空间统计，不规则三角网、三维多面体的生成，视线、视域分析，网络分析，地图注记，制图综合，基于元数据的搜索和维护及模型构建器等，涉及 GIS 各种数据模型、处理功能，并有综合练习帮助学习者加深体验和理解。本书末尾有汉英对照的专用词汇索引。

本教材可供初学者、自学者使用，既可作为高等院校地理信息系统、人文地理与城乡规划、测绘工程、土地资源管理、市政工程、交通运输、环境保护等专业本科生、研究生的教材，也适合相关专业的技术人员、管理人员参考使用。

图书在版编目（CIP）数据

地理信息系统实习教程/宋小冬，钮心毅编著. —3 版. —北京：科学出版社，2013.10

ISBN 978-7-03-038671-7

Ⅰ．①地… Ⅱ．①宋… ②钮… Ⅲ.①地理信息系统 - 实习 - 高等学校 - 教材 Ⅳ．①P208-45

中国版本图书馆 CIP 数据核字(2013)第 225237 号

责任编辑：杨　红 / 责任校对：宋玲玲
责任印制：师艳茹 / 封面设计：迷底书装

斜　学　出　版　社 出版

北京东黄城根北街 16 号
邮政编码：100717
http://www.sciencep.com

天津文林印务有限公司 印刷

科学出版社发行　各地新华书店经销

*

2004 年 8 月第 一 版　　开本：787×1092　1/16
2007 年 6 月第 二 版　　印张：26
2013 年 10 月第 三 版　　字数：643 000
2022 年 12 月第三十五次印刷

定价：69.00 元

(如有印装质量问题，我社负责调换)

第三版前言

本教材最初以 ArcView 3.x 为平台，1998 年初在同济大学城市规划专业教学中试用，经扩充后于 2004 年 8 月在科学出版社出版，为地理信息系统（geographic information system, GIS）初学者提供一系列循序渐进式的练习。2007 年 6 月完成了第一次改编，软件平台为 ArcGIS Desktop 9.1。本次改编，软件平台升级为 ArcGIS 10.1 for Desktop，操作界面改为中文，调整了练习顺序，精简了部分内容，增加了空间统计、选址配置、制图综合及模型构建器等内容，使学生、教师、在职人员有更大的选择余地；加强了原理的文字解释，降低理解难度，进一步向非 GIS 专业倾斜。

对于初学者，只要对着教材，按部就班做练习，就可产生直观感受，体验 GIS 的功能、数据组织。做完练习后再阅读文字解释，可将体验上升为理解。

对于稍有基础的读者，可将练习内容和 GIS 一般原理相对照，再进一步和相关专业知识联系起来，从体验、模仿走向自主应用。

对于在校教师，可按所教专业的特点选取书中练习，也可适当重组，还可采取先做练习、后讲原理的逆向授课方式。为了培养兴趣，可要求学生做完练习后自述相关原理、应用价值。

个别练习综合性较强，涉及知识点较多，读者第一次接触时，不必过分追求结果正确，更应关注 GIS 的处理功能、数据组织及逻辑关系，初步了解后重做，可以获得更全面、更深刻的体会。

认识、理解 GIS 是本教材的首要目的，其次才是掌握软件平台。操作计算机是学习的途径，操作和阅读原理教科书相互穿插、适当循环，可以提高学习质量。在实际工作中，往往先想到 GIS 可以做什么，然后是怎样做成、如何做好。知道了方法，有了合适的软件、数据，要做成某件事并不难。从 GIS 原理到软件功能，再到专业知识，在三者之间建立联系是学好 GIS 的关键。

如果对专用名词感到陌生，可利用末尾的词汇索引查找相关解释。

如果对原理有兴趣，可将操作界面自行调整为英文。

宋小冬　钮心毅

同济大学城市规划系

2013 年 6 月

注：本书附带的练习数据获取路径：登录 http://www.ecsponline.com 网站，通过书号、书名或作者名检索找到本书，在图书详情页"资源下载"栏目中下载。

第二版前言

2004 年 8 月，科学出版社出版了以 ArcView 3.x 为平台的《地理信息系统实习教程》，为地理信息系统（geographic information system，GIS）的学习者提供了一系列循序渐进式的练习，使他们通过练习掌握 GIS 的基本功能，特别是通用的查询、分析功能。该教材旨在加强 GIS 教学中理论和实践的联系，缩短学生掌握 GIS 基本原理、常用功能的过程，提高学生自学的兴趣和应用的能力。因受软件平台的限制，数据输入、更新、维护、管理方面的内容较简单，二次应用开发未涉及。在该教材的基础上，本书采用 ArcGIS 9.x（Desktop）软件，除了弥补上述不足，查询、分析、制图等内容也有扩充，章节的编排做了调整，更适合初学、自学者。

各院校、各专业 GIS 教学内容、要求、过程不同，学生的知识背景也不同，为了便于自学，提高学生的兴趣，本书的章节顺序和一般 GIS 原理教科书不完全对应（例如，特意将空间数据的输入、维护安排在后面）。教师可以根据自己的经验、要求选择练习，组织教学，可以在讲授原理时，用练习来举例，也可以鼓励学生自己将练习过程和原理相对照，帮助学生在 GIS 原理、计算机软件功能、相关专业知识三者之间建立起联系。

没有教师指导的初学者可以直接照本书做练习，从前往后，按部就班，使自己产生直观感受，有了感受再阅读原理方面的教科书，了解原理再做练习，就可产生切实体会，可以靠自学在 GIS 原理、常用软件功能、相关专业知识三者之间建立起联系。操作计算机和阅读原理教科书相互穿插、适当循环是提高学习效率、质量的途径，这种方式对在校学生也合适。

初次做复杂、综合练习时，不必过分追求结果的正确性，更应关注 GIS 的功能、数据组织、处理过程。初学者对专用名词会感到生疏，可经常查阅末尾的索引。认识、理解、体验 GIS 是学习的基本要求，知道 GIS 可以做什么是关键，其次才是如何做成、做好。在很多情况下，先想到做什么，再考虑如何去做，知道了方法，有了合适的软件、数据，要做成某件事，往往不难。入了门，有了经验，可以做得更好。

以 ArcView 3.x 为平台和以 ArcGIS 9.x 为平台的两本教材各有所长，前者容易入门，后者内容较全、范围较广。

计算机平台要求和练习数据的安装可参考附录一（本书附带的数据仅供读者练习，不得用于其他业务）。

地理信息系统的应用领域在不断扩展，实现技术的途径、各种软件产品也在不断变化，但是基本原理、常用功能具有相对的稳定性，希望读者在掌握基本原理和常用功能的基础上，再通过其他途径进一步学习、应用、探讨。

　　本书的编写得到同济大学教材出版基金的支持。编写过程中，易嘉协助对原教材的部分内容进行了改编，张昆参与起草地图投影、拓扑规则说明和前期教学，刘颂参与起草遥感影像显示。感谢清华大学党安荣教授提出的修改意见。

　　采用本书作为教材，需要寻求软件方面的帮助，可以与 ESRI 中国（北京）有限公司联系。

宋小冬　　钮心毅

同济大学城市规划与设计现代技术实验室

2007 年 1 月

第一版前言

本教程旨在向地理信息系统（GIS）的学习者提供一系列循序渐进式的练习，使学习者通过练习掌握 GIS 的基本功能，特别是通用的空间分析功能。本教程不深入讨论地理信息系统的一般原理，尚不了解原理的初学者，应通过其他途径学习。本教程也不专门讨论练习所反映的现实问题，但在多年教学中发现，只要学习者对地理、空间事物有兴趣，对练习中的现实问题，不会有理解上的障碍。

根据笔者的经验，操作练习和学习原理相互穿插、适当循环可提高学习效率。初学者先做一般性的练习（如第一、二篇），带着练习中产生的直觉，阅读原理方面的教科书，或听教师讲解原理，了解原理后再做练习（如第三、四、五篇），做完练习后再读教科书，有了循环，就可产生切实体验。最后第六篇的练习是综合性的，以帮助学习者体会各种功能的相互关系，同时复习前五篇的内容，这既可加深印象，又可检验自己的理解能力。

认识、理解、体会 GIS 是本教程的目的，知道 GIS 可以做什么是关键，其次才是如何做成、做好。在很多情况下，先想到做什么，再考虑如何去做。知道了方法，有了合适的软件、数据，要做成某件事，就不困难了。

本教程的练习用 ESRI 公司的软件产品 ArcView GIS 3.x 及其扩展模块实现，侧重于分析，数据收集、输入、更新、维护、管理方面的内容较简单，数据库的设计、二次应用开发未涉及，使用本教程的教学单位若感到不足，则可用其他课程、其他软件来补充。

自 1998 年起，本教程在同济大学城市规划专业高年级本科生、研究生的课程中试用，于 1999、2001、2003 年作了 3 次补充、调整。同事庞磊曾参与部分内容的起草，很多学生对教材中的差错提出了意见。

计算机硬件、软件平台的要求，练习数据、程序的安装在附录中有说明。

本书假定练习数据和程序的安装路径为 d:\gis_ex，如果实际的安装路径不一致，应按真实路径进行操作。

学完本教程后，需要进一步掌握 ArcView GIS 3.x 的，可借助其他参考书，它们除了介绍 ArcView 的一般功能外，还有各自的侧重，例如：

《ArcView 地理信息系统空间分析方法》（汤国安、陈正江等，科学出版社，北京，2002）有较多内容涉及数字高程模型（DEM）的应用。

《ArcView 基础与制图设计》（李玉龙、何凯涛等，电子工业出版社，北京，2002）较详细地讨论了地图制图。

《ArcView 地理信息系统实用教程》（秦其明、曹丰等，北京大学出版社，北京，2001）在软件二次开发、地图数字化等方面得到了加强。

购买了 ArcView GIS 3.x 软件，附带的参考手册有助于用户对软件产品的了解、掌握，此外 ESRI Press 出版的三本参考书对 ArcView GIS 3.x 的进一步学习有所帮助：

Getting to Know ArcView GIS（含练习数据），可帮助掌握该软件的基础功能。

　　Extending ArcView GIS（含练习数据），可帮助掌握 Network Analyst，Spatial Analyst，3D Analyst 的主要功能。

　　The ESRI Guide to GIS Analysis 介绍了 GIS 的通用分析功能。

　　因受技术、经验的限制，本书中会有很多地方不完善、不成熟，欢迎用户提出意见，作者将继续改进，再提供给用户。

　　本书的编写受上海市高等院校重点学科建设项目支持（沪教委科 2001-44）。

宋小冬　　钮心毅

同济大学城市规划与设计现代技术实验室

2004 年 2 月

目　录

第九篇　综 合 应 用

第一篇　ArcMap 入门

第 1 章　地图显示、简单查询

- ArcMap 操作界面、地图显示
- 简单查询
- 设定范围或借助图形选择要素
- 按特定字符串查询
- ArcMap 的退出、再进入
- 若干专用术语
- 本章小结

1.1　ArcMap 操作界面、地图显示

1.1.1　ArcGIS for Desktop 的语言环境设置和练习数据

Windows 操作系统中，用鼠标选择：开始>所有程序>ArcGIS>ArcGIS Administrator，出现软件管理员对话框，按右下侧的按钮 Advanced（或"高级"），会出现一个下拉菜单，可切换不同的语言环境，本教材默认下拉菜单选择"中文（简体）（中华人民共和国）"，后续的界面、提示、帮助文档基本上是简体中文（如果下拉菜单选择 English，界面就切换成英文），按"Save"键，再按"确定"键退出。对于初学者，中文界面容易理解，但是个别功能不如英文界面稳定，一旦出现差错，可切换到英文界面。中文界面中的专业名词译法可能和一般教科书稍有差别，本书末尾的专用名词索引中有中英文对照，可供参考。

练习者应将练习数据安装在自己熟悉的操作系统路径下（如 D:\）。

1.1.2　打开地图文档

在 Windows 界面，用鼠标选择：开始>所有程序>ArcGIS>ArcMap（因软件安装的差异，步骤可能稍有不同），首先出现的是 ArcMap 启动对话框，该对话框左侧有两个可进一步展开的树状路径选项：①"现有地图"，包括"最近"（用过的地图文档）和"浏览更多…"（地图文档）；②"新建地图"，有 3 种选择，"我的模板"、"模板"、"浏览更多…"（地图模板）。对于初学者，暂时不必关注上述选项，在对话框右下侧，鼠标点击"取消"键，进入默认的地图文档窗口（Map Document Window，图 1-1），一般默认文档名称为"无标题"。在很多场合，ArcMap 将地图文档（Map Document）简称为"地图（Map）"或"文档（Document）"。

对照图 1-1，视窗上端除了主菜单条（Main Menu），还有两个最常用的图标式工具条：标准工具条（Standard Tool Bar，简称"标准"）和基本工具条（Basic Tool Bar，简称"工具"）。视窗左侧是"内容列表（Table Of Contents，TOC）"，可通过菜单"窗口>内容列表"调出（或关闭）内容列表。中右部较大范围是地图窗口，一般处于数据视图状态（Data View）。

图 1-1　空白地图文档窗口（Map Document Window）

内容列表为停靠式窗口，右上角有一个图钉式的小按钮，如果针尖朝下，该窗口处于稳定状态，点击该图钉，TOC 会立刻缩小，成为图标，停靠在视窗左边缘，点击该图标，它就放大弹出，这时图钉的针尖朝左，一旦用户在地图窗口中有操作，内容列表会自动退缩，处于停靠状态。鼠标点击图钉，使它向下，内容列表窗口就一直打开，鼠标双击上部"内容列表"名称，该窗口会固定在左侧或处于浮动状态，本教材的插图均用固定状态。在视窗右侧，可能有"目录"、"搜索"两个图标，它们也是停靠式窗口，暂不操作，可将它们打开后关闭。

主菜单中选用"文件>打开..."，根据对话框的提示，在\gis_ex10\ex01\路径下（应按练习数据的实际安装路径），选择 ex01.mxd，点击"打开"键，打开该地图文档（图 1-2）。打开新文档时，当前已经打开的文档会自动关闭，如果曾经有操作，系统会提示，是否保存已做过的改动，按一般计算机软件操作常规，有"是（Y）"和"否（N）"两种选择。

1.1.3　基本操作界面

参见图 1-2，第一行为主菜单条，用鼠标点击任一选项，就出现一个下拉式的子菜单，供进一步选择。第二行为标准工具条，第三行为基本工具条，工具条由若干图标组成，用鼠标点击某个图标，ArcMap 可能立刻执行一个动作，也可能进入某种状态，等待进一步操作，或者弹出一个对话框，为下一步交互操作的界面。如果标准工具条（或基本工具条）不出现，可以点击主菜单中的"自定义>工具条"，勾选"标准工具"（或"工具"）。鼠标的光标移动到工具条的图标上或子菜单的文字上，不按键，屏幕会出现该图标的名称、简要含义。在地图窗口内移动鼠标，窗口底部右侧显示光标所在位置的坐标值、坐标单位。

用户可以按自己的习惯调整工具条的布局，这样会使软件界面和常规状态不一致，对熟练用户，是为了适应某种习惯，对于初学者，非标准的界面会影响学习效率，建议暂时不要修改，与常规状态一致。

图 1-2　打开地图文档 ex01.mxd

从图 1-2 可看出，左侧内容列表中有 3 个数据框（Data Frame）：Data frame1、Data frame2 和 Data frame3。如果 Data frame1 呈加粗字体显示，表示该数据框被激活（也称活动数据框），处于可操作状态，点击 Data frame1 左边的加号 "+"，变为减号 "−"，就展开并显示出 Data frame1 的内容 [通常是图层（Layer）、独立属性表（Table）]。

内容列表的上侧有 5 个图标按钮，用于调整 TOC 自身的显示状态，点击左边第一项 ![icon]，这时 TOC 中有每个图层的名称、图中地理要素的表达符号及其说明。Data frame1 目前有 3 个图层：①点状图层 "学校"，②线状图层 "道路"，③面状图层 "土地使用"。每个图层名称前还有一个加号 "+" 或减号 "−"，点击它，可以调整为展开（详细显示），或者关闭（简略显示）。

1.1.4　图层的显示控制

图层也称专题图层，每个图层名称左侧有一个小方格（Check Box），用鼠标点击一下，可使打钩号 "√" 出现（勾选）或消失（取消），该图层则打开显示或关闭隐藏。图层在内容列表中的上下排列次序代表了显示的先后顺序，排在下面的图层先显示，排在上面的图层后显示。鼠标左键点击图层名称 "土地使用"，按住不放，拖动到 "道路" 的上方，松开鼠标键，使前者位置在上，后者在下，可以发现，线状的道路图大部分看不见了，这是因为面状多边形的填充色后显示，遮住了线状的道路。多数情况下，点状图层放在最上，线状图层其次，面状图层放在最下（如无法调整显示顺序，可点击 "按绘制顺序列出" 按钮 ![icon]）。

1.1.5　地图缩放、平移

在基本工具条中选择放大工具 ![icon]，在地图上点击一下，地图按默认的比例系数放大。鼠标放在地图上的某个位置，按住左键不放，拖动后出现一个矩形，再松开左键（图 1-3），

图 1-3　Zoom In 的拖动窗口

所定义的矩形及其地图内容将放大后充满地图窗口。缩小工具 和放大工具的用法一样，得到的效果相反。选择平移工具 ，用鼠标左键按住地图窗口中的某一点，可以向任意方向拖动地图，松开左键，被平移的地图重新显示。常用的地图缩放工具还有：

　　　　 全图，所有图层的要素大致充满地图窗口
　　　　 固定比例缩小，按预先设定的系数缩小地图
　　　　 固定比例放大，按预先设定的系数放大地图
　　　　 返回上一视图
　　　　 转至下一视图

　　如果不同图层的空间范围大小不一，差异明显，可在内容列表中用鼠标右键点击某图层名（如"学校"），弹出快捷菜单，选"缩放至图层"，该图层的所有要素会充满显示窗口。光标在地图窗口内，上下转动鼠标的滚轮，地图会随即放大、缩小，而且会提示当前的比例尺。点击工具 （创建查看器窗口），在当前地图上用拖拉方式建立一个独立窗口（查看器），专门放大显示地图的某部分。

　　点击主菜单"书签"，可进一步选择"创建书签"、"管理书签"，以及当前地图文档中保存的已有书签。如果选用"创建书签"，软件要求用户输入一个新书签的名称，按"确定"键返回，当前地图所显示的比例、范围被保存起来。如果主菜单"书签"选用当前地图文档中已有的书签名称，地图立刻切换到当初建立书签的比例、范围。选用"管理书签"，可移除、加载、保存书签，或局部改变某个书签的设置。

1.2　简　单　查　询

1.2.1　单个要素、记录查询

　　在内容列表中用鼠标右键点击数据框名称 Data frame2，选择"激活"，地图的显示内容切换至该数据框，有两个图层（图 1-4）：线状图层"道路"和面状图层"乡镇（人口密度）"。在内容列表中用鼠标点击图层名"道路"，该图层名称呈蓝白反相显示，表示该图层处于被选择状态（Selected Layer，被选图层，也可称图层激活），在基本工具条中点击要素识别工具 ⓘ，到某条 A 类道路（线型较宽者）上点击一下鼠标，立即弹出该段道路的属性记录框（图 1-4），再用要素识别工具 ⓘ 点击任一多边形，弹出该乡镇的属性记录框。用 HTML 属性查询按钮 🖼，以同样的方式操作，查询得到的内容相似，格式较简单。

图 1-4　地图窗口中显示的道路属性

1.2.2　指定可选图层

关闭已打开的属性窗口。在内容列表中用鼠标右键点击图层名"乡镇（人口密度）"，在随即弹出的快捷菜单中选用"选择>将此设为唯一可选图层"，下一步在地图上选择要素，仅对该图层有效，该图层也称可选图层（Selectable Layer）。可选图层一旦设定，只能改换，不能撤销。

1.2.3　点击选择要素

在基本工具条中点击图标 ▧（选择要素），用鼠标点击地图上某个多边形，被点中的多边形边界改变颜色，成为入选要素（Selected Feature）。在内容列表中，右键点击图层"乡镇（人口密度）"，在快捷菜单中选择"打开属性表"，可以在随后弹出的图层属性表窗口中看到有一行的颜色也起了变化，它和被选择的要素有对应关系（如果该行看不出，可借助属性表窗口右侧的上下滚动条）。利用键盘上的 Shift 键，在地图上点击多个要素，对应的表中多行也同步改变颜色（图 1-5）。到属性表窗口，在 Ctrl 键的帮助下，点击属性表左侧多个小方格，可以看到：表中有多行（多条属性记录）改变颜色，地图上对应的多边形也同步改变颜色。在图上选择多个要素，应借助 Shift 键，在表中选记录，Ctrl 和 Shift 键的效果不一样，类似 Windows。如果选择了 6 个要素（6 条记录）在属性表窗口的下侧，可以看到提示："（6/73 已选择）"，即 73 条记录中，有 6 条被选中。属性表底部还有两个图标按钮，切换显示方式："显示所有记录"和"仅显示所选记录"。

图 1-5 利用 Ctrl 键，选择多个要素和对应的记录

1.2.4 清空选择集

要素或记录被选中，它们就进入了选择集。有多种途径可清空选择集：

（1）需要选择操作时，在地图窗口中没有要素的空白地方选择要素，人为造成选择集为空；

（2）选用主菜单"选择>清除所选要素"；

（3）在属性表窗口的上部点击图标 ；

（4）在基本工具条中点击图标 。

进入选择集的要素或记录被清除，所显示的颜色也恢复到原来状态。

在内容列表中用鼠标右键点击图层名"道路"，在随即弹出的快捷菜单中选用"选择>将此图层设为唯一可选图层"，再体验一下点击选择线状要素的查询功能，以及如何清空选择集。

1.3 设定范围或借助图形选择要素

1.3.1 临时设定范围选择要素

基本工具条中点击选择要素图标 的右侧下拉箭头，出现 5 种可选方式：

（1）按矩形选择（多数情况下为默认），即设定矩形，选择要素。

（2）按多边形选择，设定不规则多边形，选择要素。

（3）按套索选择，拖动式设定不规则多边形，选择要素。

（4）按圆选择，设定圆，选择要素。

（5）按线选择，设定线，选择要素。

如果选择第一项"按矩形选择"，在地图窗口内，按住鼠标左键不放，拖动后形成一个

矩形（图 1-6），松开鼠标左键，与该矩形相交、被包围的要素都被选中。当然，对应的属性记录也入选，同步改变显示颜色。

图 1-6　在矩形范围内选择要素（针对道路）

如果选择第二项"按多边形选择要素"，用户靠鼠标点击式输入不规则多边形，双击结束，与该多边形相关的要素、对应记录进入选择集。

如果选择第三项"按套索选择"，用户在地图窗口中按住鼠标左键，拖动光标，按其轨迹形成多边形，松开鼠标键后，相关要素、记录进入选择集。

读者可以进一步尝试、体会不同方式选择要素的区别。

1.3.2　输入图形选择要素

关闭属性表。用鼠标右键点击内容列表中的 Data frame3，快捷菜单中选择"激活"，展开内容列表中的数据框 Data frame3，可看到只有一个图层："土地使用"（图 1-7）。

图 1-7　Data frame3 的显示

　　如果地图视窗中没有绘图工具条（Drawing），可在主菜单中勾选"自定义>工具条>绘图"，弹出绘图工具条，一般放置在地图窗口的下方。在中左部图标 A 的左侧，点击某个图形按钮右侧下拉箭头，将显示出一组 8 个图标菜单（图1-8）。这 8 种绘图工具可在地图上组合绘制出各种图形元素（Graphic Element）。用鼠标选择绘线图标 〰，在地图左上方绘出一条折线，穿越几个多边形，双击左键表示输入结束（此处暂不介绍其他图形输入工具）。

图 1-8　绘图工具条中弹出绘图菜单

　　在基本工具条中点击工具 ▶（选择元素），再用鼠标点击地图上已经输入的折线图形，该图形被选中（注意：被选中的是图形元素，不是地理要素，图1-9）。在主菜单中选用"选择>按图形选择"，凡和选中图形相交或被包围的地理要素（包括对应的属性记录）都进入选择集，同步改变显示颜色。

图 1-9　输入图形选择要素

　　对输入的图形不满意时，可删除。先用工具 ▶ 选择图形，再选用菜单"编辑>删除"，或直接按键盘中的 Delete 键，删除选中的图形，当然可以再输入。

　　ArcMap 中，图形元素简称图形（Graphic Element，Graphic），与要素（Feature）不同，前者存放在地图文档（Map Document）中，量很少，不能被其他文档使用，与要素属性表之间没有联系；后者存放在数据源（Data Source）中，不但量大，而且与要素属性表有联系，可以被各种地图文档使用。选择图形一般用工具 ▶，选择要素则用 ▣。

1.4　按特定字符串查询

删除刚输入的图形，点击图层名（激活）"土地使用"，在基本工具条中点击查找工具 ，弹出对话框，进入"要素"选项，在"查找"栏中输入特定字符串"C"（注意：不含引号），对话框右上方点击"查找"键，下部会出现查到的记录（图 1-10），以表格形式出现，显示出对应的属性值、所在图层名及对应的字段名，用鼠标点击表中某一行，地图上对应要素会闪烁一下。使用本工具，针对字符型属性，可以只输入前几个字符，不一定全部输入，大小写也可忽略，如果是数值型属性，必须输入完整值，否则就会有差错。按"取消"键退出。

图 1-10　查找土地使用属性表中含字符 C 的记录和对应要素

1.5　ArcMap 的退出、再进入

选用菜单"文件>退出"，ArcMap 会出现"是否保存对当前地图文档的更改"的提示，为了不影响以后及他人的练习，点击"否"。

按 Windows 的常规办法，有 3 种途径可以再次启动 ArcMap：

（1）从 Windows 的开始菜单">所有程序>ArcGIS>ArcMap"；

（2）在 Windows 资源管理窗口中，鼠标双击地图文档文件名，既启动 ArcMap，又打开地图文档，如本章练习一开始就可直接双击\gis_ex10\ex01\ex01.mxd；

（3）在 Windows 的桌面窗口中设置 ArcMap 或地图文档快捷图标，鼠标双击启动、打开。

1.6　若干专用术语

（1）要素（Feature）。空间数据最基本、不可分割的单位，有点、线、面（多边形）等

多种几何类型，可根据应用需要，用点状符号、线型、面状填充图案加边界线表达成地图。每一个要素可以有自己的属性，以记录方式存放在属性表（Table）中，一个要素和属性表中的一行（记录）相对应（图 1-11）。

图 1-11　点、线、面 3 种要素和属性记录的对应关系

（2）要素类（Feature Class）。相同类型的要素聚集在一起，一个要素类一般和一个属性表（Table）相对应，称为要素属性表（Feature Attribute Table）。图 1-11 的左侧为要素类，右侧为要素属性表。

（3）图层（Layer）。每个图层所显示的要素来自某个要素类，如点状图层来自点要素类（Point Feature Class），线状图层来自线要素类（Line Feature Class），面状图层来自多边形要素类（Polygon Feature Class），图层是要素类的表达形式，一个图层中的要素只能来自同一要素类，可以是该要素类的全集，也可以是子集。反过来，同一要素类却可以被多次加载，成为不同的图层。每个图层可以有自己的名称，在内容列表中还可显示出图例、简要说明及当前的显示状态。

（4）属性表（Attribute Table）。简称为表（Table），每个表由若干列和若干行组成。每列代表一种属性（Attribute），称为字段（或属性项，Field），字段有自己的名称。每一行代表一条记录（Record）。要素属性表（Feature Attribute Table）肯定和要素类对应，该要素类被加载到图层，也就称为"图层属性表"。当然，也有和要素类、图层不直接对应、相对独立的属性表，在需要的时候靠字段和其他表连接，以实现表的扩展。

（5）数据框（Data Frame）。多个图层、属性表聚集在一起，出现在内容列表中，实现应用。每个内容列表至少有一个数据框，每个数据框有自己的名称（如 Data frame1，Data frame2），数据框中除了有图层，还可能有独立属性表。

（6）数据源（Data Source）。不经转换而被 ArcMap 直接使用的空间、属性数据，如要素类、属性表。本书第 25 章将对数据源进行较详细的说明、解释。

（7）地图文档（Map Document）。常被简称为"地图"、"文档"，是 ArcMap 的应用单元，一个地图文档至少有一个或有多个数据框，与应用有关的定义信息集中存放在地图文档的文件中，以".mxd"为后缀名，便于反复使用、调整。一个地图文档往往用到多项数据源，某项数据源也往往被多个地图文档调用。

1.7　本　章　小　结

1.7.1　对 ArcMap 的初步认识

（1）点、线、面（多边形）是最常用的空间要素，点要素没有大小（虽然显示的符号有大小），线要素没有宽度（虽然显示的线型有宽度），面（多边形）要素由线围合而成（虽然多边形的边界可以不显示）。

（2）图层是空间事物的基本表达形式。对图层显示的简单控制有打开、关闭、放大、缩小、平移及调整不同图层的先后显示顺序。

（3）要素和属性的简单查询。单击要素查属性、选择记录查要素、选择要素查记录，利用键盘中的 Shift 键和 Ctrl 键，选择多个要素或多条记录。

（4）要素和要素属性表中的记录有逻辑上的对应关系，若干要素或记录一旦被选择，就同步进入选择集，二者的显示颜色也会同步改变。

（5）ArcMap 的主窗口称为地图文档窗口（Map Document Window），显示地图的部分称为数据视图（Data View），内容列表（Table Of Contents，TOC）是停靠式窗口，往往固定在左侧。

（6）地图文档（Map Document）内含一个或多个数据框，通过数据框调用多项数据源，地图文档还隐含保存着各种应用设置。

1.7.2　查询空间要素的三种基本途径

（1）用鼠标点击方式查询单要素（用识别工具 🛈 或 HTML 格式显示工具 🗐）。

（2）用鼠标点击选择要素或临时设定查询范围（用选择要素工具 🖱）。

（3）绘图查询（先输入图形，再利用图形选择要素）。

1.7.3　查询属性记录的三种基本途径

（1）特定字符串或属性值查询（用查找工具 🔍）。

（2）用鼠标点击记录查询（选择记录）。

（3）按属性选择查询（条件组合查询，后续章节将有进一步练习）。

一般情况下，查询的结果使相互对应的要素、记录进入选择集，后续的进一步操作仅对选择集有效，如果选择集为空，就对全体要素、记录有效。

初学者第一次接触 ArcMap 会感到新名词较多，后续学习中，可利用本书末尾的词汇索引，在有关章节中找到解释。

软件自身有较好的帮助功能（Help），可随时打开查看。

思　考　题

和自己所熟悉的其他软件相比，ArcMap 的地图显示、简单查询功能有哪些不同，哪些相似。

第 2 章　地图符号、注记的初步使用

- 新建图层
- 要素分类显示
- 点密度图
- 统计指标地图
- 地图注记
- 地图文档的操作
- 本章小结

2.1　新建图层

启动 ArcMap，如果出现启动对话框，可选"新建>空白地图"，如果已经打开了一个地图文档，选择菜单"文件>新建>空白地图"，按"确定"键继续。已经打开的地图文档会关闭，新的地图文档一般以"无标题"为默认名，内部有一个默认的数据框："图层"。在标准工具条中点击图标 ✚（添加数据工具），或选用主菜单"文件>添加数据…>添加数据"，在弹出的对话框中利用"查找范围"下拉菜单，找到练习数据所在的文件夹\gis_ex10，按"确定"键，如果不出现\gis_ex10，可选择"文件夹连接"，按"添加"键，在下部文本框内逐级展开本计算机的路径至\gis_ex10，（也可借助"连接到文件夹"按钮 ✚定位到\gis_ex10），再进入 ex02，可看到有带图标 🗄的地理数据库 Township.gdb，这是数据源（Data Source），双击展开，有 3 个要素类（Feature Class）：hi_way、town_anno 及 townshp，借助 Ctrl 键，鼠标点选其中两项：hi_way 和 townshp，按"添加"键，当前数据框会增加两个图层：线状图层 hi_way 和面状图层 townshp。初始名称和要素类的名称一致，显示符号随机设定（图 2-1）。

参照第 1 章，再练习一下：调整图层上下显示顺序（如果无效，可点击内容列表左上方的按钮 📑），打开、关闭图层的显示状态，缩放、平移地图。练习时可以看到，地图缩放后，线要素的显示宽度和显示器的分辨率保持一致，不随地图的缩放而变窄、变宽。在内容列表中用鼠标右键点击数据框名称"图层"，在快捷菜单中选择"参考比例>设置参考比例"，再缩放地图的显示，可以看出，线要素的显示宽度随着地图的缩放而变窄、变宽。如果选用"参考比例>清除参考比例"，线要素的显示宽度变为初始状态，不随地图缩放而变窄、变宽。

在内容列表中用鼠标右键点击图层名，弹出快捷菜单，选择"移除"，该图层被移除。移除图层改变地图文档，不改变数据源（Data Source）自身，因此，移除后可以再添加。若要删除数据框，方法和删除图层一样，但是一个地图文档中至少有一个数据框。一个数据框中，允许暂时没有图层。

图 2-1　两个要素类加载为图层

2.2　要素分类显示

2.2.1　道路按等级分类显示

　　要素类 hi_way 被移除后再加载,在内容列表中用鼠标右键点击该图层名,选择快捷菜单"打开属性表",可以看到图层的要素属性表中有字段 CLASS,道路按 A、B、C、D 分为 4 类,关闭属性表。

　　用鼠标右键再点击图层名 hi_way,快捷菜单中选择"属性...",出现"图层属性"对话框(此处的属性也可理解为特征),点击"常规"选项卡,将图层名称从 hi_way 改为"道路"(操作时不带引号)。点击"符号系统"选项卡,在左侧"显示"框中选择"类别>唯一值",在中间"值字段"下拉菜单中选择字段名 CLASS(道路等级),在左下侧点击按钮"添加所有值",在"色带"下拉菜单中选择从黄到红,再变蓝的渐变色带,可以看到窗口中部的图例表中"符号"列下有黄、橙红、紫红、蓝色 4 种颜色的线型,与"值"列中 A、B、C、D 分别对应,4 种颜色分别表示 4 种类型的道路(图 2-2)。在"符号"列下,取消第一个复选框内的勾选号(<其他所有值>),按"确定"键返回。可以看到,地图窗口中道路按不同等级分类显示,显然要素属性表中字段 CLASS 的不同取值,决定了要素的显示符号,内容列表窗口中的图例也与之对应(图 2-3)。

2.2.2　乡镇多边形按人口密度分级显示

　　用鼠标右键点击图层名 townshp,快捷菜单中选择"打开属性表",可以看到,图层的要素属性表中有字段 Pop_Den,表示每个乡镇的人口密度,关闭属性表。用鼠标右键再点击图层 townshp,快捷菜单中选择"属性...",出现"图层属性"对话框,进入"常规"选项,将图层名称从 townshp 改为"人口密度"(不含引号)。进入"符号系统"选项,左侧"显示"

框中选择"数量>分级色彩",在中间"字段"框中,针对"值",下拉选择字段名 Pop_Den(人口密度),针对"色带",下拉选择一种由浅变深的颜色(如绿色),其他选项都用原来的默认值,按"确定"键返回。可以看到,乡镇多边形的颜色分为 5 类,不同深浅表示不同的人口密度,内容列表窗口中的图例也同步改变(图 2-3)。

图 2-2 符号系统界面

图 2-3 道路类型、人口密度专题图

2.2.3 调整分类和图例标注

上述密度分类专题图使用了自然间断点分级法(Natural Breaks),由软件自动优化(采用 Jenks Optimization 计算方法)。如果要人为定义人口密度的分类区间,可以在内容列表中用鼠标双击图例的名称 Pop_Den,再次进入图层符号系统对话框,在左侧"显示"框中确认已选择"数量>分级色彩",在右侧"分类"框内可以看到,目前分类方法为自然间断点分级法（Jenks），在"类"下拉菜单中选择 6，表示将密度分为 6 级，在当中图例表的"范围"列中，依次逐行输入 500、1000、1500、2000、3000、4000，按右下方的"应用"键，可以看到，"分类"框中，当前分类方法从"自然间断点分级法"变成"手动"。

图例表有 3 列：符号、范围和标注。"标注"和"范围"自动保持一致，也可以人为设定。例如，将"标注"列的内容修改成：100－500、500－1000、1000－1500、1500－2000、2000－3000、3000－4000，按"确定"键返回，注意观察分类、图例经调整后地图显示效果的变化。再进入符号系统对话框，将图例表右侧的"标注"改成中文："很低、较低、中等、稍高、较高、很高"（图 2-4）。

图 2-4　调整图例表

2.2.4　归一化

ArcMap 提供了利用两个属性相除后的商值控制显示符号的途径，称为归一化（Normalization）。再次进入"人口密度"的"图层属性>符号系统"，在"显示"框中选择"数量>分级色彩"，调整有关设置：

值：Popu	下拉选择字段名，人口数
归一化：Area_km2	下拉选择字段名，按平方千米的多边形面积
类：6	下拉选择

在当中图例表"范围"列中，依次按行分别输入：500、1000、1500、2000、3000、4000，按"确定"键，可以观察到修改后专题图的显示效果没有变化，只是图例的名称自动改为Popu / Area_km2。按常识，人口密度是每个分区的人口数与该区面积相除得到的，本练习已经计算好了字段 Pop_Den 的值（Popu 除以 Area_km2）。设置符号时，改用归一化，显示效果和原来用 Pop_Den 没有区别。

2.3　点 密 度 图

在内容列表中，取消图层"道路"左侧的勾选，使它处于关闭状态，进入"人口密度>图层属性>符号系统"，再选"数量>点密度"，在"字段选择"框内，选择字段名 Popu，点击按钮">"，右侧表格中出现字段名 Popu，以及对应的符号，双击该符号，进入"符号选择器"对话框，可选一种颜色较深的圆点符号，按"确定"键关闭。继续设置：

点大小(Z)：2　　　　键盘输入，符号尺寸

点值(V)：500　　　　键盘输入，每点代表 500 个居民

☑ 保持密度　　　　　勾选

点值　　　　　　　　下拉选择

如果对点符号的颜色不满意，在对话框右侧颜色下拉条中进一步选择。"背景"框内，可对多边形边界符号、填充符号进行调整，一般填充符号以空白为默认。点击"确定"键返回，产生点状人口密度专题图（图 2-5），点数随地图缩放而增减，点位随机确定。

图 2-5　按人口数量的点密度图

2.4　统计指标地图

进入"人口密度>图层属性>常规"对话框，将图层名称改为"产业结构"。再进入"符号系统"选项，在"显示"框中，展开"图表"，选择"饼图"。在"字段选择"框内，按住键盘的 Ctrl 键，点击字段名 F_inds、S_inds 和 T_inds，再点按钮">"，表示用乡镇的第一、第二和第三产业产值做统计地图，3 个字段随机产生的填充颜色出现在"符号"列中，按显示的需要，在符号字段表中双击每一个符号，均可打开"符号选择器"，修改对应的填充颜色。在"背景"的右侧，双击默认的背景符号，可修改背景色，右侧"配色方案"下拉表可供进一步选择。点击左下侧的"属性"按钮，出现"图表符号编辑器"，取消右下侧的"以

3-D 方式显示"的勾选,即采用平面圆饼符号,按"确定"键返回。点击右下侧的按钮"大小…",进一步设置:

◉ 使用字段值的总和更改大小　　　　点选,3 种产业值总和决定圆饼的大小

符号 / 大小(Z):8 磅　　　　　　键盘输入

图 2-6　产业结构统计图

　　按"确定"键返回,再按"确定"键退出"图层属性"对话框。可以看出"产业结构"专题图的效果(图 2-6),每个乡镇统计圆饼的大小由 3 种产业的总值决定,不同颜色所占比例按 3 种产业的相对比重决定。如果要将内容列表中图例的标注改为中文,必须进入"图层属性>字段"对话框,将字段 F_inds、S_inds、T_inds 改为"第一产业"、"第二产业"、"第三产业"(第 3 章会有解释),读者也可进一步尝试立体的圆饼图、条形图、堆叠图的不同效果。

2.5　地　图　注　记

2.5.1　文档注记

　　从内容列表,进入"产业结构>图层属性>常规"选项,将图层名称改为"县域"(不带引号),再进入"符号系统"选项,在显示栏中选择"类别>唯一值","值字段"选择 Cnt_Name,按"添加所有值"按钮,为每个县名选择一种合适的填充颜色,按"确定"键返回。打开图层"道路"的显示状态,为该图层选择"要素>单一符号"。如果地图视窗中不出现绘制工具条(Drawing),可在主菜单中勾选"自定义>工具条>绘图",按惯例,该工具条放置在视窗下方(图 2-7)。在该工具条中,用鼠标点击图形按钮右侧的下拉箭头(初始状态可能为矩形),弹出菜单,提示用户进一步选择矩形、面、圆形、椭圆、线、曲线、手画、标记等 8 种选择,选择后可以在地图上输入较简单的图形(Graphic,第 1 章已练习过)。在绘图按钮的右侧,初始图标往往是"文本"工具 **A**,如果不是这样,点击下拉箭

头，再选择 **A**，鼠标的指针光标变成"+A"，在地图上点击需要注记文字的位置，一般默认注记为"文本"。如果要修改内容，点击工具 （选择元素），双击要调整的注记，弹出注记的属性对话框（图 2-8），进入"文本"选项，将内容调整为 "道路与县域"（不带引号），按"确定"键返回。在"绘制"工具条中，可以用下拉菜单简单调整注记的字体、大小（和一般文字处理类似），若要仔细调整，鼠标双击该注记，出现注记的属性对话框（图 2-8），可进一步调整文本内容、对齐方式、间距、倾斜角度等，点击右下侧的按钮"更改符号…"，弹出针对字符的"符号选择器"对话框，可进一步改变字符串的字体、大小、颜色等，对话框内可立即看到注记的修改结果，按"确定"键，关闭"符号选择器"对话框，再按"确定"键，返回地图窗口。

图 2-7　绘制工具条安排在底部

图 2-8　输入、修改文档注记

2.5.2　用要素的属性标注

打开"道路"的"图层属性"对话框，进入"标注"选项，勾选"标注此图中的要素"，在"方法"下拉菜单选用"以相同方式为所有要素加标注"，在"文本字符串"框内，"标注字段"下拉菜单中，选择 RD_NAME，这是 hi_way 要素属性表的字段名，按"确定"键关闭。可以看到，地图上沿主要道路，有了路名标注（图 2-9）。如果对字体、大小、位置不满意，可以再进入"图层属性>标注"对话框，进行进一步设置。若要取消属性标注，可以用鼠标右键点击图层名"道路"，在快捷菜单中取消"标注要素"前的勾选（再次勾选，则恢复标注）。

图 2-9　用属性值标注路名，左上角是文档注记

2.5.3　使用注记要素

暂时关闭图层"道路"的显示，点击图标工具 ![icon]，在\gis_ex10\ex02 路径下，Township.gdb 中，添加数据源 town_anno，该图层的显示内容为 4 个数字编号（15、16、18、20，图 2-10）。鼠标双击图层名 town_anno，弹出图层属性对话框，进入"符号系统"选项，点选"替换符号集合中的各种符号"，再按右侧"属性"按钮，出现针对注记的符号选择器对话框，可进一步调整注记要素的颜色、字体、大小，暂不练习如何调整显示符号，按"取消"键返回，关闭图层属性对话框。

2.5.4　不同注记方法比较

ArcMap 有多种途径将字符标注到地图上。不同注记方法有各自的优缺点和适用性：

（1）文档注记（Map Document Annotation）。文档注记中的字符也是图形的一种，存储在地图文档中，输入简单、灵活，很难用于其他地图文档，适用于少量、临时性的注记。

（2）属性标注（Label）。内容来自点、线、面要素的属性，一旦属性表中字段属性值被修改，地图上的注记会跟着变化，文字内容和属性值自动保持一致。

图 2-10　加载注记要素

（3）注记要素（Annotation Feature）。作为独立要素类（Feature Class）存储在地理数据库中，有专门的输入、编辑工具，可精确控制它们的位置、大小、倾斜角、间距及排列等，以独立图层出现，可被不同的地图文档、数据框调用，适用于量大、位置密集的注记。

2.6　地图文档的操作

按照一般软件的惯例，选择菜单"文件>另存为…"，对地图文档的有关设置可保存为某个文件，供将来反复使用，文件名的默认后缀是 mxd，建议初学者将文档存放到和数据源一致的目录 \gis_ex10\ex02\，可起名为 ex02map。选用菜单"文件>打开"，可打开另一个地图文档。选用菜单"文件>保存"，可保存当前正在使用的地图文档。

选用菜单"文件>地图文档属性…"，勾选"存储数据源的相对路径名"，表示地图文档和数据源的存储路径一致，以后打开地图文档时，ArcMap 自动按地图文档所在路径查找数据源。取消这项勾选，ArcMap 按绝对路径查找数据源，也就是将数据源的当前路径保存在地图文档中。采用绝对路径，数据源的位置被固定，地图文档的位置可灵活改变，采用相对路径，地图文档和数据源的位置保持一致，便于同步迁移（本教材的绝大部分练习均采用相对路径）。

选用菜单"文件>退出"，关闭当前地图文档，退出 ArcMap。

2.7　本 章 小 结

完成了本章练习，可了解到专题地图可按符号分为 5 类：

（1）点符号。用不同颜色、大小、形状的符号表达点状要素。

（2）线符号。用不同颜色、宽度、线型表达线状要素，包括多边形的边界。

（3）面符号。用不同颜色、密度、图案填充多边形要素，可以用线符号表达边界，或者不显示边界。

（4）注记符号。用不同颜色、大小、字体、间隔表达地图中的文字。

（5）统计符号。将属性指标以统计图形方式布置到地图上。

图层中要素如何显示由两个因素决定：①形态、位置；②符号（Symbol）。前者由要素（Feature）决定，后者由属性值（Value）决定，要素属性表（Feature Attribute Table）使要素和属性产生联系，从而影响到符号。若对 GIS 数据模型还不熟悉，可参考图 1-11，回顾第 1 章关于要素和属性的逻辑关系说明。

用属性值定义符号，ArcMap 提供 5 种类型：①单值图（要素）；②定性分类图（类别）；③定量分类图（数量）；④统计指标图（图表）；⑤多重属性图（多个属性）。本章仅初步接触，第 4 章、第 6 章将进一步练习要素分类、符号、图层的运用。

在地图上注记文字有 3 种方式：文档注记、属性标注、注记要素，各有优势和适用性，第 26 章将进一步练习这 3 种地图注记。

地图文档（Map Document）是 ArcMap 的基本应用单元，数据框、图层、属性表的各种定义、设置均保存在地图文档中，可反复使用。地图文档和数据源（Data Source）相对独立，当数据源的内容（空间数据、属性数据）发生变化时，图层的设置不变，所显示的内容会自动变化，不必主动干预。

每个地图文档有若干数据框（Data Frame），每个数据框有若干专题图层（Layer）。图层中的要素来自要素类（Feature Class），前者可以是后者的全集，也可以是子集（经选择、过滤）。要素类（Feature Class）来自数据源（Data Source），同一要素类可被多个图层调用，一个图层中的要素却只能来自同一要素类，因此，要素类和图层可以一对多，图层和要素类可以多对一。

思　考　题

1. 简单解释符号、属性、要素三者的相互关系。
2. 简单解释要素类、图层的相互关系。
3. 简单解释图层、数据框、地图文档的相互关系。
4. 简单解释数据源相对路径、绝对路径的差异。

第3章 属性表的使用

- 按属性选择查询
- 统计、汇总
- 属性输入、编辑
- 表和表的连接
- 选择记录、过滤要素
- 超链接
- 字段的显示设定
- 本章小结

3.1 按属性选择查询

启动 ArcMap，打开地图文档\gis_ex10\ex03\ex03.mxd，激活 Data frame1，该数据框仅"土地使用"一个图层（图 3-1），在内容列表窗口中用鼠标右键点击图层名"土地使用"，选择"打开属性表"，弹出属性表窗口。在属性表窗口左上角点击图标式菜单 （表选项），选用"按属性选择"，弹出按属性选择记录对话框（图 3-2），也称"查询构建器"（Query Builder），上部有"方法"下拉条，可用的方法有：

（1）创建新选择内容。清空原有选择集后添加记录（要素）。

（2）添加到当前选择内容。向当前选择集添加查询到的记录（要素）。

（3）从当前选择内容中移除。从当前选择集中去除符合条件的记录（要素）。

（4）从当前选择内容中选择。在当前选择集内再选择。

图 3-1　Data frame1 的显示

图 3-2　按属性选择记录的对话框

　　"方法"下拉条下方是字段名选择区，列出当前属性表中可操作的字段。

　　接着是按钮区，列出了各种逻辑运算符，算术运算符"+"、"−"、"*"、"/"通过键盘键入。

　　按钮区右侧是取值区，点击下侧"获取唯一值"键，可列出被选字段可能出现的取值。

　　对话框下部是查询文本框，上方有"SELECT * FROM lots WHERE："的提示，为结构化查询语言（Structured Query Language，SQL）的典型语句，星号"*"代表所有字段名。

　　本练习要求查出土地使用（LANDUSE）为 C 开头，面积（AREA）大于 20000 的记录。先在"方法"下拉表中选择"创建新选择内容"，再到查询文本框中输入：

`"LANDUSE" LIKE 'C%' AND "AREA" > 20000`

　　上述内容除了'C%'、字段取值"20000"要用键盘，其他内容均可借助鼠标输入（图3-2)，对话框底部按"应用"键执行，有 3 条记录符合条件，改变颜色，进入选择集，地图上侧有 3 个地块同步改变边界线颜色（图3-3）。

　　一般查询过程是在字段名选择区中双击字段名、再选运算符，建立查询条件，并用 Like、And、Or、Not 将几个条件组合起来。在设置字段的查询条件时，可在取值区中用鼠标选取，也可直接键入属性值。字符型字段还可使用通配符，如用"%"替代多个字符，用"＿"替代一个字符。例如：

　　"NAME" LIKE '王%'表示查询 NAME 字段，第一个字符为"王"，不管后续有几个字符。

　　"LANDUSE" LIKE 'R_'表示查询 LANDUSE 字段，第一个字符为"R"，第二个字符任意，但后续只能有一个。

　　按属性选择记录会出现语法错误，软件提示不能完成操作，引号、括号不匹配是常见差错，以下是注意事项：

　　（1）字符型操作不能用等号代替 LIKE；

　　（2）字段名自身带双引号，如"LANDUSE"，字符型取值用单引号，如'C'，数字型取值不带引号；

图 3-3　按属性选择记录的查询结果（属性表被打开）

（3）单引号、双引号必须都用英文字符，不能用中文字符。由于中英文两种字符显示差异很小，一般靠输入法的切换来控制；

（4）多用鼠标，少用键盘，可避免语法差错；

（5）输入字段名后，点击"获取唯一值"键，会出现该字段的可能取值，进一步用鼠标选择（不适合浮点型）。

窗口上方点击按钮 ，清空选择集，关闭属性表。

3.2　统计、汇总

3.2.1　字段的简单统计

打开"土地使用"的图层属性表，窗口上方点击按钮 ，清空选择集，用鼠标右键点击字段名 AREA，在弹出的快捷菜单中选"统计…"，立刻得到简单统计结果如下：

计数：	39
最小值：	4226.126
最大值：	65856.82
总和：	595328.38
平均值：	15264.83
标准差：	13059.21
空	0

3.2.2　分类汇总

关闭统计结果窗口，用鼠标右键点击字段名 LANDUSE，在弹出的快捷菜单中选"汇总…"，出现数据汇总对话框：

　　1. 选择汇总字段：LANDUSE　　　　下拉选择，按土地使用分类汇总

　　2. 选择一个或多个要包括在输出表中的汇总统计信息　　　　点击 AREA 前的 "＋" 号，展开字段，勾选 "最小值"、"平均"、"总和"

　　3. 指定输出表：\gis_ex10\ex03\temp\Sum_Output.dbf　　　　用鼠标点击右侧的文件夹按钮，在后续的对话框内，"查找范围" 下拉表内选择路径，键盘输入文件名，"保存类型：" 项下拉选择为 "dBASE 表"，按 "保存" 键返回

　　按 "确定" 键，ArcMap 会出现 "是否在地图中添加结果表？" 的提示，点击 "是"，按上述要求汇总的结果存放在 Sum_Output.dbf。关闭图层属性表 "土地使用"，如果在内容列表中不出现 Sum_Output.dbf，点击内容列表上侧的按钮 🗺（按源列出），可看到汇总表被自动加载到 Data frame1 中。内容列表中，鼠标右键点击 Sum_Output.dbf，选择 "打开"，显示如下：

LANDUSE （土地使用）	Count_LANDUSE （共有几例）	Minimun_AREA （最小面积）	Average_AREA （平均面积）	Sum_AREA （面积总和）
C2	3	12411.67	23490.0067	70470.020
C3	3	11958.74	38866.4267	116599.280
C6	1	11332.59	11332.5900	11332.590
E	5	4226.126	5911.8644	29559.322
G1	10	4234.794	5547.7847	55477.847
M	7	7023.458	16315.5883	114209.118
R2	9	7041.055	21075.5928	189680.335
S3	1	7999.872	7999.8720	7999.872

3.2.3　生成统计图表

　　Sum_Output 处于打开状态，点击左上角表选项菜单 📋▾，选用 "创建图表"，出现 "创建图表向导" 对话框，进一步设置：

　　图表类型：垂直条块　　　　　　　　下拉选择
　　图层/表：Sum_Output　　　　　　　 下拉选择
　　值字段：Sum_AREA　　　　　　　　 下拉选择
　　X 字段：LANDUSE　　　　　　　　　下拉选择
　　X 标注字段：LANDUSE　　　　　　　下拉选择

　　其他设置均默认，在右下侧按 "下一步>" 键，继续设置：

　　⊙ 在图表中显示所有要素/记录　　　 点选
　　标题：土地使用　面积　　　　　　　键盘输入中文字符
　　□ 图例　　　　　　　　　　　　　　取消勾选

　　其他设置均默认，点击右下侧 "完成" 键，产生统计图表（图 3-4）。

图 3-4 属性表显示为统计图表

3.3 属性输入、编辑

3.3.1 表的新建

关闭统计图表、统计汇总表及图层属性表。ArcMap 主菜单中选"窗口>目录"（或在基本工具条中直接点击按钮 ），地图窗口右侧出现"目录"窗口（图 3-5），将该窗口上方的图钉调整为向下。目录窗口上侧的"位置"下拉条中，选择"默认工作目录-Gis_ex10\ex03"，这是当前地图文档的所在路径，展开默认工作目录，鼠标右键点击文件夹 temp，快捷菜单中选择"新建>dBASE 表"，该路径下出现一个新表，默认名是 New_dBASE_Table.dbf，继续用鼠标右键点击该表名，选用"重命名"，将该表改名为 ld_far.dbf，关闭"目录"窗口。如果视窗右侧存在"搜索"窗口，也可将其关闭。

图 3-5 "目录"窗口出现在右侧

到内容列表左上侧点击按钮 ，如果 New_dBASE_Table（或 ld_far）出现在内容列表中，说明该表已自动加载，鼠标右键点击表名，快捷菜单中选"移除"键，再点击工具 （添加数据），到\gis_ex10\ex03\temp 路径下点击 ld_far.dbf，按"添加"键，该表再次加载。内容列表中鼠标右键点击表名 ld_far，选用快捷菜单"打开"，进入属性表窗口，左上角点击图标 （表选项），选择"添加字段..."，在随后出现的对话框中输入字段定义：

名称：landuse　　　　键盘输入字段名
类型：文本　　　　　　下拉选择，数据类型为字符型
长度：2　　　　　　　键盘输入字段长度

按"确定"键返回，属性表增加了字段 landuse。再利用表选项菜单 ，选择"添加字段..."：

名称：FAR
类型：浮点型
精度：4（字段宽度）
小数位数：1

按"确定"键返回，属性表又增加了字段 FAR。本属性表有 4 个字段：OID、Field1、landuse、FAR。Field1 自动产生，是多余的，鼠标右键点击该字段名，选用快捷菜单"删除字段"，软件警告：删除操作无法撤销，选择"是"，Field1 被删除。OID 是默认字段，无法删除。

3.3.2　添加记录

确认 ld_far.dbf 已打开，在标准工具条中点击按钮 ，弹出编辑器工具条（Editor Toolbar），选择下拉菜单"编辑器>开始编辑"，在随后的对话框中先在下部"源"窗口点击\gis_ex10\ex03\temp，再到上部选择刚建立的属性表 ld_far，按"确定"键，表中可编辑的字段名从灰色变为白色，进入编辑状态，可用键盘输入如下内容：

landuse	FAR
C2	2.5
C3	2.0
C6	1.0
E	0.0
G1	0.0
M	1.5
R2	2.0
S3	0.0

OID 是内定字段，常称为内部标识，起自动编号的作用，用户不能修改。数据添加完毕应按回车键结束，到编辑器工具条中选用菜单"编辑器>停止编辑"，系统会出现"是否保存编辑内容"的提示，点击"是（Y）"，编辑状态结束，属性表的字段名从白色变为灰色。关闭编辑器工具条。

3.3.3　通过计算对字段赋值

鼠标右键点击字段 FAR，选用快捷菜单"字段计算器…"，出现对话框，在上部点选"VB脚本"，下侧提示："FAR ="，用鼠标点击选择左上侧的字段名，配合键盘在下部文本框内输入："[FAR] * 0.8"（操作时不含引号），按"确定"键（如果警告结果无法撤销，继续），可看到 FAR 字段的每个属性值变为原来的 0.8 倍。关闭属性表窗口。

3.3.4　属性表的常用操作

（1）添加记录或修改属性值。打开属性表后，选用菜单"编辑器>开始编辑"，该表处于编辑状态，字段名的颜色从灰变白，然后用键盘添加记录或直接修改表中的属性值。

（2）结束编辑。选用菜单"编辑器>停止编辑"，结束编辑前，会出现"是否保存编辑内容"的提示，点击"是"，编辑结果被保存，如果点击"否"，则放弃编辑结果，表中内容恢复到编辑开始之前。编辑状态结束，表中字段名的颜色从白色变为灰色。

（3）增加字段。属性表已打开，该表已经退出（或未进入）编辑状态，在属性表左上角通过表选项菜单 ▤ ▾ ，选择"添加字段…"。

（4）计算后赋值。鼠标右键点击某字段名，选择快捷菜单"字段计算器"，在弹出的界面中进一步操作，计算结果持久保存在该字段中。

（5）删除字段。属性表已打开，该表已经退出（或未进入）编辑状态，鼠标右键点击要删除的字段名，弹出快捷菜单，选择"删除字段"。

（6）删除记录。该表已打开，选用"编辑器>开始编辑"，该表处于编辑状态，鼠标单击要删除记录左侧的小方格，该记录进入选择集，改变颜色，按键盘上的 Delete 键，实现删除。若要删除多条记录，借助 Ctrl 键，连击左侧对应的小方格，使多条记录进入选择集，改变颜色，属性表窗口上方点击按钮"×"，实现多条记录一次删除[①]。

（7）表内查询。打开属性表后，点击记录（行）左侧的小方格，该行进入选择集，借助 Ctrl 键，实现多条记录选择，实现最简单的查询。如果通过属性表左上角图标" ▤ ▾ >按属性选择…"，可进一步做到按条件组合查询。

（8）表的新建、删除、重命名。在"目录"窗口中鼠标右键加快捷菜单就可操作。该窗口为 ArcCatalog 的简要形式，与 ArcMap 有所分工。初学者不要轻易在操作系统下直接删除表、新建表。

（9）表的加载、移除。ArcMap 加载（添加数据）、移除操作体现在内容列表中，针对数据框，与图层的加载、移除相似，并不直接修改数据源。删除、重命名、加载、移除之前，该表不能处于编辑状态。

3.3.5　关于要素属性表

与独立属性表不同，要素属性表（Feature Attribute Table）和要素类（Feature Class）对应，在 ArcMap 中，加载要素类、移除图层，同时也加载、移除了要素属性表。在内容列表中用鼠标右键点击图层名，选择菜单"打开属性表"，与打开独立属性表一样，有关操作相

---

① 用 10.2 版本，对独立的 DBF 表，此项操作往往不成功，不得不通过"ArcToolbox/数据管理工具/表/删除行"实现。估计此功能会在 10.2.1 版本纠正。

同。但是在要素属性表中删除某条记录，对应的要素也被同步删除，添加一条记录，会产生一个空要素。要素属性表有一个默认字段 Shape，显示为要素的几何类型，无法修改。

3.3.6　标识、标识符

独立属性表中有一个内定字段 OID，为该记录的内部标识（也称为对象标识，Object Identifier），由软件自动产生。从已经做过的练习，可看到要素属性表中，有字段名 FID（Feature Identifier，要素标识），也是内部标识，用于空间要素和属性记录之间的连接，由软件自动产生、自动编号，用户不能修改。如果数据源是 Geodatabase，字段名称为 OBJECTID，其作用和 FID、OID 一样。"土地使用"要素属性表中还有一个字段 LOTS_ID，是用户标识（User Identifier），该字段由用户定义，相当于自定义的地块编码，可直观辨认，内容可按需要修改，用户标识符的数据类型可用整数型、长整数型，也可用文本型（字符型），不宜使用浮点型。在很多场合，标识也称标识符、标识号。

3.4　表和表的连接

3.4.1　连接（Join）的实现

Data frame1 已激活，进入"土地使用>图层属性>定义查询"选项，如果"定义查询"文本框中有内容，应删除，再进入"显示"选项，如果"使用下面的字段支持超链接"已勾选，应取消，按"确定"键返回。专题图层显示要素类中所有地块多边形，打开"土地使用"的图层属性表，在内容列表上侧点击按钮 🔘，确认 ld_far.dbf 表已存在（若不存在，按本章开始处的练习，新建、加载、输入属性值），用鼠标右键点击该表，选择"打开"，可看到属性表显示窗口底部有两个选项卡："土地使用"和 ld_far，窗口的显示内容可以在两个表之间切换。"土地使用"有 39 条记录，ld_far 有 8 条记录。确认已经退出编辑状态，在内容列表中鼠标右键点击图层名"土地使用"，选择快捷菜单"连接和关联>连接…"（如果属性表窗口中，"土地使用"处于显示状态，也用表选项菜单" 🔲 ▾ >连接和关联>连接…"），弹出"连接数据"对话框：

要将哪些内容连接到该图层？某一表的属性　　　　　　　　　　下拉选择
1.选择该图层中连接将基于的字段：LANDUSE　　　　　　　下拉选择连接关键字段
2.选择要连接到此图层的表，或者从磁盘加载表：ld_far　　　下拉选择
☑显示此列表中的图层的属性表　　　　　　　　　　　　　　勾选
3.选择此表中要作为连接基础的字段：landuse　　　　　　　下拉选择关键字段
◉保持所有记录　　　　　　　　　　　　　　　　　　　　　点选

按"确定"键继续，提示是否要加索引（Index），点击"否"。在属性表窗口底部点击"土地使用"选项卡，可看到该表的右端增加了 3 个字段：OID、landuse、FAR（图 3-6），它们来自被连接的表 ld_far（该表新建后已输入了属性值），8 条记录扩展到 39 个地块的属性表中，连接使两个表实现了合并，实际数据的储存仍独立。从土地使用属性表的角度，有多条记录共用了 ld_far 的一条记录，属多对一的逻辑关系。连接有时会失败，一般原因是某个表或图层正在编辑，应选用菜单"编辑器>停止编辑"，退出编辑状态，再操作连接。

图 3-6　连接后的属性表

　　在两个表连接的基础上，还可进一步连接第三个表。已有的连接也可解除，用表选项菜单"图▼>连接和关联>移除连接>移除所有连接（或 ld_far）"，连接解除，这步操作也可在内容列表中鼠标右键点击图层名"土地使用"实现。

3.4.2　关联（Relate）的实现

　　关闭属性表窗口，激活 Data frame2，该数据框只有一个多边形图层"动迁地块"（图 3-7）。鼠标右键点击图层名，打开属性表"动迁地块"，可以看到该表有 16 条记录，字段 PARCEL_ID 为每个地块的编号（用户标识）。标准工具条中点击 ✚（添加数据…），加载独立属性表 \gis_ex10\ex03\rsdt.dbf，在内容列表中，鼠标右键点击 rsdt，选"打开"，该表有 254 条记录，每条记录为一户居民的信息，字段 PARCEL_NUM 为居民房屋所在地块的编号。选用表选项菜单"图▼>连接和关联>关联…"，弹出"关联"对话框：

1. 选择该图层中关联将基于的字段：PARCEL_NUM　　　　　　　　　下拉选择
2. 选择要关联到此图层的表或图层，或者从磁盘加载：动迁地块　　　下拉选择
3. 选择关联表或图层中要作为关联基础的字段：PARCEL_ID　　　　　下拉选择
4. 为关联选择一个名称：Relate1　　　　　　　　　　　　　　　　键盘输入

　　按"确定"键。在内容列表中用鼠标右键点击图层名"动迁地块>打开属性表"，属性表窗口左下侧分别有两个选项卡，对应两个属性表名称，可相互切换显示，各自的外观不变，但在逻辑上已经实现了关联（已有的连接或关联未解除，可能引起新的关联不成功）。在基本工具条中点击工具 ▣，在地图显示窗口中选择一个多边形，该多边形边界改变颜色，利用属性表窗口底部的选项卡，切换到"动迁地块"，可看到有一条对应的记录进入了选择集，点击表窗口左上角菜单"图▼>关联表>Relate1：rsdt"，显示内容切换到 rsdt，可看到有多条记录进入了选择集，实现了查询一个动迁地块，显示多户动迁居民（图 3-8），借助属性表底部两个按钮："显示所有记录"和"显示所选记录"，切换属性记录显示方式，可进一步体验

rsdt 中哪些记录进入了选择集。要素属性表中 PARCEL_ID 和独立属性表 rsdt 中的
PARCEL_NUM 取值相同，是实现关联的条件。

图 3-7　Data frame2 的显示

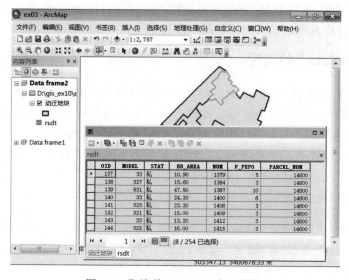

图 3-8　靠关联（Relate）实现查询

　　切换到 rsdt，点击按钮 ⊠，清空选择集，点击底部按钮"显示所有记录"，在 rsdt 表
左侧小方格中任意点击选择一条记录，一户居民的信息进入选择集，选用图标菜单" ▤ ▾ ＞
关联表＞Relate1：PRACEL"，可以看到，"动迁地块"属性表中也有一条对应的记录进入选
择集，专题地图上也有一个多边形进入选择集，这是从一户居民查到所在地块。点击属性
表上部的图标按钮 ▤（关联表），选择 Relate1：rsdt，又可显示出 rsdt 中的多条记录，即
该地块上还有哪些居民，通过关联，从一个地块查到多户居民，再次实现了一对多的
查询。

已有的关联也可解除，点击属性表窗口左上角图标菜单" ⊞ ▾ >连接和关联>移除关联"，可解除某个关联，或者解除所有关联。有时关联不成功，可能是已有连接未解除，两种操作有冲突，或者编辑状态未停止。

表和表之间的连接，使查询的功能、内容得到扩展。要连接的两个表必须有对应的关键字段，字段名称可以不同，但数据类型、属性值应相同。

3.4.3 连接（Join）和关联（Relate）的差别

（1）逻辑关系不一样。关联（Relate）方式，两个表之间的记录可以是"一对一"、"多对一"、"一对多"的关系（既可一个地块对应多户居民，也可多户居民对应一个地块）。连接（Join）方式，两个表之间的记录只能是"一对一"、"多对一"的关系，不能实现"一对多"。

（2）显示效果不一样。关联操作不能将不同的表合并显示，要来回切换。连接操作实现后，被连接的表合并到结果表中，结果表的字段得到扩展，表的显示比较紧凑、简洁，下一步的查询操作也较简单。

因此，关联能实现的逻辑关系多，连接的查询界面简洁。

3.5 选择记录、过滤要素

一般情况下，一个要素类（Feature Class）的全部要素都出现在图层中，但实际使用的图层可能只需要部分要素，太多、太详细反而不合适。对于大型数据库而言，调用局部记录更属常见。为此，可按属性选择记录，查出需要的记录，也使不符合条件的要素被排除、不出现。例如，某一要素类包括所有类型的道路，但某个图层只需要主干道，按属性选择记录，次干道、支路被排除在外，专题图层得到简化。

关闭属性表，激活 Data framel，点击按钮 ⊠，清空选择集。如果属性表的连接尚未解除，鼠标右键点击图层名"土地使用"，选用快捷菜单"连接和关联>移除连接>移除所有连接"，鼠标右键再点击图层名"土地使用"，进入"图层属性>定义查询"选项，在"定义查询"文本框左下方点击按钮"查询构建器…"，该对话框和"按属性选择"基本相同（参考图 3-2），在 SELECT * FROM lots WHERE：提示下，靠鼠标输入组合条件：

"LANDUSE" LIKE 'C2' OR "LANDUSE" LIKE 'C3'

按"确定"键返回，上述语句出现在查询文本框内，如果有疑义，可用键盘修改；如果无疑义，按"确定"键关闭图层属性设置对话框。符合查询条件，进入选择集的记录只有 6 条，图层中的多边形也变为 6 个（图 3-9），即土地使用性质为 C2 或 C3，经过滤，不符合条件的记录、要素被排除。对独立属性表，也可过滤不需要的记录，用鼠标右键打开表属性对话框，后续的界面、操作和要素属性表相同，过滤的结果仅是表中的记录，只有当独立属性表和要素属性表事先有连接时，才会影响到要素。

图 3-9　过滤后的要素、记录

3.6　超　链　接

　　按上述条件组合查询，过滤后的图层只有 6 个多边形，打开"土地使用"的图层属性表，也只有 6 条记录，按左上角"表选项"菜单 ，选用"添加字段…"，进一步操作：

　　名称：F_picture
　　类型：文本
　　长度：30

　　按"确定"键返回。标准工具条中点击按钮 ，调出"编辑器"工具条，选择"编辑器>开始编辑"，随后选择"土地使用"，按"确定"键返回。该要素属性表进入编辑状态，可编辑字段名改变显示颜色，借助键盘、鼠标逐个编辑单元，为 F_picture 字段输入路径和图像文件名（应和练习数据的实际安装路径相一致）：

　　D:\gis_ex10\ex03\i001.jpg
　　D:\gis_ex10\ex03\i002.jpg
　　D:\gis_ex10\ex03\i003.jpg
　　D:\gis_ex10\ex03\i004.jpg
　　D:\gis_ex10\ex03\i005.jpg
　　D:\gis_ex10\ex03\i006.jpg

　　输入完毕，按回车键，选用菜单"编辑器>停止编辑"，会出现"是否保存编辑内容"的提示，点击"是"，结束编辑状态，关闭属性表窗口。进入"土地使用>图层属性>显示"选项，在对话框中间的目录栏勾选"使用下面的字段支持超链接"，在下拉表中选择超链接字段名 F_picture，该下拉表还有"文档"，"URL（网址）"，"脚本" 3 个选项，本练习点选"文档"，按"确定"键关闭图层属性设置对话框。在基本工具条中可以看到工具 （超链接，Hyperlink）处于可用状态，点击该工具，再到地图上点击任一地块多边形，软件将调用Windows 默认的应用程序打开该图片文件，显示图像（为练习准备的是建筑设计表现图，如图 3-10 所示）。

图 3-10　超链接查询结果

超链接是一个通道，使要素及其属性的查询扩展到非表状属性数据，除了显示一般图像，还可调用文本文件、视频，打开指定的网址，启动某个应用程序（脚本）等。超链接的属性通常存放在要素属性表的字段里，也可存放在外部独立属性表中，连接到要素属性表。虽然可同时定义多个字段，对应多种超链接，但"图层属性>显示"中所做的设定，决定了当前只能用一种超链接，外部程序如何调用，与操作系统的默认设置有关。

3.7　字段的显示设定

3.7.1　字段的可见性

关闭属性表窗口，激活 Data frame1，鼠标右键点击图层名"土地使用"，选择"属性"，进入"字段"选项，再点击上部下拉菜单"选项"，勾选"显示字段名称"，"土地使用"要素属性表中的字段均显示出来，该表的每个字段名左侧均有可见性复选框,勾选或取消"√"号，表示该字段处于可见或不可见状态。一旦取消了勾选号，在本数据框的其他应用界面中，该字段将不出现，无法用于查询、连接，也不出现在查询结果中。按关系数据库的原理，字段可见性设置相当于对表中列的查询（投影）。

3.7.2　字段别名

在应用中，表的字段名一般都用初始定义，为了适合实际需要、直观易懂，可以给字段起别名（Alias），一旦设定，以后的操作，都可用别名来代替实名。进入"图层属性"对话框的"字段"选项，鼠标点击左侧的某个字段名，可以看到右侧"外观"框内，别名往往和实名一致，可用键盘在窗口右侧输入或修改。

3.7.3　可见性和别名的设定

读者可以自己尝试，进入"土地使用>图层属性>字段"选项，将字段 FID、Shape、PERIMETER 及 F_picture 设为不可见。另 3 个字段定义设定别名：LOTS_ID 为"地块编号"，AREA 为"面积"，LANDUSE 为"土地使用"。完成上述操作后，按"确定"键返回。在内容列表中，右键点击图层名"土地使用"，选择"打开属性表"，可以看到该表只有"地块编号"、"面积"、"土地使用" 3 个字段。

对要素属性表的字段显示设置，通过"图层属性"对话框操作，对独立属性表，在内容列表中用鼠标右键点击表名，选择"属性…"，打开表属性对话框，后续操作和要素属性表相同。

修改字段的可见性、别名并不修改数据源本身，因此，同一个表被用在不同的数据框中，可设置为不同的可见性、不同的别名，满足不同的应用要求。

练习结束，选用菜单"文件>退出"，ArcMap 会出现"是否保存对当前地图文档的更改"的提示，为了不影响以后及他人的练习，点击"否"。

3.8　本 章 小 结

本章练习量较大，但对后续学习很重要，除了实现操作，还应理解如下含义。

（1）新建、更名、删除属性表，增加、删除字段、记录，输入、修改属性值，都是一般数据库的基础功能。

（2）字段可视性、别名、统计。调整字段的可见性是为了简化属性表（基于关系数据库的投影功能），设置别名使同一个表适应不同的应用视角，按字段可以对属性汇总、统计。

（3）按属性选择由若干条件组合而成，既满足应用要求，也可精简属性表、简化专题地图中的要素（基于关系数据库的投影、选择功能）。

（4）在按属性选择的基础上，实现过滤功能，使图层属性表成为要素属性表的子集，图层中的要素成为要素类的子集（关系数据库的投影、选择功能）。

（5）连接两个或更多的属性表，实现对复杂事物的查询（关系数据库的连接功能）。连接、关联的作用有差异。

（6）超链接使字段成为查询其他媒体信息或者启动其他处理功能的通道，使关系数据库的常规查询功能得到延伸。

（7）属性表一般都有一个内部标识字段（如 OID、FID、OBJECTID），按顺序自动编号，取值唯一。如果是要素属性表，内部标识使属性表记录和地理要素自动连接。删除、添加记录（或要素），可能会引起内部标识顺序、取值的变化。自定义的用户标识取值相对稳定，由它和其他表的连接、关联也相对稳定，而且容易辨认、记忆（参考图 1-11）。用户标识靠人为编码（如本章练习中的 PARCEL_ID、PARCEL_NUM、LOTS_ID），不一定能保证取值唯一。内部标识的数据类型一般为整数型、长整数型，用户标识可以是整数型、长整数型，也可用文本（字符）型，浮点型不合适。

通过"字段计算器"窗口，可经计算后给字段赋值，目前的 ArcMap 默认用 VB 脚本（VB Script）语言，也可选用 Python，两者的功能一样，语句、语法稍有差异。本教材的后续练习中，如果没有特别说明，均默认 VB 脚本。

思 考 题

1. 本章练习如何体现关系型数据库的 3 项常用查询功能。

2. 内部标识、用户标识有什么异同点，各自发挥什么作用。

3. 比较连接（Join）和关联（Relate）的异同点。

4. 以 Data frame1 为例，改变土地使用要素属性表中某条记录的 LANDUSE 取值，所显示的专题地图会发生什么变化。

5. 根据自己的经验，某要素类中的要素非常多，设置图层属性时，按要素的属性值过滤记录，保存地图文档，有什么应用价值。

6. 同一个要素类中，希望某些要素和另一些要素有不同的属性项，如何实现。

第二篇　地理信息显示与制图

第4章　要素的分级、分类显示

- 专题地图符号类型
- 定性分类图
- 定量分类图
- 多属性分类图
- 本章小结

4.1　专题地图符号类型

启动 ArcMap，如果系统出现启动对话框，可取消；如果已经打开了一个地图文档，则选用主菜单"文件>新建…"，在提示对话框中选择"空白地图"，按"确定"键继续。空白地图文档一般自动命名为"无标题"，有默认的数据框"图层"。

在标准工具条中点击添加数据工具 ✚ （或选用主菜单"文件>添加数据…"），出现加载数据源对话框，在\gis_ex10\ex04\路径下双击 hi_way.shp，为当前数据框增加一个线状专题图层，将该图层更名为"道路"。再次点击工具 ✚，在\gis_ex10\ex04\路径下双击 town.shp，再增加一个多边形专题图层，将该图层更名为"乡镇"。

鼠标右键点击数据框名称"图层"，选择"属性…"，进入"数据框属性"对话框。进入"常规"选项，将"名称"改为 Data frame1，按"确定"键返回。

鼠标右键点击图层名"道路"，进入"图层属性>字段"选项，将字段 VOLUMN 的别名设置为中文"交通量"（不带引号），按"确定"键返回。用同样的方法，进入图层"乡镇"的"图层属性>字段"选项，将字段 Cnt_Name 的别名设置为"所在县"， Popu 的别名设置为"人口"，Pop_Den 的别名设置为"人口密度"， Function 的别名设置为"乡镇职能"。选用主菜单"文件>另存为…"，当前地图文档的保存路径可选\gis_ex10\ex04\temp\，文件名可用 ex04.mxd（mxd 为默认后缀），按"保存"键返回。

在 ArcMap 中，双击内容列表中某图层的名称（如"乡镇"），就进入该图层属性对话框（也可用鼠标右键点击图层名，在弹出的快捷菜单中选择"属性…"），点击"符号系统"选项卡，就可进一步设置要素的显示符号（图 4-1）。ArcMap 将点、线、面、字符的表达统称为符号（Symbol）。一般来说，点、线、面的符号由图层要素属性表中的某个字段来控制，对字段属性值进行分类、分级，实现专题地图的符号化。

图 4-1　符号系统设置对话框

进入"乡镇>图层属性>符号系统",在"显示"框中有 5 种符号设置方式。

(1) 要素(Features,单一符号)。图层内的所有要素均用一种符号,不分类。

(2) 类别(Categories,定性分类)。按指定值分类显示(适合整数型或字符型属性),进一步分为以下 3 种。

唯一值(Unique Values),每一属性值对应一种符号。

唯一值,多个字段(Unique Values, Many Fields),同时按多个字段属性值分类,每一类对应一种符号。

与样式中的符号匹配(Match to Symbols in a Style),与已有的某样式文件中的符号匹配分类。

(3) 数量(Quantities,定量分类)。用属性值的大小、区间来控制符号。进一步分为4 种。

分级色彩(Graduated Colors,颜色渐变),根据要素属性值的大小,使符号的颜色逐渐变化,面状要素类用得较多。

分级符号(Graduated Symbols,符号渐变),用不同大小的点、不同宽窄的线、不同密度的填充线表达点、线、面,点状、线状要素类用得较多。

比例符号(Proportional Symbols,按比例设定),属性值的大小确定符号的大小,点状、线状要素类用得较多,面状要素类往往通过点符号表达。

点密度(Dot Density),只适合多边形。例如,可用一个点代表 50 个人,当多边形对应的人口数为 20000 时,依靠算法在该多边形内布置 400 个点符号。

(4) 图表(Charts,统计图)。有饼图(Pie)、条形图/柱状图(Bar/Column)、堆叠图(Stacked)3 种,适合表达点状、面状要素的多重属性。

(5) 多个属性(Multiple Attributes)。只有一种分类方法:按类别确定数量(Quantity by Categories)。

4.2　定性分类图

类别（Categories，定性分类）。适合字符型、整数型的属性。

4.2.1　唯一值

图层 "乡镇"目前是单一符号图（Single Symbol），所有的多边形均用一种符号表达。进入图层"乡镇"的符号系统对话框，左侧显示框中选择"类别>唯一值"，在中部"值字段"下拉表中选择"乡镇职能"。在对话框下方点击按钮"添加所有值"，要素属性表中"乡镇职能"字段的所有值均列入，每一取值对应一种符号。可以在"色带"下拉表中选择一种色系，改变符号颜色，也可以双击每一符号框，调出符号选择器，修改每一符号（本书第 6 章将进一步练习符号选择器的用法）。完成多边形符号设置后，建议去除第一行<其他所有值>前的勾选号，表示未进入分类的要素不显示。在图例框右侧可以看到计数，每种分类对应多少个要素（合计：73，农业型 4，工业型 7，综合型 62），按"确定"键退出。可以看到，"乡镇"多边形按乡镇职能分类，每一属性取值对应一种符号（图 4-2）。

图 4-2　定性分类图（唯一值）

4.2.2　唯一值，多字段

再次进入"乡镇>图层属性>符号系统"，左侧"显示"框中选择"类别>唯一值，多个字段"。"值字段"有 3 个下拉表，在第一个框内下拉选择"所在县"，在第二个框内下拉选择"乡镇职能"，第三个框不选（"无"）。在对话框下方点击"添加所有值"按钮，软件将"所在县"和"乡镇职能"字段中所有值按各种组合方式列入，每一种组合对应一种符号。可以在"色带"下拉表中选择一种色系，如由绿变红，改变符号颜色。完成多边形符号设置后，注意去除第一行<其他所有值>前的勾选号（未进入分类的要素不显示），按"确定"键退出。"乡镇"多边形按属性表中的"所在县"和"乡镇职能"两个字段的属性值分类，每一种组合分类对应一种符号（实际分为 11 组多边形，图 4-3）。

图 4-3 定性分类图（唯一值、多字段）

4.3 定量分类图

数量（Quantities，定量分类）。适合属性表中数值型字段分类、显示，尤其是连续型的属性值。

4.3.1 分级色彩（颜色渐变）

在内容列表中取消图层名"道路"前的显示状态勾选号。进入"乡镇>图层属性>符号系统"选项，"显示"框内选择"数量>分级色彩"，在中间"字段"框的"值"下拉表中选择"人口密度"，右侧点击按钮"分类..."，出现"分类"对话框，分类方法下拉条有 7 种选择：

（1）手动（Manual）。用户在左下侧分类示意图中拖动分类线，或在右侧"中断值"字符框内逐个输入间隔值（图 4-4）。

（2）相等间隔（Equal Interval）。每段区间的上下限之差相同，也称为等差分级、分类，等距分级、分类。

（3）定义的间隔（Defined Interval）。用户自定义区间大小，然后由软件确定所分的区间个数。

（4）分位数（Quantile）。每个区段间内出现的要素个数大致相同，可理解为等量分级、分类。

（5）自然间断点分级法（Natural Breaks (Jenks)）。针对某项属性，组内差异最小，组间差异最大，自动优化，实现分类（采用 Jenks Optimization 计算方法）。

（6）几何间隔（Geometrical Interval）。以某种倍数（或倒数）值定义属性值的间隔，可理解为等比分级、分类。

（7）标准差（Standard Deviation）。以属性均值为中心，统计标准差为两侧区间的分级。

图4-4　手动分类对话框

在"分类"框内，下拉选择"相等间隔"，在"类别"下拉表内直接输入9，"乡镇"多边形按人口密度等距划分为9类，按"确定"键退出。在"色带"下拉表中选择一种由浅到深的渐变色系，按"确定"键返回。可以看到，"乡镇"多边形等距分类为9类，每段区间的上下限之差相同，对应一种符号（图4-5）。

图4-5　颜色渐变图（按人口密度等距分类）

再次进入"乡镇>图层属性>符号系统"选项，"显示"框内选择"数量>分级色彩"，在中间"字段"框的"值"的下拉表依然是"人口密度"。右侧点击按钮"分类…"，在"方法"下拉表中选择"分位数"，"类别"下拉表依然是9，按"确定"键返回图层属性对话框。在"色带"下拉表中选择从浅到深的色系，按"确定"键退出。"乡镇"按人口密度分为9类，每段区间内的要素个数大致相同，对应一种符号（图4-6）。

图 4-6　颜色渐变图（按人口密度等量分类）

上述专题图的渐变色系在"色带"下拉表中选择，如果对符号库中现成的渐变色系不满意，可以自定义。再次进入"乡镇>图层属性>符号系统"选项，在下方的图例区内，双击第一个符号色块，弹出符号选择器，窗口右侧点击"填充颜色"的下拉表，选择渐变的起始颜色（如较浅红色），按"确定"键返回，再双击最后一个图例色块，选择渐变的结束颜色（如较深蓝色），按"确定"键返回。在图例区内左上角点击"符号"按钮，弹出快捷菜单，选择"渐变颜色"。ArcMap 按用户确定的两个颜色（起始、结束），产生一个新的渐变色系，按"确定"键退出。多边形内的颜色就按用户自定义的渐变色系分类，这种方法适合指标的大小从一种色相到另一种色相的渐变（如从黄到蓝，从绿到红）。

4.3.2　分级符号

在内容列表中勾选图层名"道路"，使该图层进入显示状态。进入"道路>图层属性>符号系统>数量>分级符号"，在中间"字段"框"值"下拉表中选择"交通量"。在对话框的右侧点击按钮"分类..."，在"方法"下拉表中选择"定义的间隔"，在"间隔大小"框内键盘输入 500，表示交通量以 500 对区间进行划分，按"确定"键返回符号系统选项。针对"符号大小"的提示，输入"从 0.5 到 4"，意思是线符号的宽度由 0.5 分级变化到 4，与路段交通量对应。点击右侧"模板"按钮，出现"符号选择器"，从中选择一种较简单的线型，按"确定"键返回，再按"确定"键退出"图层属性"对话框。可以看到，"道路"按交通量大小分类为 6 类，每个区段间距为 500，每个区间对应一种宽度的线符号（图 4-7）。

4.3.3　比例符号

1）线要素的比例符号

图层"道路"依然处于显示状态，进入选项"道路>图层属性>符号系统>数量>比例符号"，在中间输入：

字段

值：交通量　　　　　　　　　下拉选择

归一化：无

单位：未知单位

显示在图例中的符号数量：5　　　下拉选择，按交通量大小分5类

在"符号"框内，点击最小值，进入"符号选择器"，选择一种线符号，线的宽度可输入0.5，按"确定"键返回。一旦最小符号确定，系统自动根据分类的结果，设置最大符号，显示在"最大值"中，按"确定"键退出。可以看到，采用比例分类图，线要素自动按不同宽窄显示，属性值大小决定符号的宽度。比较图4-7和图4-8，两种分类的显示效果看上去很相似，但是后者的要素是渐变的，图例是分级的，如果某路段交通量为1530，图中要素宽度应该是图例中1000线宽的1.53倍。

图4-7　线要素分级符号图（按交通量分类）

图4-8　线要素比例符号图（按交通量分类）

2）面要素的比例符号

在内容列表中取消图层名"道路"前的显示状态勾选号。进入"乡镇>图层属性>符号系统>数量>比例符号"，在中间输入：

字段

值：人口　　　　　　　　　　　　下拉选择

归一化：无

单位：未知单位

显示在图例中的符号数量：5　　　　下拉选择（在对话框下侧）

在符号框中，点击"背景"，进入"符号选择器"，选择多边形的背景符号（较浅的填充色），按"确定"键返回。点击"最小值"，再进入"符号选择器"，选择点符号及其大小，可以选一种深色的圆点，在"大小"栏中输入 3，按"确定"键返回。一旦最小符号形式和大小确定，软件自动根据分类的情况，设置最大符号的尺寸，显示在"最大值"框中。按"确定"键退出。可以看到，比例符号分类法，使多边形要素显示为"背景色+点符号"，点符号的大小根据要素某属性值决定（本例为乡镇人口数，图 4-9），图例分区间，要素不分区间。如果某乡镇的人口为 8750，在图例 5000 和 10000 之间按比例确定点圆的大小。

点符号和面要素的属性值相匹配。

图 4-9　多边形要素比例符号图（按人口数）

4.4　多属性分类图

多个属性分类（Multiple attributes）的意思是在同一图层上表达多重属性。图层"道路"的显示状态依然处于关闭，进入选项"乡镇>图层属性>符号系统>多个属性>按类别确定数量"，在中间"值字段"的第一行下拉表中选择"所在县"，在对话框下方点击"添加所有值"按钮，所有县名列入，可在"配色方案"下拉表中选择冷暖相间的色系。

对话框右侧，有"变化依据"框，内含两个按钮，有 "色带"、"符号大小"两种选择。

（1）如果点击"色带"按钮，弹出"使用颜色表示数量"对话框，其设置和分级色彩（颜色渐变图）一致，"对字段>值"，下拉选择"人口密度"，对"字段>归一化"，保持"无"。对话框的右侧点击按钮"分类..."，分类方法可设为自然间断点分级法，类别为 5，按"确定"键返回。在"色带"下拉表中，选择一种由明变暗的色系，按"确定"键返回"符号系统"选项。再次点击"添加所有值"按钮，注意去除第一行<其他所有值>前的勾选号，按"确定"键退出。"乡镇"多边形按"所在县"和"人口密度"两个属性值分类显示（图 4-10），其效果为分层次再分级，或者分大类再分小类。

图 4-10 多属性图（色相表达行政区划、明暗表达人口密度）

（2）如果点击"符号大小"按钮，是另一种表达多重属性的分类方式，其方法是由点状符号大小表达另一种属性，其表达效果和操作类似于分级符号（Graduated Symbols，符号渐变），读者可以自行练习比较（图 4-11）。

图 4-11 多边形填充色对应行政区划（点符号对应人口数量）

　　练习结束，点击菜单"文件>退出"，ArcMap 会出现"是否将更改保存到地图文档"的提示，如果点击"是"，当前的设置保留在地图文档 ex04.mxd 中。

4.5　本 章 小 结

　　用要素的属性确定符号是专题制图、显示空间信息的基本途径，分级、分类在专题制图领域很常用。ArcMap 提供 5 种分级、分类方法：①单一符号（要素），②定性分类（类别），③定量分类（数量），④统计图（图表），⑤多重属性。按本章练习，虽能了解常用的分级、分类方法，但是在不同条件下，有不同的应用需求。选用哪种方法合适，如何把握，还要通过其他途径学习相关知识，积累一定经验。

思　考　题

　　1. 将图 4-5 的色系从由深变浅改为由浅变深，表达的意图会有什么差异？

　　2. 将图 4-6 所用的分级属性字段从人口密度改为人口数，符号设置方法不变，表达的效果、意图有什么变化？

　　3. 以多边形为例，比较填充颜色渐变和比例符号的适用性、适用条件。

　　4. 属性信息一般可按命名型、顺序型、间隔型、比率型等类型进行划分，它们如何与 ArcMap 的 5 种分级、分类显示方式适应。

第5章 地图页面布局

- 进入布局视图
- 页面的基本设置
- 设置页面中的数据框
- 向页面添加制图元素
- 页面布局的进一步处理
- 本章小结

5.1 进入布局视图

打开地图文档\gis_ex10\ex05\ex05.mxd，激活数据框"人口密度"。选择主菜单"视图>布局视图"，地图窗口从数据视图（Data View）切换成布局视图（Layout View）。两个不同的数据框（人口密度、县域乡镇）都出现在一个页面布局（Page Layout）里，页面有边界、尺寸，当前的数据框处于居中位置。用基本工具条中的 ![选择元素] （选择元素），将"县域乡镇"缩小，从页面内移到页面外（如右下侧），使页面范围内只有"人口密度"（图5-1）。如果布局工具条没有自动出现，选用主菜单"自定义>工具条"，勾选"布局"，该工具条中的图标含义如下：

图5-1　进入布局视图

	地图放大
	地图缩小
	地图平移

缩放整个页面
缩放至 100%
固定比例放大
固定比例缩小
返回到上一次显示范围
前进到后一次显示范围
下拉选择，按精确比例显示布局
在简要模式和详细模式之间切换
聚焦当前的数据框
更改布局，用于调用模板
数据驱动页面工具条

　　以上这些工具和基本工具条很相似，但是针对布局视图，在页面内部，地图的放大、缩小、平移，应该选用页面布局工具条，不要用（针对数据视图的）基本工具条。在地图显示窗口的左下角有两个小图标按钮，用于数据视图和布局视图之间的切换。

5.2　页面的基本设置

　　选用菜单"文件>页面和打印设置…"，出现的对话框中有上下两大栏，上栏设置打印机，至少应下拉选择一个打印机名称，否则后续操作可能会出现局部差错。下栏关于页面布局，取消"使用打印机纸张设置"前的勾选号"√"，表示地图的大小独立于系统打印机。下部"页"框内可操作：

标准大小：A4　　　　　　　　　　　　　下拉选择打印地图的大小

宽度：29.7　厘米　　　　　　　　　　　暂时不输入，会自动变化

高度：21　厘米　　　　　　　　　　　　暂时不输入，会自动变化

方向　　　　◉ 横向　　　　　　　　　　点选右侧，纸张横放

☑ 根据页面大小的变化按比例缩放地图元素　勾选

　　按"确定"键关闭页面和打印设置对话框。光标移到页面布局之外，点击鼠标的右键，在快捷菜单中选择"ArcMap 选项…"，进入"布局视图"选项。在中部"标尺"栏中设置：

☑显示　单位：厘米　　　　　　　　　　勾选，显示标尺，设置标尺单位为厘米

最小主刻度：0.1cm　　　　　　　　　　标尺的最小单位是 0.1cm

在中部"格网"栏中设置：

☑ 显示　勾选，显示捕捉格网　　　　　水平间距：1/2 cm　下拉选择横向间距

　　　　　　　　　　　　　　　　　　　垂直间距：1/2 cm　下拉选择纵向间距

选择 1/2cm 后，捕捉格网会自动变成 0.5cm。在下部的"捕捉元素至"栏中：

☑格网　　　　　　　　　勾选，表示按格网捕捉，其他复选框均调整为空白，不选

按"确定"键返回。页面中有了格网（Grid），显示为点，页面布局中的各种元素可以准确地放置在格网的交叉点上，格网本身不会打印。

5.3　设置页面中的数据框

5.3.1　设定地图比例

内容列表中，数据框"人口密度"已激活，右键点击数据框名称"人口密度"，选择"属性"，进入"常规"选项，确认"单位"栏内地图单位和显示单位均为"米"。进入"数据框"选项，"范围"框内的下拉表，有多种选择：

自动　　　　　　按数据框当前的显示范围，自动确定地图的输出比例
固定比例　　　　按给定的比例输出
固定范围　　　　指定地理空间范围，该范围内的数据框充满地图页面的边界

本练习选用"固定比例"，再下拉选择比例为 1：500000，软件将根据地图单位和页面单位确定地图比例。

5.3.2　设定数据框的位置

进入"大小和位置"选项，如果在位置框中输入 X、Y 数值，可精确确定数据框在页面中的位置、大小，暂时用默认值，不调整。注意：此处的 X、Y 数值是页面的坐标，不是地理空间的坐标。

5.3.3　设定数据框的地图背景和图廓线

进入"框架"选项，有 3 个栏目：

边框　　　　下拉选择数据框在页面中的图廓线型和线宽，暂时不选
背景　　　　下拉选择数据框在页面中的背景颜色，暂时不选
下拉阴影　　设定图廓线的阴影效果，可下拉选择阴影的颜色，建议选择"灰色 30%"，在这一栏目下方输入：

偏移 X：10 磅　　　Y：-10 磅　　　圆角：0　　　　设定阴影位置的偏移量
☐ 草图模式 - 仅显示名称　　　　　　　　　取消勾选

有关数据框的属性设置完毕，按"确定"键退出，返回页面布局。利用布局缩放工具，适当缩小布局视图的显示，可以看到人口密度专题图外围有一个框，为地图背景范围，借助元素选择工具 ，调整该框大小，使背景范围大约占地图页面的一半，位于左侧（图 5-2）。

图 5-2　添加并调整图例

5.4　向页面添加制图元素

5.4.1　添加图例

已切换至布局视图，选用菜单"插入>图例…"，出现图例向导对话框。对话框左栏为地图图层栏，右侧为图例项。一般默认，左右两栏相同，即数据框中的所有图层都出现在图例中。

点击右侧图例项中的"公路"，单击两栏之间的"<"按钮，意思是将图例栏中的"公路"，放回图层，图例中不出现"公路"。对话框右侧的箭头按钮"↑"、"↓"表示调整"人口密度"和"集镇"的相对上下顺序，确认"人口密度"已经处于下方，"集镇"处于上方，按"下一步"键继续。

图例标题栏默认内容就是"图例"二字，为了练习，可修改为英文 Legend。对话框的下方"图例标题字体属性"栏可以修改文字颜色、大小及字体等。颜色栏可保持黑色，大小栏可将字体大小调整为 20，字体栏可改为"黑体"。右侧"标题对齐方式"栏，可选择左对齐，按"下一步"键继续。

下一个对话框可设定图例区的边框（线）、背景（色）、下拉阴影。若不进行调整，直接按"下一步"键继续。

下一个对话框中显示当前图例项为"人口密度"，在"图面"栏中设置：

宽度	30 磅	图例框的宽度
高度	20 磅	图例框的高度
线		下拉选择图例框的线型，可不改
面积		下拉选择图例框的填充色，可不改

按"下一步"键继续。下一个对话框中可以设定图例元素之间的间隔。可不改变,按"完成"键结束图例设置。可以看到,页面布局中添加了图例,借助元素选择　工具,将图例调整到合适的位置(图5-2)。

观察添加的图例,可看到图例内部的文字说明仍是属性表的字段名和原始分类,在内容列表中,将图层名"人口密度"下方的分类字段名 PopDen 修改为"密度分类",鼠标右键点击图层名"人口密度",进入"属性…>符号系统",将右侧5种分类的标注项,改成"低"、"较低"、"中"、"较高"、"高",按"应用"键,再按"确定"键关闭"图层属性"对话框,可看到内容列表和页面布局中图例均发生同步变化。

若图例中的标注字体太小,双击刚插入的图例,进入"图例属性"对话框,进入"项目"选项,选择"人口密度",在"字体"栏中,下拉选择"应用至类标注",右侧下拉选择字体大小为16,按"确定"键返回(图5-2)。

5.4.2　添加比例尺

当前为布局视图,选用菜单"插入>比例尺…",有多种类型的比例尺可供选择,点选"步进比例尺",按"确定"键返回。在页面布局上出现浮动的比例尺图形,用鼠标将其移动到合适的位置。若比例尺的大小、间距不合适,可用元素选择工具　拖动比例尺,实现放大、缩小。双击比例尺,进入该比例尺设置对话框,进入"比例和单位"选项,先在"调整大小时…"栏中下拉选择"调整宽度",在下部单位栏中下拉选择:

主刻度单位: 千米　　　　　　　　下拉选择

标注位置: 条之后　　　　　　　　下拉选择

标注: km　　　　　　　　　　　键盘输入距离单位简称

间距: 2.5 pts　　　　　　　　　键盘输入

在上部比例栏中输入:

主刻度值　　　　　5 km　　键盘输入基本间隔单位

主刻度数　　　　　4　　　　共有4大格

分刻度数　　　　　2　　　　首大格分为2小格

按"确定"键返回。可以观察到,比例尺的间隔为0km、2.5 km、5 km、10km、15km、20km。如果对字体大小、刻度等不满意,鼠标双击比例尺,再次进入比例尺属性对话框,分别进入"数字和刻度"、"格式"、"框架"、"大小和位置"选项,再调整。

也可在页面布局中设置文字比例尺。选用菜单"插入>比例文本…",有多种类型的文本比例尺可供选择,点击"绝对比例"形式的比例文字,默认内容为1∶1000000,按"确定"键返回。可以看到,页面布局中自动出现的文字比例尺为"1∶500000"(图5-3),这是因为在"数据框属性>数据框>范围"选项中设置了"固定比例",规定了1∶500000,因此,文本比例尺的内容和数据框的比例设置自动保持一致。用光标选择文本比例尺,将其移动到合适的位置。如果觉得文字比例尺的大小不合适,可用元素选择工具　,拖动式放大、缩小文字比例尺,也可以双击比例尺,进入"Scale Text 属性"对话框,进一步调整各项设置,此处略。

图 5-3　在页面布局中添加比例尺、指北针、标题等辅助元素

5.4.3　添加指北针

当前为布局视图，选用菜单"插入>指北针…"，有多种类型的指北针可选，选择"ESRI指北针 3"形式，按"确认"键返回。页面布局中出现指北针。用光标将其移动到合适的位置。如果觉得指北针大小不合适，可以用选择元素工具 ▲ 拖动，放大或缩小。双击指北针，进入"North Arrow 属性"对话框，进入"指北针"选项，分别输入：

校准角度：0

大小：100

其他内容暂不设置，按"确定"键返回。

在内容列表中鼠标右键点击数据框名"人口密度>属性…"，进入"常规"选项，在下部"旋转"栏中输入数字"30"，按"确定"键返回，可以看到，地图旋转了 30°，指北针也同步、同方向旋转 30°。按上述操作，再将"旋转"栏改为"0"，地图和指北针均同步恢复为垂直向上。

5.4.4　添加标题

选用菜单"插入>标题"，ArcMap 自动将地图文档名称（ex05.mxd）作为地图标题插入页面布局，鼠标双击该标题，进入标题设置对话框，可看到默认的设置是一段脚本语言程序，可以用键盘加鼠标，调整文字内容，通过"更改符号"按钮，调整字体大小，再调整间距，对齐方式等，读者可以自练，按"确定"键返回（图 5-3）。

5.4.5　添加属性表

到内容列表，鼠标右键点击图层名"人口密度"，选择"打开属性表"，点击属性表窗口左上角图标 ▦▾，选择"将表添加到布局"，该属性表直接插入布局，也可进一步调整表格中的字体大小、框架距离等。可用元素选择工具 ▲点选属性表，按 Delete 键删除。

5.5　页面布局的进一步处理

5.5.1　添加第二个数据框

　　同一个地图文档的不同数据框往往被自动加入同一个页面布局，如果不需要某个数据框，简单的做法是将它移动到页面之外，还可以删除。本练习要求添加一个新的数据框，选用主菜单"插入>数据框"，页面布局和内容列表中会同步增加一个新的数据框，默认名称为"新建数据框 2"。在内容列表中，鼠标右键点击该数据框，选择捷菜单"属性"，进入"常规"选项，将"名称"改为"学生分布图"（实际操作无引号），按"确定"键返回。数据框"学生分布图"尚无内容，选择菜单"文件>添加数据>添加数据"，在默认工作目录\gis_ex10\ex05\路径下，点击选择 student.shp 和 sub_con.shp 两项数据源，按"添加"键继续，如果要改变这两个图层的显示符号，则在内容列表中用鼠标右键打开"图层属性"对话框，进入"符号系统"，按需要设定这两个图层的显示符号，按"确定"键返回。此时，当前页面布局内有了第二个数据框，可以参照前述方法，为第二个数据框添加图例、比例尺及标题等（图 5-4）。

图 5-4　在页面布局中添加第二个数据框、其他对象、图片

5.5.2　添加其他对象

　　ArcMap 支持对象链接和嵌入（Object Linking and Embedding，OLE），可以将支持这一功能的各种数据嵌入页面布局中。选用菜单"插入>对象"，点击"由文件创建"，按"浏览"键，在路径对话框中找到\gis_ex10\ex05\sum.doc，这是一个 Microsoft Word 文件（表 5-1），按"打开"键，返回到"插入对象"对话框，按"确定"键，sum.doc 直接显示在页面布局中，可用工具 调整插入对象的大小和位置（图 5-4，如果本机没安装 Microsoft Word，显示效果可能会不正常）。

表 5-1　事先准备好的 Word 文件（sum.doc）

地区	面积（平方千米）	人口
广宁县	665.43	468291
罗丰县	510.33	618648
兴益县	473.72	461844
志远县	245.96	334346
总计	1895.44	1883129

5.5.3　添加图片

选用菜单"插入>图片…"，在对话框中选择路径\gis_ex10\ex05\，点击图像文件 view.jpg，按"打开"键，选中的图片插入到页面布局。用工具 可调整插入图片的大小和位置（图 5-4）。

5.5.4　打印或输出中间文件

在布局视图窗口，选用主菜单"文件>打印…"，弹出打印机设置对话框，按"设置"按钮，可调整打印机。

在布局视图窗口，选用主菜单"文件>导出地图…"，可将页面布局转换成通用的图形、图像文件，在导出地图对话框的"保存在"下拉表中可选择路径\gis_ex10\ex05\temp\，在"文件名"下拉表中可直接键入 ex05，在"保存类型"下拉表中可选择 JPEG，展开"选项"，进入"常规"，可设置分辨率（如 200dpi）。进入"格式"，可继续设置，有 24 位真彩色和 8 位灰度两种格式可选。

针对 JPEG，还有一个关于图像质量的滑动按钮，向左滑动，图像清晰度低，数据压缩率高，向右滑动，图像清晰度高，数据压缩率低。

还可设置背景色，白色为常用。

按"保存"键，页面布局就输出为 JPEG 格式的文件 ex05.jpg，供其他软件继续处理，也可反复打印。

ArcMap 可输出的其他通用文件格式还有 EMF、EPS、AI、PDF、SVG、BMP、PNG、TIFF 及 GIF 等，都可通过"选项…"键调整输出文件的有关参数。

除了在布局视图窗口，还可在数据视图窗口用同样方法导出地图，与数据视图的显示效果相同，虽然简单、直接，但是达不到页面布局的效果。

练习结束，选用菜单"文件>退出"，ArcMap 会出现"是否保存对当前地图文档的更改"的提示，为了不影响以后及他人的练习，点击"否"。

5.6　本 章 小 结

要素（Feature）用符号表达，组成图层，图层组合成数据框，成为地图页面布局的主体。地图页面除了主体，还有辅助内容，如图例（Legend）、图形比例尺（Scale Bar）、文本比例尺（Scale Text）、指北针（North Arrow）、标题（Title）、说明文字（Text）、图廓线（Neatline）、报表（Report Table）、经纬线或公里网、其他可嵌入对象，如图片（Picture）、属性表（Table）等。这些内容，可统称为地图元素或制图元素（Map Element）。

用键盘、鼠标输入、编辑的制图元素称为 Graphic（图形），如图廓线、说明文字，靠程序自动产生或事先设计好，整体调用的辅助制图元素称为 Graph（常译为图表，有时也称图形），如本章的图例、比例尺、指北针及第 3 章的统计图表。

虽然页面布局可输出某种格式的电子文件，但是打印成纸质地图是主要目的，因此，页面的表现形式和屏幕显示有明显区别。

通过本章练习，读者可掌握的内容有：

（1）地图页面的基本设置；

（2）设置数据框在页面布局中的位置、比例、范围；

（3）向页面布局中添加各种制图元素；

（4）图例、比例尺、指北针可以和数据框的设置保持一致，实现联动；

（5）页图布局可输出到打印机或成为通用格式的中间文件。

已经完成的页面布局可保存为模板，供今后反复调用，也便于实现标准化，本教材未涉及，读者可自行尝试。

思 考 题

图层符号系统对话框中，重新设置分类方式、调整符号、修改图例表中的标注，页面布局中哪些内容会发生变化。

第6章 符号、图层的进一步运用

- 建立一个数据框、加载新图层
- 关于现有符号的选用
- 制作一个线符号
- 制作一个点符号
- 制作一个面符号
- 图层透明
- 显示图层的比例范围
- 图层符号设置的保存、再利用
- 图层组
- 本章小结

6.1 建立一个数据框、加载新图层

启用地图文档\gis_ex10\ex06\ex06.mxd，在地图窗口上方，选用主菜单"插入>数据框"，添加一个数据框，默认名为"新建数据框"，可以改名为 Data frame2（或者进入"数据框属性"对话框的"常规"选项更名）。点击添加数据工具 ，在\gis_ex10\ex06\路径下双击 cnt_bound.shp，为当前数据框添加一个多边形图层。再加载线状要素类 railway.shp 和点状要素类 electr.shp。

图 6-1 Data frame2 的显示

进入"cnt_bound>图层属性>常规"，将该图层改名为"相邻县域"。再进入"符号系统"选项，"显示"框内选择"类别>唯一值"，在中间"值"字段下拉表中选择 type。在对话框下方点击按钮"添加所有值"，图层要素属性表中 type 字段的所有值均列入，实际上只有"海

域"、"陆域"两种。分别双击"海域"、"陆域"左侧的符号框,进入符号选择器窗口,选择合适的颜色,可将"海域"设置为蓝色,"陆域"设置为浅黄,去除第一行<其他所有值>前的勾选号,在"标注"列,<标题>行,将 type 修改为中文"类型",按"确定"键返回。

再将线状图层名 railway 改名为"铁路",点状图层 electr 改名为"220kV 变电站"。至此,Data frame2 中有了多边形图层"县域边界"、线要素图层"铁路"、点要素图层"220kV 变电站"(图 6-1)。

6.2　关于现有符号的选用

按前几章的练习,进入"图层属性>符号系统"选项,对话框中下部会显示该图层的图例,通常有符号、值、标注、计数 4 列(参见图 2-2),双击"符号"列下任一种符号,将弹出"符号选择器"(图 6-2),该对话框的左侧是可选用的样式,右侧是当前选择样式,不同的要素类型(点、线、面),符号选择器的内容略有差异。

图 6-2　符号选择器窗口(以面状符号为例)

对于点符号,除了点的形状,还有颜色、大小、角度 3 项选择。

对于线符号,除了线型,还有颜色、宽度 2 项选择。

对于面符号,除了填充的图案形式,还有填充颜色、轮廓(边界线)宽度、轮廓(边界线)颜色 3 项选择。

上述选择,一般依靠现成的符号库实现,若有特殊要求,必须制作特殊符号才能满足。

6.3　制作一个线符号

选用主菜单"自定义>样式管理器...",在样式管理器左侧窗口,展开 Windows 操作系统默认的当前用户路径,点击文件\ESRI\Desktop10.1\ArcMap\用户名. style(此处的"用户名"为进入 Windows 操作系统时的用户名),这时窗口右侧出现可编辑的各类样式名称,在右侧窗口中鼠标右键点击"线符号",在弹出的快捷菜单中选择"新建>线符号...",进入"符号属性编辑器（Symbol Property Editor）"对话框。在"属性"框内，"类型"下拉表中选择"制图线符号"，再进入"制图线"选项，进一步设置，颜色：深黑色，宽度：0.5，其他内容暂时不改（图6-3）。

图 6-3 调整虚线部分的间距，并增加一段虚线

对话框左下侧的"图层"框内点击图标 ➕，可以看到图层框内增加了一个图层。新增加的图层已勾选，单击该图层，到对话框右侧上方"属性"框内，"类型"下拉表中选择"混列线符号"，再进入"混列线"选项，点击 "混列线符号..."按钮，出现"符号选择器"对话框，进一步设置，颜色：深黑色，宽度：0.5，按"确定"键返回符号属性编辑器对话框。

进入"模板"选项，设置虚线线型的间距。光标点击滑动标尺，将标尺上的滑块拉动到第 11 格，等于将线型的间距设置为 10 个单位。然后，在标尺第 4 个单位处，点击光标，可以看出左下侧"图层"框内有一段虚线（图6-4）。

图 6-4 正在制作的线型符号

　　进入"制图线"选项，调整虚线段的设置，颜色：深黑色，宽度：4.0。铁路线型制作完成，符号编辑器预览框内可看到制作线型符号的效果。按"确定"键，退出符号属性编辑器对话框，返回样式管理器对话框，此时还要输入新制作线型符号的名称（默认"线符号"显然不合适），将其取名为 Railwaynew，按"关闭"键，退出样式管理器对话框，自己制作的线型符号 Railwaynew 完成，一旦有需要，在符号选择器窗口中可以找到，用于显示、制图。

6.4　制作一个点符号

　　ArcGIS 的默认符号库中，没有合适的变电站符号。可以将已有图片（BMP 格式的文件）转换成点符号。选用主菜单"自定义>样式管理器…"，在对话框的左侧窗口，展开 Windows 操作系统默认的当前用户路径，点击文件\ESRI\Desktop10.1\ArcMap\用户名.style（此处的"用户名"指进入 Windows 操作系统时的用户名），窗口右侧出现可编辑的各类样式名称，鼠标右键点击"标记符号"，在弹出的快捷菜单中选择"新建>标记符号…"，打开符号属性编辑器对话框，在"属性"框，类型下拉表中选择"图片标记符号"，弹出文件路径窗口，选择\gis_ex10\ex06\electricity，按"打开"键返回。继续设置，大小：10，角度：0，X 偏移：0，Y 偏移：0，按"确认"键，返回样式管理器对话框。此时还要输入新制作点符号的名称（默认"标记符号"不合适），将其取名为 Electricity，按"关闭"键，自己制作的点符号 Electricity保存在符号库中，可用于显示、制图。

6.5　制作一个面符号

　　选用主菜单"自定义>样式管理器…"，在"样式管理器"左侧窗口，展开 Windows 操作系统默认的当前用户路径，点击文件\ESRI\Desktop10.1\ArcMap\用户名.style（此处的"用户名"指进入 Windows 操作系统时的用户名），窗口右侧出现可编辑的各类样式名称，鼠标右键点击"填充符号"，在弹出的快捷菜单中选择"新建>填充符号…"，出现符号属性编辑器对话框。进一步设置：

类型：渐变填充	下拉选择，填充色为渐变退晕	
样式：线性函数	在右上方下拉选择，色彩为线性变化	
间隔：50	色彩变化层次为 50 级	
百分比：100	色彩从开始至结束变化的百分比	
角度：135	色彩从左上角至右下角渐变	

　　鼠标右键点击"色带>样式"下拉表的色彩框，在弹出的快捷菜单中选择"属性…"。在"编辑色带"对话框中，先点击"颜色 1（1）"（起始色），选择深蓝，再点击"颜色 2（2）"（结束色），选择浅蓝（图 6-5），按"确定"键退出。可以看到"色带>样式"框中显示出从深蓝到浅蓝的渐变退晕色系，按"确定"键返回样式管理器对话框。此时还需要输入新制作填充符号的名称，将其取名为 Fillsea，按"关闭"键退出。自己制作的填充符号 Fillsea 保存到符号库，可用于显示、制图。

图 6-5　选择退晕渐变的色系

在内容列表中，鼠标双击"220kV 变电站"下的图例符号，弹出符号选择器对话框，在顶部点选"全部样式"，在符号选择窗口中借助滚动条找到自己新制作的点符号 Electricity，点击该符号，按"确定"键返回。用同样的方法，将图层"铁路"设置为新制作的线符号 Railwaynew，将图层"相邻县域"中的"海域"符号设置为新制作的填充符号 Fillsea（图 6-6）。

图 6-6　用新制作符号 Data frame2 的显示效果

多边形符号由填充和边界组成，ArcMap 有 6 种填充方式：

（1）3D 纹理填充符号（3D Texture Fill Symbol）；

（2）标记填充符号（Marker Fill Symbol）；

（3）简单填充符号（Simple Fill Symbol）；

（4）渐变填充符号（Gradient Fill Symbol）；

（5）图片填充符号（Picture Fill Symbol）；

（6）线填充符号（Line Fill Symbol）。

本练习尝试了渐变填充，读者可按应用的需要进一步尝试其他填充方式。

6.6　图　层　透　明

多数情况下，同一个数据框内，图层的显示顺序大致按面、线、点、注记分配。多个面状图层在一起，很容易相互遮挡。激活数据框 Data frame1，先关闭再打开"乡镇"图层，可看到乡镇多边形遮挡了县域多边形，不能同时看清两个面状图层（图 6-7），靠频繁地打开、关闭或拖动来协调，很不方便。为此，可利用图层透明的方式，改进显示效果，实现多图层同时显示，便于观察。

图 6-7　县域行政辖区被人口密度遮盖

鼠标右键点击图层名"乡镇"，进入"图层属性>显示"选项，在上侧"透明度"文本框内输入 40%，按"确定"键返回，可以看到，人口密度信息不如原来突出，县域行政辖区被透射出来。再进入"道路>图层属性>显示"选项，将道路图层的透明度改为 50%，按"确定"键返回，也可感受到，道路图层有了透明感，人口密度、县域辖区内容比原来更突出一些（图 6-8）。

图 6-8 设置透明，兼顾不同图层的显示

6.7 显示图层的比例范围

数据框 Data frame1 已激活，右键点击数据框名称 Data frame1，在弹出的快捷菜单中选择 "属性…"，进入 "数据框属性" 对话框中 "常规" 选项，在 "单位" 框内，如果 "地图："、"显示：" 不是 "米"，应下拉选择为 "米"，按 "确定" 键返回（单位不当，会引起后续操作的显示不正常）。

鼠标右键点击数据框名 Data frame1，在快捷菜单中选择 "参考比例>设置参考比例"，再缩放地图显示，可以看出线状符号的宽度随比例缩放而变化。再利用鼠标右键，弹出上述菜单，选择 "清除参考比例"，再缩放地图显示，可以看出线状符号的宽度不随比例而缩放，与显示器的分辨率保持一致。

用鼠标右键点击图层名 "乡镇"，弹出快捷菜单，选择 "属性…"，打开 "图层属性" 对话框，进入 "常规" 选项，在 "比例范围" 框内，一般默认为 "任何比例范围内均显示图层"，表示该图层是否显示不受比例尺的影响，如果点选 "⊙缩放超过下列限制时不显示图层"，就有 "缩小超过（最小比例）" 和 "放大超过（最大比例）" 两个值需要填入，可输入最小比例 1：800000，最大比例 1：150000，意思是，图形缩放到小于 1：800000 或大于 1：150000 比例时，该专题图层自动不显示，反过来的意思是：比例大于 1：800000，小于 1：150000 才是该图层的显示范围。按 "确定" 键，返回地图窗口，在标准工具条中可以看到当前比例的提示（图 6-9），当前的比例可能是 1：470350（如果数据框的常规属性设置的地图单位不正确，比例值会不正常）。

图 6-9 标准工具条中地图的当前显示比例

在基本工具条中连续点击地图缩放按钮 和 ，可以看到，当地图缩放超出一定限度时，对应的图层就会自动关闭或打开。同一个数据框中，各图层的显示比例相互独立，不同详细程度的空间数据组合在一起，设定了显示比例，当地图放大到一定程度时，小比例尺的数据自动隐藏，地图得到简化，显示的内容比较精细。当地图显示比例缩小到一定程度时，大比例尺的数据自动隐藏（防止内容过于密集），这样图面不但清晰，而且也节省了计算机的处理量。

地图单位的设置、显示窗口的大小、显示器的分辨率、显示器像素点的利用率和图层的比例设置有密切关系，如果上下限比例设置不当，会造成显示不正常（初学者会时常遇到，应该显示的图层不见了）。为此，可以先察看标准工具条中当前比例的提示（图 6-9），考虑好某图层显示、不显示的比例范围，再输入"缩小超过（最小比例）"和"放大超过（最大比例）"两个值。

当然，数据源、数据框的内容简单，设置比例上下限的意义就不显著。

6.8　图层符号设置的保存、再利用

Data frame1 已激活，内容列表中，鼠标右键点击图层名"道路"，在快捷菜单中选择"另存为图层文件…"，软件就进入"保存图层"对话框，可将图层文件的保存路径与文件名称定义为\gis_ex10\ex06\temp\道路.lyr，按"保存"键返回。

在主菜单中选用"插入"，为当前地图文档添加一个新的数据框，可改名为 Data frame3，点击添加数据工具 ，在\gis_ex10\ex06\temp\路径下，选择"道路.lyr"，可以看出，数据源加载和图层属性的设置一步完成，与 Data frame1 中的图层"道路"没有区别。

如果某图层的要素类不是 hi_way.shp，进入该图层的符号系统对话框，点击右上侧按钮"导入…"，再点选"从地图中的其他图层或者图层文件导入符号系统定义:"，再利用右侧文件夹按钮，找到并选择文件"道路.lyr"，按"添加"键，针对下侧"导入哪些内容？"的提示，点选"完整的符号系统定义"，按"确定"键返回，软件提示：值字段，默认为 CLASS，按"确定"键返回"图层属性"对话框，再按"确定"键结束。可以看到，该图层的符号设置和 Data frame1 中的"道路"图层一样。针对"导入哪些内容？"的提示，也可点选"仅限符号"，这时，如何分类就要另外设置。

显示和制图的有关操作主要和图层有关，符号的设置占较大工作量，一旦关闭地图文档，有关图层、数据框的设置均被保留到地图文档中，下一次打开，继续有效，但是不同地图文档之间不能共享符号的设置。图层文件使符号设置能独立保存，供其他地图文档使用，不但可节省重复设置的工作量，也便于保证不同地图文档、数据框中图层符号设置的一致性、标准化。

ArcMap 还提供地图打包功能，将地图文档和有关数据源打包成一个文件，在不同的计算机上解开后继续使用，有兴趣的读者可自己尝试。

6.9　图　层　组

激活数据框 Data frame2，鼠标右键点击数据框名 Data frame2，选择快捷菜单"新建图层组"，"新建图层组"出现在数据框内，可更名为 Group1，然后用鼠标将其他图层都拖放

到 Group1 内，这些图层便成为图层组（Group Layer）的成员，展开、收缩、打开、关闭图层组，对全体成员有效。将多个图层合为一组或几组，使内容列表变得简练，也便于成组打开、关闭显示状态。鼠标右键点击 Group1，选择快捷菜单"移除"，图层组和组员将被同步移除，如果选择快捷菜单"取消分组"，本图层组虽然不再存在，但是内部成员变为数据框的独立图层，不会消失。当然，数据框内部图层数量不多时，图层组的意义就不显著。

　　练习结束，选用菜单"文件>退出"，ArcMap 会出现"是否将更改保存到地图文档"的提示，为了不影响以后及他人的练习，点击"否"。

6.10　本　章　小　结

针对不同的地理要素类型，用不同的符号，不同的设置，表达成专题图层（表 6-1）。

（1）点符号。用不同形状、大小、颜色表达点状要素。

（2）线符号。用不同形状、宽度、颜色表达线状要素。

（3）面符号。用不同形状、密度的晕线、图案、颜色填充多边形，用线符号表达边界。

（4）表面符号。用不同的颜色表达栅格、不规则三角网（后续章节练习）。

（5）注记符号。用不同的字体、大小、颜色表达地图中的文字。

表 6-1　要素的符号表达方式

要素类	符号类型	通常可控方式	特殊形式
点	点符号	形状、大小、颜色	倾斜、偏移、多属性统计图
线	线型	形状、宽度、颜色	侧向偏移、有方向感的线型
多边形	填充图案、边界线	晕线样式、图案、密度、颜色、边界线	统计图、点密度图、有方向感的填充
连续表面	颜色	颜色	阴影、三维立体
注记	字体	字体、大小、颜色	加粗、倾斜、字间距、下划线

　　为了适应不同专业特点，用户可以自己设计、制作符号。本章练习涉及点、线、面 3 种基本符号的设计、制作，包括用图片制作点符号，按将简单的点和线组合成线符号，以渐变退晕方式制作多边形填充符号。读者可以进一步尝试符号的制作。例如，参照铁路线符号制作过程，将若干简单的点符号组合成较复杂的点符号；将基本的点符号、线符号组合成较复杂、特定的多边形填充符号。

　　自己设计的符号、已经存在的符号，均可重组后放入独立的样式文件，相当于符号库，供不同用户共享，反复利用。

　　图层的符号定义也可用独立文件保存，供不同的地图文档调用、共享，减轻重复设置工作量，推进标准化。

　　一个数据框中，图层较多时，可能因彼此遮盖，难以全面显示，设置图层的透明度，可以适当兼顾。

　　设置显示比例的上下限，使图层在合适的比例范围内自动打开、关闭，实现多尺度数据显示的自动切换，这一方法既为了显示效果的简练、清晰，也可节省计算机的处理量，网络的传输量，可以看成计算机图形学中分层细化（Level Of Details，LOD）思想的一种体现。

　　当某个数据框内部图层非常多时，可以将适合成组管理的图层集中放置在若干图层组中，既可成组打开、关闭，也使内容列表得到精简。

思 考 题

　　1. 根据自己熟悉的领域，分层设置显示比例的上下限、图层透明，思考有什么实用价值。

　　2. 如何靠属性、符号来体现地图上点、线、面的方向感。

第三篇　要素输入、编辑、校正

第7章　点、线、面要素输入、编辑

- 新建 Shapefile
- 一般编辑过程
- 线要素的输入、编辑
- 多边形的输入、编辑
- 点要素的输入、编辑
- 本章小结

7.1　新建 Shapefile

启用地图文档\gis_ex10\ex07\ex07.mxd，鼠标双击 Data frame1，弹出"数据框属性"对话框，进入"常规"选项，检验或修改"地图"和"显示"单位为"米"，完成后按"确定"键返回。该数据框中已经加载了一个扫描图像文件 scan01.tif。在标准工具条中点击按钮 🔲（或者在主菜单中选用"窗口>目录"），右侧出现目录窗口（图 7-1），这是 ArcCatalog 的简要界面，在目录窗口中展开\gis_ex10\ex07\（通常显示为"默认工作目录"），鼠标右键点击文件夹 temp，选择"新建>Shapefile..."，进入新建 Shapefile 对话框：

| 名称 | Road | 键盘输入数据项名称 |
| 要素类型 | 折线 (polyline) | 下拉选择，类型为线要素 |

点击下方"编辑"，进入"空间参考属性"对话框，展开"投影坐标系"，选择 Gauss Kruger>Xian 1980>Xian 1980 3 Degree GK CM 117E，按"确定"键，显示该空间参考的有关参数，按"确定"键返回，一个名为 Road 的线要素类 Shapefile 建立，自动加载到 ArcMap 的当前数据框，成为一个新的图层。

继续使用鼠标右键点击\gis_ex10\ex07\temp 文件夹，再新建两项 Shapefile，和第一次不同的设置仅是数据名称和要素类型，其他操作相同：

名称	要素类型
Town	点 (point)
County	面 (polygon, 多边形)

新建的 Town、Road、County 三个 Shapefile 均加载为图层，内容是空的，还没有要素（图
7-1）。

图 7-1　目录窗口、背景图、加载 Shapefile

即将开始要素的输入、编辑，为了能同时看清扫描背景图，多边形图层、线图层可以设
置显示透明度，多边形图层的透明度大约是 30%~60%，线图层的透明度大约是 10%~30%。
还可以随时调整图层上下、先后显示顺序，使显示效果更适合编辑。

7.2　一般编辑过程

关闭右侧目录窗口。在标准按钮条中点击按钮 ▦（也可在主菜单中选用"自定义>工具
条>编辑器"），调用出编辑器工具条（图 7-2），有一个下拉式的"编辑器"菜单，有多种编
辑操作及设置。右侧有十几个按钮，为常用编辑工具。如果在"编辑器"菜单中点选"更多
编辑工具"，可以调出"空间校正"、"拓扑"、"高级编辑"等多种不同的编辑工具条，获得
更多的编辑功能。

图 7-2　编辑器工具条

下拉选择"编辑器>开始编辑"，进入编辑状态，可能会弹出一个"开始编辑"对话框，
也可能警告数据源、图层、数据框的空间参考不匹配，可暂时忽略，按下侧的"继续"键。
在地图窗口右侧会出现"创建要素"窗口（图 7-3），如果不出现，可在编辑器工具条右端点
击按钮 ▦。该窗口分成上下两栏，上栏列出了当前数据框内可以编辑的图层名称、要素类
名称、几何类型，这部分称为要素模板，用于选择要素类、切换图层，使某图层进入编辑状
态。下栏为构造工具，用于当前图层的编辑。进入编辑状态的要素类型不同，相应的构造工

图 7-3　模板设置后，创建要素窗口内显示需要编辑的图层

具也不同。如果"创建要素"窗口内不出现要编辑的图层（要素类），或者模板是空的，常见原因有：

（1）图层的显示处于关闭状态，可到内容列表中勾选打开。

（2）设置了显示比例范围（详见 6.7 节），暂时不显示，可取消。

（3）对图层设置了查询条件，要素被过滤（详见 3.5 节），可根据编辑的需要，调整图层的"查询定义"。

如果在上侧"要素模板"中点击要素类名称，下侧"构造工具"窗口内出现以图标加名称的按钮，说明模板已自动设定（图 7-3 右下方）。如果要手动设定，在"创建要素"窗口上方，点击"组织模板"按钮 <img>，出现"组织要素模板"对话框，上方点选"新建模板"，在随后出现的对话框中，勾选需要编辑的图层，按"完成"键返回。

如果同一个图层重复出现在"要素模板"中，可用鼠标右键删除其中一个。

同一个要素类加载为不同图层，要素模板按图层名称、要素类名称分别显示，输入和编辑操作的实际效果发生在要素类，可能影响到不同图层要素的显示。

如果数据源、图层、数据框的空间参考不一致，进入"图层属性>源"对话框，查看数据源的坐标系，再进入"数据框属性>坐标系"对话框，使数据源、图层、数据框三者的坐标系一致（关于坐标系的设置，第 25 章将进一步练习）。

ArcMap 只能按模板进行编辑，先在模板中点击某图层的要素类，再到构造工具框内点击某图形按钮，等于使用该工具，开始编辑图层中的要素。

编辑过程中，点击标准工具条中的撤销按钮 <img>，撤销前一步编辑（也可向后撤销），还可选择"编辑器>保存编辑内容"，持久保存编辑结果。下拉选择"编辑器>停止编辑"，退出编辑状态。

7.3　线要素的输入、编辑

7.3.1　输入线要素的基本方法

图 7-4　起点、终点和中间折点

每个线要素都由折点坐标控制。折点分为 3 种：起点（Start Node）、中间折点（Vertex）、终点（End Node）（图 7-4），起点和终点也可统称为结点（Node）、端点（Endpoint）。输入折点就实现了线要素的输入。在编辑器工具栏中选用"编辑器>开始编辑"。在"创建要素"窗口中点击 Road，该要素类进入编辑状态，下方"构造工具"栏中有 5 个构造工具，分别是：

"线"：输入普通折线。

"矩形"：输入矩形闭合线。

"圆"：输入圆形闭合线。

"椭圆"：输入椭圆形闭合线。

"手绘"：输入任意手绘线。

（1）输入普通折线（最常用）。鼠标在构造工具点击"线"，就开始输入线要素。此时，光标变成了小十字。第一次单击鼠标左键，就输入了一条线的起点，再单击鼠标左键，输入该线的中间折点，双击鼠标左键，输入终点。对照扫描图像上的道路，依次向 Road 图层输入线要素。

（2）已知绝对坐标输入线要素。在输入线要素时，如果已知线要素上折点（起点、中间折点、终点）的坐标值，点击鼠标右键，会弹出对应的要素编辑环境快捷菜单，选择"绝对 X,Y..."，会出现"绝对 XY"对话框。在其中输入折点的 XY 坐标绝对值，按键盘回车键，就精确输入了线要素的折点。

（3）已知相对坐标，输入线要素。在输入线要素时，如果已知下一个折点相对于上一个折点的相对坐标值，单击鼠标右键，在弹出的菜单中选择"增量 X,Y..."，会出现"增量 XY"对话框，输入相对于上一个折点的 XY 坐标增量值，按键盘回车键，就精确输入了下一个折点。

（4）已知方向和长度，输入线要素。在输入线要素时，如果已知下一个折点相对于上一个折点的方向、长度变化，单击鼠标右键，弹出菜单，选择"方向/长度..."，会出现"方向/长度"对话框。在第一个框内输入下一个折点相对于上一个折点的方向角度值（水平向右为 0°，逆时针转向），在第二个框内输入沿该方向角的长度值，按键盘回车键，就精确输入了下一个折点。

（5）与已有线相垂直。先用光标符号覆盖被垂直的要素，单击鼠标右键，弹出菜单，选择"垂直"，就可以确定绘制线段的方向与已有线要素垂直，按需要在垂线上确定下一个点的位置（终点或中间折点）。

（6）与已有线平行。先用光标符号覆盖被平行的要素，单击鼠标右键，弹出菜单，选择"平行"，表示将输入的线段和前一个线要素平行，按需要确定下一个点的位置（终点或中间折点）。

（7）输入圆弧段。如果线要素含圆弧，可用多种输入方式。

使用编辑器工具条上的"端点弧段"工具 。先输入圆弧的起点和终点，再指定圆弧中间的某一点，由这 3 点控制圆弧线。如果圆弧的起点、终点、半径已知，可用半径来确定圆弧：先单击鼠标左键，确定圆弧起点，再单击鼠标左键，确定圆弧终点，在键盘上按下"R"键，会出现一个对话框，输入圆弧半径，按回车键确认，就完成了一段圆弧的输入。圆弧输入操作完成后，将自动产生一串坐标点，构成圆弧的起点、中间折点、终点，与一般线要素实质相同，圆弧的几何函数不保存到文件或数据库中。

使用基本绘图板。编辑器工具条的第 5 个图标是一个下拉菜单，点击图标右侧的下拉箭头，就展开了基本绘图板（图 7-5），当前的选择不同，所显示的工具图标也不同。点击基本绘图板内的 "弧段"工具，在屏幕上单击鼠标左键，输入圆弧的起点，再单击鼠标左键，输入圆弧第二个点，第三次单击鼠标左键确定圆弧的终点，即输入 3 个点实现圆弧段的输入（注意：本弧段输入工具图标中红点出现在端点，上一个弧段输入工具图标中红点出现在中点，两个工具的操作顺序不同）。

图 7-5　基本绘图板

7.3.2　利用捕捉功能

为了使线要素的折点精确定位，需要利用捕捉功能，使不同要素之间准确连接。

（1）启动捕捉功能。选择"编辑器"工具条上的菜单，展开后选择"捕捉>捕捉工具条"，在随后弹出的捕捉工具条中下拉展开"捕捉"菜单，选择"使用捕捉"，就启动了捕捉功能。

（2）设置捕捉距离。在捕捉工具条上下拉展开"捕捉"菜单，选择"选项"，出现捕捉选项对话框，可修改"容差"值。容差就是捕捉距离，以显示器的当前屏幕像素为基本单位。如果设捕捉距离是 10，捕捉半径就是 10 个显示像素。在实际操作时，可根据需要，调整容差值，按"确定"键返回。

图 7-6　设置捕捉方式

（3）设置捕捉方式。在捕捉工具条上有 4 个按钮（图 7-6），分别表示不同的捕捉方式：

点捕捉：捕捉点要素。

端点捕捉：捕捉起点或终点，不包括中间折点。

折点捕捉：捕捉所有折点，包括端点。

边捕捉：捕捉线段上最近的点，由计算产生，不一定在折点上。

单击某个捕捉按钮，该图标周围出现蓝色线框，就启动了该项捕捉方式，用于精确定位。再次单击该图标，周围蓝框消失，该捕捉方式暂停。

7.3.3　删除线要素

在编辑器工具条中点击编辑工具，点击某要素，该要素被选中，进入选择集，改变颜色（一般为浅蓝色的粗线，与查询类似），按键盘上的 Delete 键，该要素被删除。利用键盘上的 Shift 键，可以同时选择多个要素，再按键盘上的 Delete 键，进入选择集的多个要素被同时删除。在主菜单中选择"编辑>撤销删除要素"，或选用按钮，最近被删除的要素立刻恢复。

7.3.4　要素和属性记录的关系

新建 Shapefile 要素类，软件自动产生的要素属性表（Feature Attribute Table），默认 3 个字段：FID、Shape 和 Id。FID 为内部标识；Shape 为要素的几何类型，以上两个字段用户无法修改，也不能删除；Id 为整数型，默认值为"0"，可用做用户标识。ArcMap 自动保持一个要素对应一条属性记录的规则，任何要素的有效输入、分解、合并、删除都导致对应属性记录的添加或删除。

7.3.5　改变线要素的几何形状

在编辑器工具条中点击编辑工具 ▶，选中某个线要素，再次双击鼠标，显示出该要素的所有端点、中间折点，还会弹出一个"编辑值折点"工具条。

（1）移动折点。用编辑工具 ▶ 双击某线要素，可以看到该要素的所有端点、折点显示出小方块，软件自动跳出"编辑折点"工具条。将光标移动到要调整的折点，用鼠标左键拖动该折点到新的位置，松开左键，实现折点位置的移动。移动折点时，单击鼠标右键，在弹出的快捷菜单中选择"移动至"，可以在弹出对话框中输入绝对坐标值，就可以将该折点移动到指定的坐标位置。如果在弹出的快捷菜单选择"移动"，可以在弹出对话框中输入相对坐标值，实现该折点相对位置的精确移动。

（2）插入折点。按上述操作，使线要素进入调整状态，将光标移动到段的某部分，单击鼠标右键，在弹出的菜单中选择"插入折点"，就为线段插入了一个折点；也可以单击"编辑折点"工具条上的"增加折点"图标，在入选的线要素上单击左键，实现折点的插入。

（3）删除折点。按上述操作，使折点进入调整状态，光标移动到某折点时，光标符号起变化，单击鼠标右键，在弹出的快捷菜单中选择"删除折点"，该折点被删除，线的形状被简化；也可以单击"编辑折点"工具条上的"删除折点"图标，在入选的线要素上单击对应折点，实现折点的删除。

7.3.6　线要素的高级编辑

对于已经输入的线要素，ArcMap 提供基本编辑工具。例如，编辑折点、整形、裁剪面、分割线、旋转等（通过"编辑器>更多编辑工具>高级编辑"菜单，可调出"高级编辑"工具条，获得更多编辑工具）。较常用的有以下几种。

（1）平行复制。该功能类似 AutoCAD 中的 Offset 命令，将选中的线要素按指定距离平行偏移复制。先用工具 ▶，选择需要复制的线要素，再选用菜单"编辑器>平行复制"，出现对话框：

"距离"。输入需要偏移的距离，如 200。

"侧"。选择平行复制方向，可以选择左、右两侧。

"拐角"。选择复制后的拐角形式（凸角是否要加圆弧）。

按"确定"键，实现被选要素的平行复制（图 7-7）。

（2）命令分割打断。用工具 ▶ 选择要打断的线要素，选用菜单"编辑器>分割"，出现对话框。根据需要，选择是沿线的长度打断，还是按线的比例打断，还要选择打断点的计算方向，随后在对话框中输入打断点的位置（距离或比例），按"确定"键。这种分割打断命令方式适合于不知道打断点的具体位置，但是有关长度或比例能事先确定的情况。

（3）用工具 选择要打断的线，在编辑器工具条中选择分割工具 ，在需要打断的位置点击鼠标左键，该线要素被分成两段（图 7-8）。在使用分割工具时，还可以配合设置捕捉环境和方式，精确地捕捉到线的折点，使线要素在已有折点处一分为二，原来的非端点折点变成一条线的起点，另一条线的终点。

图 7-7　平行复制示意

图 7-8　打断线要素示意

（4）合并。借助键盘上的 Shift 键，用工具 选择多个线要素，选用菜单"编辑器>合并"，出现合并对话框，根据提示，选择合并后的主体是谁，按"确定"键，完成线要素的合并（图 7-9）。原来多个线要素的交汇端点，变成中间折点。

（5）旋转。用工具 选择要旋转的线要素，在编辑器工具条中选择旋转工具 ，光标变成 形状，同时在键盘上按住"A"键，出现角度对话框，输入旋转的角度，按回车键确定，要素就按指定的角度旋转。一直按住鼠标的左键，可以任意旋转选定的线要素，松开鼠标即完成。

（6）复制。如果"高级编辑"工具条未出现，可以通过菜单"编辑器>更多编辑工具>高级编辑"调出。用工具 选择需要复制的线要素，在高级编辑工具条中点击复制要素按钮 ，将光标移动到需要复制的位置，单击鼠标左键，出现复制要素对话框，选择需要复制到的指定图层，按"确定"键，进入选择集的要素被复制到指定图层，复制到的位置可能和原来不一致。

（7）内圆角。高级编辑工具条中鼠标点击 ，再先后单击需要加内圆角的两个线要素，此时移动光标可以改变圆角的半径大小，键盘上按"R"键，随即出现的对话框内有两项操作：①修剪现有线段，如果勾选，圆角外的部分被剪切，反之保留；②固定半径，如果勾选，可以在下方文本框内输入圆角半径，按"确定"键生效。随后再出现对话框，提示选择模板，直接按"确定"键，完成加内圆角操作（图 7-10）。

图 7-9　线要素合并示意图

图 7-10　线要素加内圆角示意图

（8）延伸。用工具 ▶ 选择需要延伸到的边界线（图 7-11 中左图的右上侧），在高级编辑工具条中选择延伸工具 ⊣ ，再点击需要延长的线要素（图 7-11 中左图的左下侧），该线就延伸到指定的边界（不增加折点）。

（9）修剪。用工具 ▶ 选择需要剪切的参照线（图 7-12 中左图的右上侧），在高级编辑工具条中选择修剪工具 ╪ ，单击需要修剪的线要素（图 7-12 中左图的左下侧），过长的出头线就被剪切至参照线的边界。

图 7-11　线要素延伸示意图　　　　　　图 7-12　线要素修剪示意

（10）打断相交线。输入若干条相互交叉的线，使用工具 ▶ ，借助 Shift 键，使它们进入选择集。点击高级编辑工具条上的"打断相交线"工具 击 ，出现打断相交线对话框，输入"拓扑容差 0.5 米"，按"确定"键，可看出选择集内相互交叉的线在交点处打断，产生新的端点（可用选择工具 ▶ 验证）。借助"合并"功能，可将打断后的线再合并起来。

（11）移动。用工具 ▶ 选择需要移动的要素，选用菜单"编辑器>移动..."，在弹出的对话框中输入相对坐标值，要素就按输入的坐标值移动相应的距离。

（12）比例缩放。比例缩放工具不出现在编辑器工具条或高级编辑工具条中，必须先调出。选用菜单"自定义>自定义模式..."，出现自定义对话框，进入"命令"选项，在左面"类别"窗口中选择"编辑器"，在右侧对应的窗口中选择"比例"，一直用鼠标按住对话框中的"比例"图标，将其拖动到编辑器工具条上，比例缩放工具 ✕ 就调出来了。用工具 ▶ 选择需要缩放的要素，鼠标点击比例工具 ✕ ，按"F"键，在对话框中设置比例因子，完成对要素的缩放。也可以按住鼠标左键直接拖动光标，实现要素几何形态的缩放。

读者可尝试各种方法，对照扫描图中的道路，将线要素输入到要素类 Road 中。

7.3.7　退出编辑状态

使用菜单"编辑器>停止编辑"，表示结束要素类的编辑，会出现"是否保存"的提示，若点击"是（Y）"，编辑的结果被持久保存；若点击"否（N）"，放弃编辑，恢复到编辑开始之前的状态。

7.3.8　计算线要素的长度

Shapefile 的线要素输入完毕，软件不会自动产生线要素的长度，需要进一步计算。确认编辑状态已停止，打开 Road 的要素属性表，在属性表窗口左上侧点击按钮 ▦▾ ，选择"添加字段"，在随后的对话框中定义新增字段（字段名，数据类型、精度、保留小数点位数可按实际需要决定）：

名称：Length

类型：双精度

精度：11（字段宽度）

小数位数：4

按"确定"键返回。在属性表的上方，鼠标右键点击字段名 Length，选择菜单"计算几何"，在随后弹出的对话框中进一步选择属性为"长度"，坐标系一般选数据源，单位一般选"米"，按"确定"键，可以观察到字段 Length 中的计算结果为各个线要素的长度。如果有要素进入了选择集，未取消"仅计算所选的记录"前的勾选，计算结果仅对进入选择集的要素有效，否则对全体要素有效。如果未退出剪辑状态，还有一个警告，计算结果无法撤销。线要素 Shapefile 的空间位置、几何形状发生过编辑后，应重新计算长度，否则不能保证空间坐标和几何属性的一致（Geodatabase 可自动更新）。

7.4　多边形的输入、编辑

练习了线要素的输入和编辑，多边形的输入、编辑就比较容易，许多方法和工具是相同或类似的。编辑输入多边形，也需要设置捕捉方式和捕捉环境，其方法和线要素一致，一般用于捕捉多边形边界线的端点、折点，也可以将其他图层上线要素或多边形边界的端点、折点、中点作为捕捉点。

在编辑器工具栏中选用　"编辑器>开始编辑"。在"创建要素"窗口中点击 County，开始对多边形要素类 County 输入多边形（乡镇边界）。对多边形要素进行编辑时，右下方"构造工具"栏中有 7 个构造工具，分别是：

"面"。输入普通多边形。

"矩形"。输入矩形。

"圆"。输入圆形。

"椭圆"。输入椭圆形。

"手绘"。输入任意手绘边界的多边形。

"自动完成面"。用于相邻多边形的输入。

"自动完成手绘"。适合相邻多边形手绘方式输入。

7.4.1　输入多边形要素

（1）输入单个多边形（面）。在构造工具中点选"面"，就开始输入多边形要素。开始输入时，光标变成了小十字，第一次单击鼠标的左键，就输入了边界线的起点，再单击鼠标，就输入了另一个折点，双击鼠标表示结束，终点自动和起点汇合，边界封闭。

前面学习过的已知绝对坐标输入折点、已知相对坐标输入折点、已知方向和长度输入折点、输入弧段、作垂直线、作平行线等输入线要素方法，都可用于单个多边形的边界输入。

如果要输入规则多边形，如圆形、矩形、椭圆，在构造工具窗口中点击对应的"圆形"、"矩形"、"椭圆"工具，就可直接绘制。输入圆形时，按键盘的"R"键，输入圆的半径值。

输入矩形时,单击鼠标右键,在弹出的菜单中可以选择矩形的方向角度,输入拐角的 X、Y 坐标。如果选择了水平方向,可输入长度、宽度。按键盘的"A"键,直接输入拐角的 X、Y 坐标。

使用工具 ▶ 选择多边形,按键盘的 Delete 键,删除整个多边形。

(2)输入相邻多边形(面)。相邻多边形共享公共边界,很常见。在本例中,各个相邻乡镇公共边界形态复杂、不规则,直接使用以上方法输入相邻多边形,要确保相邻边界之间不留缝隙、不交叉,非常困难。有两种方法可利用。

第一种方法是在"构造工具"栏中启用"自动完成面"工具 ▣ 。假设地图中已经存在一个或多个多边形,在构造工具窗口中选择"自动完成面"工具,开始输入相邻多边形,共享边界不需要输入,就能完成(图 7-13 中的虚线),后输入的多边形和已有多边形必须有一段边界相邻、共享,输入之前不一定有相同的折点,输入后会自动生成。

第二种方法是在编辑器工具条中使用"裁剪面"工具 ⊞ (Cut Polygons),该工具的作用是将大多边形裁剪为小多边形,共享边界只要输入一次。先在构造工具窗口下侧内点选"面",沿若干个相邻的乡镇外轮廓线,输入大多边形。用工具 ▶ 选择已经输入的大多边形,点击"裁剪面"工具 ⊞,沿两个乡镇的公共边界依次点击输入公共边界的折点,就可以将大多边形一分为二,剪切成两个相邻多边形,折点会自动生成。需要注意的是,使用"裁剪面"工具跟踪点击公共边界时,起点和终点必须在大多边形的边界或外部(图 7-14 中的虚线)。运用这种方法,采用跟踪式输入边界,可以进入 County 的图层属性设置对话框,将显示色定为半透明,操作时比较容易辨认。

图 7-13　共享边界不需重复输入　　　　　　图 7-14　一个多边形裁剪为两个

(3)输入岛状多边形或在多边形内开洞。为了看清多边形是否输入,打开要编辑的多边形"图层属性"对话框,点击标签"标注",勾选"标注此图层中的要素",在"方法"下拉表中选"以相同方式为所有要素添加标注"。在"文本字符串"框内"标注"下拉表中选择字段名 FID,按"确定"键返回,可以看到每个多边形上都标注了编号,FID 是内部标识,按顺序自动产生,数据输入、编辑的顺序不同,编号也不同,不能手工修改,退出编辑时,会自动更新。

对于要建岛或开洞的多边形可先输入相邻多边形(图 7-15 中的 20 号),再输入内部岛(图 7-15 中的 21 号),构造工具窗口中点击"自动完成面"工具 ▣,输入 22 号多边形的部分边界,使 21 号包含在内,一旦 22 号多边形的边界输入完毕,21 号自动变为内部岛,与外部多边形有公共边界。为了检验是否边界共享,用工具 ▶,选择外围多边形(22 号),如果内部岛(21 号)的边界没有进入选择集,说明两个多边形相互独立,边界不共享。

另一种产生岛的途径。外围多边形（22号）已经输入，再输入内部岛（21号），确认当前选择集中只有内部岛状多边形（如果做不到，可以借助属性表，点击方式确定该条记录），选用菜单"编辑器>裁剪（Clip）"，在随后对话框中，设置缓冲区距离：0.000，点选"⊙丢弃相交区域"，按"确定"键执行。内岛多边形对外围多边形实施剪切，自动删除重叠部分。

如果要"开洞"，先验证岛状多边形已成立，用图标工具 ▶，选中内部岛（图7-15中的21号），按下键盘上Delete键，21号多边形被删除（图7-16）。注意：多边形内部标识自动产生，实际操作时，屏幕显示的编号、顺序很可能和本书插图、文字解释不一致。

图 7-15　21 号多边形是 22 号的内部岛　　　图 7-16　21 号多边形被删除

7.4.2　改变多边形形状

编辑多边形的许多工具都可使用，方法和线要素相似，如多边形边界折点的移动、插入、删除。

需要调整多边形形状，用工具 ▶，在某多边形内部双击鼠标，可以看到该多边形边界的所有端点、折点都以小方块形式显示出来，表示该要素的有关折点都进入调整状态。将光标移动到要调整的折点，可以将该折点拖动到要调整的位置，松开鼠标左键，实现折点位置的移动，再单击鼠标左键，完成多边形的形状调整。

编辑折点时，用上述方法，使多边形要素进入调整状态，光标移动到某折点，单击鼠标右键，在弹出的菜单中选择"删除折点"，该折点被删除，再单击鼠标左键，完成多边形的形状调整。

增加折点时，用上述方法，使多边形要素进入调整状态，光标移动到边界线段的某部分，单击鼠标右键，在弹出的菜单中选择"插入折点"，就为线段插入一个折点，再单击鼠标左键，完成多边形的形状调整。

移动折点时，用上述方法，使多边形要素进入调整状态，光标移动到某折点，单击鼠标右键，在弹出的菜单中选择"移动至"，在弹出的对话框中输入绝对坐标值，该折点移动到指定的坐标位置。如果在弹出的菜单中选择"移动"，在弹出的对话框中输入相对坐标值，实现折点相对位置的精确移动。

捕捉功能、其他图形处理功能，有助于精确调整多边形的几何形状。

相邻多边形共享边界，若要同步移动，必须使用拓扑关系，第8章有练习。

7.4.3　要素和属性记录的关系

与线要素一样，增加、删除、分割、合并多边形，要素属性表中对应的记录也会自动插入、删除，内部标识符 FID 的取值会自动更新，保持唯一性。

读者可尝试上述方法，对照扫描图中的乡镇边界，将多边形要素输入到要素类 County。作为练习，边界的几何形态可简化。

7.4.4　退出编辑状态

使用菜单"编辑器>停止编辑"，结束编辑状态，根据提示，若点击"是"，持久保存编辑；若点击"否"，放弃编辑，恢复到编辑开始之前的状态。如果编辑发生在多个图层，一旦停止，各图层的有关编辑状态均停止、退出，要保存都保存，要恢复都恢复。

7.4.5　计算多边形的面积、周长

Shapefile 的面积、周长需要进一步计算。确认编辑状态已停止，打开 County 的要素属性表，在表窗口左上侧点击下拉菜单 ⊞ ▾，选择"添加字段"，在随后的对话框中按需要定义周长、面积字段：

名称：Perimeter (可按需要确定)
类型：双精度
精度：11 (字段宽度)
小数位数：4

按"确定"键返回。再添加字段：

名称：Area (可按需要确定)
类型：双精度
精度：11 (字段宽度)
小数位数：4

按"确定"键返回。鼠标右键点击属性表的字段名 Perimeter，选择菜单"计算几何"，在随后弹出的对话框中进一步选择属性为"周长"，坐标系一般选数据源，单位一般选"米"，按"确定"键，可以观察到字段 Perimeter 中的计算结果为每个多边形要素的周长。如果有要素进入了选择集，未取消"仅计算所选的记录"前的勾选，计算结果仅对进入选择集的要素有效，否则对全体要素有效。如果要对字段 Area 计算多边形面积，除了计算属性为"面积"，常用单位为"平方米"，其他操作过程和线要素的长度、多边形的周长一样。

7.5　点要素的输入、编辑

点要素输入、编辑比较容易。如果尚未进入编辑状态，在编辑器工具栏中选用"编辑器>开始编辑"，在"创建要素"窗口中点选 Town，下方"构造工具"栏中有两个构造工具，分别是：

"点"，表示输入点。

"线末端的点"，表示线的端点。

在构造工具中点选"点"，就开始输入点要素。单击鼠标右键，选择菜单中"绝对 XY"选项，表示按绝对坐标输入点要素。输入点要素时也可使用捕捉方式，方法和输入线要素相似。

完成点要素输入和编辑，使用菜单"编辑器>停止编辑"，根据提示，确认是否保存编辑结果，退出剪辑状态。

读者可以按本节的介绍，以扫描图像为参照，输入、编辑点要素类 Town。

7.6　本　章　小　结

本章涉及点、线、面要素的交互式输入、编辑基本方法，虽然以 Shapefile 为例，也适合 Geodatabase。线要素的输入、编辑是基础，初步掌握后再处理面要素就不难，点要素的操作相对容易。完成练习仅是初步入门，做完练习无法全都记住各项功能，初学者也没有必要死记硬背，将来实践中可重复阅读，反复尝试。ArcMap 提供丰富的数据输入、编辑功能，本章仅介绍了基本功能，对其他功能，自学者可参看软件的帮助文件。亲身体验、主动实践，就能积累经验。

扫描图的坐标不准确，线要素的长度值，多边形的周长、面积值也不准确，第 10 章将会练习如何校正坐标。

ArcMap中出现的目录窗口除了显示ArcGIS数据源的名称、路径、格式，还可管理数据源，是ArcCatalog部分功能的体现，后续章节将有进一步的练习。

第8章 要素编辑中的拓扑关系

- 借助拓扑关系编辑要素
- 同一图层内检验数据质量
- 不同图层间检验数据质量
- 关于拓扑关系的若干专用术语
- 本章小结

8.1 借助拓扑关系编辑要素

8.1.1 调整多边形公共边界

启用地图文档\gis_ex10\ex08\ex08.mxd，激活 Data frame1，有两个图层，分别为线状"公路"和面状"乡镇"（图 8-1）。调出编辑器工具条，选用下拉菜单"编辑器>更多编辑工具>拓扑"，调出拓扑工具条（图 8-2）。

图 8-1　线状和面状要素已输入

图 8-2　拓扑工具条

（1）调整相邻多边形的公共顶点。选用菜单"编辑器>开始编辑"，到拓扑工具条上点击按钮 ，弹出"选择拓扑"对话框，点选地图拓扑，勾选图层"乡镇"，再点击下侧的

"选项"，输入"拓扑容差 0.5 米"，按"确定"键返回。在拓扑工具条中点选 （该功能有两个选项，如果是下拉方式，应选"拓扑编辑工具"，不要选"拓扑编辑追踪工具"），点击公共顶点（多条边界线的交汇点，图 8-3），被选顶点呈紫红色（屏幕上仅显示这个点符号），拖动该点，在此交汇的多边形形状会同步变化，实现相邻多边形公共顶点的同步移动。

图 8-3   调整相邻多边形的公共顶点

（2）调整公共边界上的其他折点。点选拓扑工具条上的拓扑编辑工具 ，单击需要调整的公共边界，自动显示为紫色，表示该公共边界已被选中。继续双击该边界，所有折点都显示成小方块，表示进入调整状态。将光标移动到要调整的折点，可以将该折点拖动到要调整的位置，并松开鼠标左键，实现公共折点位置的暂时移动，再单击鼠标左键，完成多边形公共折点的调整。如果用鼠标右键点击该点，弹出菜单上有"移动"和"移动至"两个选项，前者按输入的 X、Y 值相对移动，后者则移动到输入的 X、Y 绝对坐标位置，实现相邻多边形公共边界上折点的同步精确移动。

用拓扑编辑工具 ，参照上述过程，使公共边界的折点进入调整状态，还可以删除、添加折点，操作步骤和线要素、独立多边形边界的编辑基本相似。利用拓扑编辑工具，修改两个多边形的公共边界时，将同时影响这两个相邻多边形的几何形态。

8.1.2   线和多边形重合时同步调整

如图 8-1 所示，两个乡镇多边形相邻，边界重合，公路和两个乡镇的公共边界线也有部分重合，乡镇和公路是不同的要素类，在不同的图层上。如果公路的几何位置要修改，乡镇多边形边界也必须调整。在拓扑工具条上点击 ，弹出"选择拓扑"对话框，同时勾选"公路"和"乡镇"，再输入"拓扑容差 0.5 米"，按"确定"键，两个要素类之间有了临时拓扑关系。

在拓扑工具条上点击 ，选择和公共边界重合的线要素，自动显示为紫色，该要素进入选择集，再次双击鼠标，可以观察到该线要素的所有折点都以小方块形式显示，光标移动到要调整的折点，将该折点拖动到要调整的位置（如向左上方移动），松开鼠标左键，实现折点位置的移动（图8-4），但是多边形边界没有变化，再单击鼠标左键，结束调整，两个多边形的公共边界会自动跟着移动。调整折点时，如果用鼠标右键点击该点，弹出快捷菜单，有"移动"或"移动至"两个选项，也能使公共边界折点按相对坐标值或绝对坐标值精确调整。

图 8-4　利用拓扑关系同步调整线要素和多边形边界

可以看到，调整了线要素公路的几何走向，同时也调整了两个乡镇多边形的部分公共边界，而且公路和两个乡镇多边形的分界线依然重合。虽然捕捉方式不是必须的，但是能启用，可提高操作效率。

本练习暂时结束，停止编辑状态，退出 ArcMap，选用菜单"文件>退出"，会出现"是否保存对地图文档的修改"的提示，为了不影响别人及后续的练习，点击"否"。

8.2　同一图层内检验数据质量

8.2.1　建立线要素的拓扑规则数据

在 Windows 操作系统下，通过"开始>所有程序>ArcGIS"，启用 ArcCatalog。ArcCatalog 的主要功能是管理数据源，操作窗口分为两部分，左侧是目录树，与 ArcMap 中调用的"目录"窗口很相似，右侧显示数据源。如果目录树中无法找到\gis_ex10\，可借助文件夹连接按钮 📁，将操作路径连接到\gis_ex10\，在 ex08 目录内，GeoDB_TP 为地理数据库，双击该数据项名称前的图标，GeoDB_TP 就会展开，其中有数据集 dataset1，再双击展开数据集，其中有线要素类 lotslines，是地块边界。本练习利用拓扑规则"不能出现悬挂点"，建立线要素类 lotslines 的拓扑关系，检验已输入的线要素是否相互连接，如果有差错，修正后将产生多边形。

　　鼠标右键点击 dataset1，在弹出的快捷菜单中选择"新建>拓扑…"，出现"新建拓扑"对话框，按"下一步（N）"键，有两个设置：

输入拓扑名称：topology1　　　　　　输入新建拓扑关系的名称
输入拓扑容差：0.05　米　　　　　　键盘输入容差值

　　按"下一步"键，继续提示选择 dataset1 中的要素类，勾选 lotslines，表示为该要素类建立拓扑关系；按"下一步（N）"键，提示设置要素类等级，保持默认值；再按"下一步（N）"键，提示"指定拓扑规则"，按右侧"添加规则"键：

要素类的要素：lotlines　　　　　下拉选择
规则：不能有悬挂点　　　　　　　下拉选择规则
☑ 显示错误　　　　　　　　　　勾选，要求显示错误信息

　　按"确定"键返回新建拓扑对话框；按"下一步（N）"键；再按"完成（F）"键；ArcCatalog 进行处理，根据设定的规则，建立拓扑关系，提示"已创建新拓扑，是否要立即验证？"，点击"是（Y）"。可以看到在 dataset1 下多了一个拓扑类数据项 topology1，它有拓扑关系图标 🔲。鼠标点击 topology1，在 ArcCatalog 右侧窗口，点击"预览"选项，可看到 3 个悬挂点为红色小方块（图 8-5），不符合预定的拓扑规则，将影响线要素生成多边形的正确性。

图 8-5　三处悬挂点

8.2.2　修正差错

　　关闭 ArcCatalog，启动 ArcMap，打开地图文档\gis_ex10\ex08\ex08.mxd，激活数据框 Data frame2，lotslines 已加载。按工具 ✛，在路径\gis_ex10\ex08\下展开 GeoDB_TP，

选择 dataset1 中的 topology1，按"添加"键，提示"是否将参与到"topology1"中的所有要素类都添加到地图？"，由于 lotslines 已经加载，应点击 "否（N）"，只加载拓扑关系，不加载相关要素类。topology1 被加载后，显示悬挂点（红色小方块）可能有差错（图8-6）。

图 8-6　加载拓扑类 topology1

标准工具条中点击 ![icon]，调出编辑器工具条，选用"编辑器>开始编辑"（如果不出现"创建要素"窗口，在工具条右端点击 ![icon]），在要素模板中选择 lotslines 为当前编辑图层，"创建要素"窗口可暂时关闭，需要时再调出。选择"编辑器>更多编辑工具>拓扑"，调出拓扑工具条，再选择"编辑器>更多编辑工具>高级编辑"，调出高级编辑工具条。

虽然悬挂点都是用红色小方块表示，但产生问题的原因不同，用工具 ![icon]放大左上角小方块，可发现是 "线过长"造成（Overshoot，图 8-7 左），可用修剪方式修正。用工具 ![icon]，点击修剪的参照边界线，在高级编辑工具条中选择修剪工具 ![icon]，点击修剪线的末端，过长的线就被修剪到参照边界线。查看右下角的红色小方块（图 8-6），这是一条多余的线造成（图8-7 中），用工具 ![icon] 选择多余线，在键盘中按 Delete 键，删除该要素。图 8-6 中左下方的第三个错误是线过短造成（Undershoot，图 8-7 右），可用延伸方式改正，先用工具 ![icon]点击延伸的参照线，在高级编辑工具条中选择延伸工具 ![icon]，点击需要延伸的线，过短的线就延伸到参照边界线。

图 8-7　产生悬挂点的常见原因

　　修改完毕，还需要验证编辑过的地方是否还有错误。在内容列表窗口中鼠标右键点击 topology1，快捷菜单中选"属性…"，进入"符号系统"选项，勾选"脏区"，按"确定"键返回。地图中编辑过的地方会产生 3 个蓝色矩形框，它们是"脏区"（Dirty Area，图 8-8）。

图 8-8　"脏区"（Dirty Area）

　　下一步只要对脏区验证拓扑关系。拓扑工具条中点击 ⊡，点选地理数据库拓扑，下拉选择 topology1，按"确定"键返回，再选工具 ⬚ （验证指定区域中的拓扑），依次用鼠标框选 3 个蓝色矩形框，如果蓝色矩形消失，说明该范围内不存在悬挂点，如果还有，需要进一步编辑修正。如果线要素类 lotslines 的差错都已改正，质量检验完成，选择编辑器工具条中"编辑器>停止编辑"，根据提示，点击"是（Y）"，保存并结束编辑。

8.2.3　生成地块多边形

　　修正了差错，线要素类 lotslines 应该满足生成多边形的要求。标准工具条内点击按钮 ▦ （或在主菜单中选择"地理处理>ArcToolbox"），调出 ArcToolbox 窗口，展开、双击启用"数据管理工具>要素>要素转面"：

输入要素: lotslines　　　　　　　　下拉选择
输出要素类: \gis_ex10\ex08\GeoDB_TP\dataset1\lotspolygons　生成的多边形要素类位置、名称
XY 容差:　0.05 米　　　　　　　　输入容差值
☑ 保留属性　　　　　　　　　　　勾选
标注要素　　　　　　　　　　　　保持空白

按"确定"键，在 dataset1 中，生成了一个新的多边形要素类 lotspolygons，自动加载，其边界和原来的线要素完全一致（图 8-9）。

图 8-9　修正差错后，线要素生成多边形

8.3　不同图层间检验数据质量

8.3.1　建立不同要素间的拓扑关系

地图文档\gis_ex10\ex08\ex08.mxd 已打开，激活数据框 Data frame3，有两个图层：线要素类"道路"，面要素类"地块"。这两个图层分别输入，地块多边形的部分边界是由道路线界定的（图 8-10），它们应该重合，但是靠目视较难判断数据质量是否可靠。如果在"道路"和"地块"之间建立拓扑关系，就可检验它们的空间位置是否重合。

图 8-10　地块多边形的部分边界由道路界定

在 ArcMap 中调出目录窗口，展开默认的工作目录 \gis_ex10\ex08\，再展开 GeoDB_TP\dataset1，可以看到线要素类 road 和多边形要素类 parcel。右键点击 dataset1，快捷菜单中选择"新建>拓扑…"，出现新建拓扑对话框，点击"下一步"键，有两项设置：

输入拓扑名称：topology2　　　　　拓扑关系名称

输入拓扑容差：0.1 米　　　　　　　容差值

按"下一步（N）"键，继续提示选择参与到拓扑关系中的要素类：

☑ road　　　　　　　　　勾选

☑ parcel　　　　　　　　勾选

将在上述两个要素类之间建立拓扑关系，按"下一步（N）"键，出现等级设置对话框，等级值是为了确定如何自动修改要素类，等级值越大、序位越低，建立拓扑时，该要素类的改动越大。等级值越小，序位越高，相对改动越小。本例中，假定要素类 road 相对准确，要素类 parcel 可能有误差，因此，road 的等级值应该小于 parcel。先要求输入等级数：

输入等级数（1-50）：2　　　　　　分为两级

要素类	等级	
road	1	下拉选择
parcel	2	下拉选择

按"下一步（N）"键，提示"指定拓扑规则"，按右侧"添加规则"键，进一步定义：

要素类的要素：road　　　　　　下拉选择

规则：必须被其他要素的边界覆盖　　下拉选择拓扑规则

要素类：parcel　　　　　　　　下拉选择

☑ 显示错误　　　　　　　　勾选，显示错误信息

上述拓扑规则的意思是线要素类 road 必须被多边形要素类 parcel 的边界覆盖。按"确定"键返回新建拓扑对话框，按"下一步（N）"键，再按"完成"键，软件按预定规则建立拓扑关系，提示"已创建新拓扑，是否要立即验证？"，点击"是（Y）"，可以看到在 dataset1 下多了一个拓扑类 topology2。

按添加数据工具 ✥，在路径\gis_ex10\ex08\下展开 GeoDB_TP\dataset1，选择 topology2，按"添加"键，出现提示"是否还要将参与到'topology2'中的所有要素类都添加到地图？"，road 和 parcel 已经加载，点击"否（N）"，一个新图层 topology2 实现加载，其中拓扑错误以红线显示，共有 3 处。

8.3.2　修改差错

14 号多边形与 15 号多边形共同边界的错误，可以通过拓扑关系进行修正（图 8-11）。标准工具条中点击 🔣，调出编辑器工具条，选用"编辑器>开始编辑"，如果不出现"创建要素"窗口，在工具条右端点击按钮 🔲，在要素模板中选择 parcel 为当前编辑要素类，"创建要素"窗口可暂时关闭，需要时再调出。

在编辑器工具条上，选用菜单"编辑器>捕捉…"，调出捕捉工具条，在捕捉工具条上单

击展开"捕捉"菜单，点击"选项"，出现捕捉选项对话框，在其中，修改"容差"值为5，意思是捕捉距离为5个像素，按"确定"键返回。

在捕捉工具条上，展开"捕捉"菜单，勾选"使用捕捉"，依次按下端点捕捉 ⊞、折点捕捉 ▢、边捕捉 ◰ 3个按钮，使它们周围有黑框。在编辑器工具条中选用"编辑器>更多编辑工具>拓扑"，调出拓扑工具条。点击拓扑工具条上的拓扑编辑工具 ☈，选择需要调整的14号和15号多边形的公共边界，变成紫色（图8-11）。继续用拓扑编辑工具 ☈，鼠标双击该公共边界，向上拖动折点，使其捕捉到"道路"图层的中间折点上。对准后鼠标双击，14号和15号多边形边界被同步移动到和道路重合的位置上。放大地图，显示24、26、20、41四个多边形的交汇处，使用拓扑编辑工具 ☈，点击4个多边形交汇点，出现一个紫红色的小圆，如果有其他要素进来，继续点击，仅有这个交汇点被选中，然后向下拖动到道路线的交汇处（图8-12）。用同样的方法，拖动24、40、41三个多边形的交汇点，对准到道路线的中部。

图 8-11　拓扑编辑时移动地块多边形的公共边界

图 8-12　四个多边形的共享交汇点移动到道路的交点上

　　还可以找到地图右侧，13 号和 5 号多边形相交处有一段很短的红线，关闭再打开图层 topology2，可以看出，这处错误是"道路"多了一小段造成。如果"创建要素"窗口已关闭，可点击编辑器工具条中的 ，到要素模板中点击 road，切换当前编辑要素类，用工具 ▶ 选择这段多余线，按键盘中 Delete 键删除。

　　修改完毕，点击拓扑工具条上的 （验证指定区域中的拓扑），在出现拓扑错误的范围框选，重新计算、验证 topology2 的拓扑关系。如果编辑修改正确，表示拓扑错误的红色线会全部消失，原来的差错不再存在。对地块多边形图层 parcel 与道路线图层 road 之间几何位置重合的检验、维护结束。选用编辑器工具条中的 "编辑器>停止编辑"，根据提示，点击"是（Y）"保存并退出；点击"否（N）"，放弃编辑。

　　结束练习，选用菜单"文件>退出"退出 ArcMap，会出现"是否保存对地图文档的修改"的提示，为了不影响别人及后续的练习，应点击"否（N）"。

8.4　关于拓扑关系的若干专用术语

8.4.1　悬挂点和伪结点

　　第 7 章已经练习过，ArcMap 中每个线要素都是由端点（Node，也称结点）和中间折点组成的，每一个线要素的起点、终点均是端点，多边形由线要素围合而成。按拓扑规则，结点即端点可分为 3 类（图 8-13）。

　　悬挂点（Dangle Node，简称 Dangle）：仅和一个线要素相连，孤立的结点。

　　伪结点（Pseudo Node，简称 Pseudo）：两个线要素相连、共享一个结点。

　　普通结点：3 条或以上线要素交汇、共享一个结点。

　　按许多拓扑规则，悬挂点、伪结点被当成差错。相比之下，图形输入（数字化）时，悬挂点对数据质量影响较大。线过长、线过短、线多余均表现为悬挂点。有悬挂点的线要素，构造多边形，结果很可能不正确，而伪结点的影响相对较轻。

图 8-13　悬挂点、伪结点和普通结点

8.4.2　拓扑容差

图 8-14　拓扑容差的作用

　　拓扑容差（Cluster Tolerance）指不相接的要素折点之间的最小直线距离。容差值的大小根据要素类的精度和几何范围确定。建立拓扑关系时，如果两个折点之间的距离小于拓扑容差值，那么这两个折点就被自动捕捉到一起，变成一个折点（图 8-14）。容差值的设置必须十分小心，容差过大，引起不应该合并的折点相互合并，容差过小，该合并的折点没合并，增加后续修正的工作量。按经验，容差值比数据本身精度要求低一个数量级，如果数据本身的精度要求是 2m，设置的容差值大约为 0.2m。

8.4.3　等级

多个要素类参与拓扑关系时需要一个等级值（Rank），表示要素类的相对关系。在验证过程中，要素类等级高的等级值小，相对不动，要素类等级低的等级值大，其折点向等级高（值小）的要素移动，实现自动捕捉（图 8-15）。等级值越小、相对等级越高，等级值越大、相对等级越低，最小值是 1，最大值可以设置到 50。

图 8-15　不同要素类之间设置等级的作用

8.4.4　脏区

建立拓扑关系，又被编辑过的空间范围内，很可能存在不符合拓扑规则的要素。脏区（Dirty Area）用一个矩形框把编辑过的地方围起来，将拓扑规则的验证处理限定在指定的矩形框范围内，以提高计算机的处理效率。虽然本练习也用到了全范围验证，速度也不慢，这是因为数据量很小，体现不出差别，如果实际应用中空间要素非常多，处理时间长短就会有明显区别。

8.4.5　错误和异常

拓扑错误（Error）指不符合拓扑规则的地方，用红色点、方块、线表示。某些可接受的错误，如某位置的道路和地块边界确实不一致，被称为拓扑异常（Exception）。

8.5　本 章 小 结

拓扑关系（Topology，Topology Relation）是指不同图形要素几何上的相互关系，根据拓扑学原理，图形在保持连续状态下即使变形，相互之间的关系依然不变。拓扑关系有很多实用价值。例如，行政区是多边形，不能相互交叉；线状河流和河流之间不能部分重叠；公共汽车站点必须在公共交通线路上等。拓扑关系种类繁多，可以用不同的规则来分类、表示，既可反映在同一要素类内部各要素之间，也可反映在不同要素类之间。

本章练习使用线拓扑规则：不能有悬挂点，检验线要素的数据质量，保障多边形的数据质量，是很常用的方法。线拓扑规则"必须被其他要素的边界覆盖"，即线要素必须被多边形边界覆盖，用于检验道路与地块边界是否重合。第 9 章将涉及另一规则：不能有伪结点。

　　ArcGIS 10 目前提供 32 种拓扑规则，除了本章的表 8-1 至表 8-3，附录二还有进一步说明，帮助读者理解。针对地理数据库（Geodatabase）的拓扑规则，可以在 ArcCatalog 中设置，也可以在 ArcMap 的目录窗口中设置。

　　拓扑规则除了为数据的完整性、一致性提供保障，还可用于分析，除了直接按规则操作，往往被隐含在内部数据结构中（如网络数据集）、计算方法中（如矢量叠合）。按拓扑关系来组织数据，可称为拓扑数据结构，不仅记录要素的空间位置（坐标），还要记录不同要素在空间上的相互关系，本教材第 7 篇有网络分析，按既定的拓扑规则，组织数据的存储，建立的网络数据集具有拓扑结构，并持久保存。本章练习所保存的仅仅是不符合规则的信息，不保存符合规则的信息，也不按拓扑关系重新组织数据的存储。

　　读者已接触到两种空间数据格式：Shapefile 和 Geodatabase，前者属于文件系统，比较灵活，后者属于数据库系统，集成度较高、规范性较强，处理拓扑关系的能力也比前者全面。一个 Shapefile 由若干文件组合而成，往往称为一个要素类（Feature Class），与地理数据库中的要素类相当。一个地理数据库中往往有多个要素数据集（Feature Dataset），每个数据集由多个要素类组成，第 25 章将进一步讨论地理数据库的建立、设置、维护。

　　完成本章练习，会改变练习数据内容，将\gis_ex10\Back\ex08\路径下的文件复制到\gis_ex10\\ex08\中，数据内容就恢复到练习之前的状态。

表 8-1　点拓扑规则的提示及含义

软件提示	简要解释与典型用途
1　必须与其他要素重合 Must be coincident with	与另一点要素类重合。路灯必须在电杆上
2　必须不相交 Must be disjoint	相互分离。电杆和电杆不能重合，必须分离
3　必须被其他要素的端点覆盖 Must be covered by endpoint of	被线的端点覆盖。变电站的位置必须有输电线的尽端
4　点必须被线覆盖 Point must be covered by line	与线重合。消防栓必须和水管重合
5　必须完全位于面内部 Must be properly inside polygons	在多边形内。中心镇必须在镇域范围内
6　必须被其他要素的边界覆盖 Must be covered by boundary of	与多边形边界重合。界碑必须在行政辖区的边界上

表 8-2　线拓扑规则的提示及含义

软件提示	简要解释与典型用途
1　必须大于拓扑容差（菜单中不出现，和多边形拓扑规则的第一条重复） Must be larger than cluster tolerance	要素之间的距离不能小于容差值。数据处理过程中验证拓扑关系时，要素的坐标不会发生移动
2　不能有伪结点 Must not have pseudonodes	没有伪结点。两条河道不能在尽端汇合，首尾自相连除外

续表

软件提示	简要解释与典型用途
3 不能有悬挂点 Must not have dangles	没有悬挂点。地块边界不能有悬挂点
4 不能自重叠 Must not self overlap	要素自身不重叠。同一条公路不能有部分重合
5 不能重叠 Must not overlap	相互不重叠。河道不相互重叠
6 不能自相交 Must not self intersect	要素自身不交叉。同一条等高线不能自相交叉
7 不能相交 Must not intersect	相互不交叉。河道必须在相交处打断，也不能有重叠
8 必须为单一部分 Must be single part	不能将分离的部分合为整体。同一条高压输电线不能用分离的线段组合而成
9 不能与其他要素相交 Must not intersect with	与另一线要素类相互不交叉。住宅区道路不能穿越城市道路，也不能有重叠
10 必须被其他要素的要素类覆盖 Must be covered by feature class of	与另一线要素类重合，被覆盖。公共汽车线路必须行驶在道路上
11 不能相交或内部接触 Must not intersect or touch interior	线和线不交叉、不重叠，不能和非端点接触。地块分界线不能相互交叉、重叠，交汇处必须都是端点
12 必须被其他要素的边界覆盖 Must be covered by boundary of	与多边形的边界重合，被边界覆盖。道路必须和地块边界重合
13 不能与其他要素相交或内部接触 Must not intersect or touch interior with	与另一线要素类不交叉、端点不能和非端点接触。次要道路不能穿越主要道路，如果和主要道路相连，双方都是端点
14 必须位于内部 Must be inside	在多边形内。河道必须在其流域范围内
15 不能与其他要素重叠 Must not overlap with	与另一线要素类不重叠。道路不能和河道有重叠
16 端点必须被其他要素覆盖 Endpoint must be covered by	端点和其他要素类重合。燃气管的端点必须有接口

表 8-3　多边形拓扑规则的提示及含义

软件提示	简要解释与典型用途
1 必须大于拓扑容差（菜单中不出现，和线拓扑规则的第一条重复） Must be larger than cluster tolerance	要素之间的距离不能小于容差值。数据处理过程中验证拓扑关系时，要素的坐标不会发生移动
2 不能重叠 Must not overlap	没有重叠。地块之间不出现重叠

软件提示	简要解释与典型用途
3 不能有空隙 Must not have gaps	没有空隙。行政辖区之间不出现空隙
4 包含点 Contains point	每个多边形内部至少包含一个点，边界上的点不算包含。每个学区内至少有一所学校
5 包含一个点 Contains one point	每个多边形内部包含一个点，边界上的点不算包含。每个治安辖区内（只）有一个公安派出所
6 必须被其他要素的要素类覆盖 Must be covered by feature class of	被另一多边形要素类覆盖。开发区的范围只能在若干乡镇行政辖内
7 边界必须被其他要素覆盖 Boundary must be covered by	边界必须和另一要素类重合。城区内的人口普查区边界必须由若干道路围合而成
8 不能与其他要素重叠 Must not overlap with	与另一要素类的多边形无重叠。水域不能和地块有重叠
9 必须被其他要素覆盖 Must be covered by	被另一要素类中的单个多边形覆盖。县域必须在省域内
10 面边界必须被其他要素的边界覆盖 Area boundary must be covered by boundary of	多边形边界和另一要素类的多边形边界重合。开发区的边界必须和若干地块边界重合
11 必须互相覆盖 Must cover each other	两个要素类的多边形相互重合、边界一致。街道行政辖区和公安派出所辖区必须相互重合

思 考 题

在数据质量保障方面，拓扑关系还有什么其他的作用。

第9章　CAD 数据转换输入

- 直接加载 DWG 文件
- DWG 文件转换为 Shapefile
- 新建地理数据库
- 转换生成多边形要素类、修正拓扑错误
- 转换生成线要素类、修正拓扑错误
- 本章小结

9.1　直接加载 DWG 文件

　　启动 ArcMap，选择"文件>新建"，对话框中点击"新建地图>空白地图"，按"确定"键继续。新建的地图文档有一个默认数据框"图层"，在标准工具条中点击工具 ✛，或选用主菜单"文件>添加数据>添加数据"，在弹出的对话框中展开路径\gis_ex10\ex09\，有多个 DWG 文件，图标呈立体状。其中 bldg.dwg 是建筑物，用闭合的多段线（Polyline）表示建筑物，用多段线的厚度（Thickness）特性表示每个建筑物的高度，roadline.dwg 是规划道路线，用不同的层（Layer）区别设计中心线和道路边线（规划业务中称后者为"道路红线"）。

　　双击展开 bldg.dwg，显示出 5 种要素类型：Annotation、Multipatch、Point、Polygon、Polyline，选择 Polygon，点击"添加"按钮，会提示数据源缺少空间参考，可忽略，按"确定"键继续。ArcMap 自动识别 bldg.dwg 中的封闭多边形，加载为一个图层，取名为 bldg.dwg Polygon（图 9-1）。加载前，要素类型不能选错，也不能直接点击加载 bldg.dwg，否则会给后续处理带来麻烦。

　　内容列表中鼠标右键点击图层名 bldg.dwg Polygon，选用快捷菜单"属性…"，调出图层属性对话框，进入"字段"选项。在对话框左侧"选择哪些字段可见"栏中有 30 多个字段，设置：

　　　　☑ Thickness　　　　　　　　勾选，显示 Thickness 属性

　　去除其他所有字段前的勾选，按"确定"键返回。打开 bldg.dwg Polygon 图层属性表，可看到该图层的要素属性表中仅显示字段 Thickness，内容为建筑高度，关闭属性表。

　　标准工具条中再点击添加数据工具 ✛，在\gis_ex10\ex09\路径下展开 roadline.dwg，依然有 Annotation、Multipatch、Point、Polygon、Polyline 五种要素类型可选，选择 Polyline，按"添加"键，忽略缺少空间参考的警告，road.dwg 中的线状实体被加载，图层自动取名为 roadline.dwg Polyline（图 9-2）。

图 9-1　ArcMap 读取和显示 bldg.dwg 中的多边形

图 9-2　ArcMap 读取和显示 roadline.dwg 中的线

进入 roadline.dwg Polyline 的"图层属性"对话框，再进入"字段"选项。在对话框左侧"选择哪些字段可见"栏中设置：

☑ Layer　　　　　　　　　　勾选，显示 Layer 属性

去除其他所有字段前的勾选，按"确定"键返回。再打开 roadline.dwg Polyline 的图层属性表，可看到该图层属性表中仅显示字段 Layer，关闭属性表。

经上述练习，读者可体会到 ArcMap 能直接将 DWG 文件当成数据源，将 DWG 中的有关特征当成要素的属性。

9.2　DWG 文件转换为 Shapefile

在内容列表中，右键点击图层名 bldg.dwg Polygon，在快捷菜单中选择"数据>导出数据…"，进一步设置：

导出：所有要素	下拉选择，导出所有要素
使用与以下选项相同的坐标系	
⊙ 此图层的源数据	点击选择导出数据的坐标系
输出要素类:\gis_ex10\ex09\temp\bldg.shp	借助文件夹连接按钮 📁找到路径，数据项名称为 bldg，保存类型选 Shapefile

按"确定"键，会出现"是否要将导出的数据加载到地图图层中？"的提示，点击"是"。bldg.dwg 中的多边形转换为 bldg.shp，自动加载。转换后的 Shapefile 保留了来自 DWG 文件的特征 Thickness，进入"图层属性>符号系统"，可按要素的属性字段 Thickness 的取值分类显示（图 9-3）。

图 9-3　建筑图层和道路图层由 DWG 文件转换为 Shapefile

打开并进入"roadline,dwg Polyline>图层属性>定义查询"选项，再点击"查询构建器"按钮，在"查询构建器"中文本框上方提示"SELECT * FROM Polyline WHERE:"，借助鼠标和"获得唯一值"按钮，输入：″Layer″LIKE '道路红线'，按"确定"键返回，再按"确定"键关闭图层属性对话框,道路线图层中仅有道路红线。右键点击图层名 roadline.dwg Polyline，在快捷菜单中选择"数据>导出数据…"，进一步设置：

导出：所有要素	下拉选择，导出所有要素
使用与以下选项相同的坐标系	
⊙ 此图层的源数据	点选
输出要素类: \gis_ex10\ex09\temp\roadside.shp	Shapefile 路径、名称

　　按"确定"键，提示"是否要将导出的数据添加到地图图层中？"，点击"是"。roadline.dwg
中的道路红线转换为 roadside.shp，自动加载。

　　继续用上述方法，将"定义查询"文本框内的查询语句改为"Layer"LIKE '道路中心
线'，再将 roadline.dwg Polyline 中的道路中心线导出为 roadcnt.shp，自动加载（图 9-3）。

　　上述处理，得到了 3 个独立的 Shapefile，还没有坐标系。标准工具条中点击 ，调出目
录窗口，展开\gis_ex10\ex09\temp，鼠标右键点击 bldg.shp，在弹出的快捷菜单中选择"属性"，
进入 Shapefile 属性对话框，再进入"XY 坐标系"选项，展开并选择"投影坐标系>Gauss
Kruger>Xian 1980>Xian 1980 3 Degree GK CM 120E"，按"确定"键，bldg.shp 的坐标系设置
完成。可用同样方法，继续为 roadside、roadcnt 设置相同的坐标系。

　　以上练习分别将 DWG 文件中的多边形实体、线实体转换为 Shapefile，成为要素类，DWG
的部分特征成为 Shapefile 的属性，还实现了按特征值拆分 DWG。转换过程较简单，不检查
数据质量，原始数据很可能存在拓扑错误，在工具条中点击 （选择要素），单击图层 roadcnt
上各个线要素，就可发现道路中心线并未在交叉处打断，应该连续的道路红线 roadside 由多
段较短的线要素组成，不一定满足未来查询、分析对数据质量的要求。

　　将数据框"图层"更名为 Data frame1，选用主菜单"文件>另存为"，将地图文档保存
至\gis_ex10\ex09\temp\ex09_1（如果已存在，将被覆盖），再选用主菜单"文件>退出"，退出
ArcMap。

9.3　新建地理数据库

9.3.1　原始数据和练习要求

　　下一个练习主要针对两个原始 DWG 文件，landcode.dwg 是土地使用规划地块，用实体
Polyline 和 Line 绘制地块边界，用实体 Text 注记地块编号，roadnet.dwg 是规划道路，用实
体 Polyline 和 Line 绘制道路中心线。还有一个地块规划控制指标表，保存为 MS Excel 工作
表文件 plandata.xls。

　　通过 Windows 的开始菜单，启动 ArcCatalog，在左侧的目录树中展开\gis_ex10\ex09（如
果路径没法显示，可借助文件夹连接按钮 ），展开 landcode，点击 Annotation，再到
ArcCalalog 右侧窗口中点击"预览"选项，可以看到 DWG 文件中的 Text 实体（图 9-4 左），
点击 Polyline，可看到 Polyline 和 Line 实体（图 9-4 右）。展开 roadnet，点击 Polyline，可看
到 Polyline 和 Line 实体（图 9-5 左）。展开 plandata.xls，点击 plandata$，可看到工作表的内
容（图 9-5 右）。

　　本练习将 DWG 文件转换成 ArcGIS 地理数据库（Geodatadase），检查并修正拓扑错误，
生成土地使用多边形要素类，以地块编号为关键字，连接规划控制指标表，合并到要素属性
表；生成道路线要素类，验证拓扑关系，供网络分析使用。

图 9-4　ArcCatalog 查看 DWG 文件中的地块编号（左）、地块边界（右）

图 9-5　ArcCatalog 查看 DWG 中的道路中心线（左）、XLS 中的表格（右）

9.3.2　建立地理数据库，选择坐标系

　　鼠标右键点击文件夹\ex09\temp，选用快捷菜单"新建>文件地理数据库"，命名为 GeoDB_cnv.gdb。鼠标右键点击 GeoDB_cnv.gdb，选用菜单"新建>要素数据集…"，输入名称：Dataset_1，按"下一步"键继续。要求输入 XY 坐标系，选择"投影坐标系>Gauss Kruger>Xian 1980>Xian 1980 3 Degree GK CM 120E"，按"下一步"键继续。再要求输入垂直坐标系，默认"无坐标系"，按"下一步"键继续。要求输入有关容差值，XY 容差可定为 0.001 Meter，意思是小于 1mm 的坐标差异处理为相同。Z 容差，M 容差按默认值，勾选"接受默认分辨率和属性域范围（推荐）"，按"完成"键，关闭对话框。

　　地理数据库（Geodatabase）要素数据集（Dataset）的坐标系必须设定，若设定错误可以修改，容差值设定后不可修改。

9.4　转换生成多边形要素类、修正拓扑错误

9.4.1　DWG 的线实体转换成线要素

　　ArcCatalog 中鼠标右键点击\gis_ex10\ex09\temp\GeoDB_cnv.gdb\Dataset_1，选用菜单"导

入>要素类（单个）…”，出现“要素类至要素类”对话框：

　　输入要素：\gis_ex10\ex09\landcode.dwg\Polyline　　利用文件夹按钮 定位\gis_ex10\ex09\，
　　　　　　　　　　　　　　　　　　　　　　鼠标双击展开 landcode.dwg，选择 Polyline，按“添加”键
　　输出位置：\gis_ex10\ex09\temp\GeoDB_cnv.gdb\Dataset_1　　　默认路径，不需要修改
　　输出要素类：Parcel_Polyline　　　　　　　　　键盘输入要素类名称
　　表达式（可选）　　　　　　　　　　　　　　不需要输入
　　字段映射（可选）　　　　　　　　　　　　　进一步选择特征字段

　　DWG 文件中实体的相关特征，如图层名、厚度、高度、颜色等，可转化成要素属性表的字段，“字段映射”框会显示出所有可转换的字段，默认为全保留，本练习不需要，依次点击“字段映射”框内的字段名（如 Entity, Handle, …），点击右侧“×”键，删除所有字段（约 30 个）。对话框下侧其他选项均为默认，按“确定”键执行。

　　展开 Dataset1，点击转换后的要素类 Parcel_Polyline，在 ArcCatalog 右侧窗口中点击“预览”选项，下侧“预览”下拉条中选择“地理视图”，可以看到转换后的线要素类 Parcel_Polyline（图 9-6），下侧“预览”下拉条中选择“表”，可看到要素属性表中有 OBJECTID*、Shape*、Shape_Length 三个字段，OBJECTID*为内部标识，Shape_Length 是自动产生的线要素几何长度。

图 9-6　转换后的要素类 Parcel_Polyline

9.4.2　DWG 的文字实体转换成点要素

　　在 ArcCatalog 左侧目录窗口树中展开地理数据库 GeoDB_cnv.gdb，鼠标右键点击 Dataset_1，再选用 “导入>要素类（单个）…”，出现“要素类至要素类”对话框：

　　输入要素：\gis_ex10\ex09\landcode.dwg\Annotation　利用文件夹按钮 定位\gis_ex10\ex09\，
　　　　　　　　　　　　　　　　　　　　鼠标双击 landcode.dwg，展开选择 Annotation，按“添加”键

输出位置：\gis_ex10\ex09\temp\ GeoDB_cnv.gdb\Dataset_1　　　　默认路径、名称

输出要素类：Parcel_Label　　　　　　键盘输入转换后的要素类名称

表达式（可选）　　　　　　　　　　　不需要输入

字段映射（可选）　　　　　　　　　　选择特征字段

将 DWG 的 Text 实体当成注记要素（Annotation），将转换成点要素类，保留特征字段 Text，可用于文字标注，也可成为要素的用户标识。依次点击"字段映射"框内的字段名，点击右侧"×"键，删去各字段（大约有 50 项），特别保留"Text（文本）"，下侧其他选项均默认，按"确认"键执行。DWG 文件中的文字实体转化成 Geodatabase 的点要素类 Parcel_Label，使用 ArcCatalog"预览"选项，可以看到转换后点要素的位置分布，还可看到点要素属性表有 3 个字段：OBJECTID*、Shape*、Text（图 9-7，借助要素识别工具 ⓘ），Text 的属性值是用 AutoCAD 输入的地块编号。

图 9-7　Text 实体转换成点要素，文字内容成为字段 Text 的取值

9.4.3　XLS 工作表转换成独立属性表

地块多边形的其他属性已经输入到 plandata.xls 文件中，在目录树中展开 plandata.xls，有两个子项，鼠标右键点击 plandata$，选用快捷菜单"导出>转出至地理数据库（单个）…"，出现"表至表"对话框：

输入行：\gis_ex10\ex09\plandata.xls\plandata$

输出位置：\gis_ex10\ex09\temp\GeoDB_cnv.gdb　　　选择地理数据库，不进入数据集

输出表：plan01　　　　　　　　　　　　　　　键盘输入转换后的表名

表达式（可选）：　　　　　　　　　　　　　　保持空白

字段映射（可选）：　　　　　　　　　　　　　默认，全保留

转换时，字段数据类型能自动识别，不需要设定，按"确定"键，Excel 的工作表被转换成独立属性表。目录树中点击 plan01，右侧窗口中选"预览"，可看到，除了内部标识 OBJECTID，其他字段、内容与转换前一致（参考图 9-5 右）。

9.4.4　使用拓扑关系检查数据质量

左侧目录树窗口中右键点击\gis_ex10\ex09\temp\GeoDB_cnv.gdb\Dataset_1，选用"新建>拓扑…"，按"下一步"键，进入拓扑类设定：

输入拓扑名称：D1_Topology1　　　键盘输入新建拓扑关系名称
输入拓扑容差：0.01　米　　　　　键盘输入容差值

按"下一步"键继续：

选择将要参与到拓扑的要素类
□ Parcel_Label　　　　　　不参与
☑ Parcel_Polyline　　　　勾选线要素类，参与拓扑关系

按"下一步"键进入等级设置，本练习不需要设置此项，采用默认值，再按"下一步"键，点击右侧"添加规则…"按钮，进一步选择：

要素类的要素：Parcel_Polyline　　下拉选择
规则：不能有悬挂点　　　　　　　下拉选择
☑显示错误　　　　　　　　　　　勾选

按"确定"键返回，可看到有关拓扑规则的说明，再按"下一步"键，提示有关摘要，按"完成"键，生成拓扑关系，提示"已创建新拓扑，是否要立即验证？"点击"是（Y）"，软件验证拓扑关系，生成拓扑类 D1_Topology1。

用 ArcCatalog 的预览窗口可以看到 D1_Topology1 有 4 个红色的小方块，提示有 4 处拓扑差错。转换后有质量问题很普遍，常见的原因有：①原始 DWG 文件中线和线之间没有严格用捕捉方式对准输入；②AutoCAD 和 ArcGIS 的坐标精度控制不一致，即使在 AutoCAD 中用了捕捉，转换后也可能有少量错位；③建立拓扑关系时拓扑容差值取得太小，检验要求过高，会增加出错机会。当然，拓扑容差设得太大，有可能降低转换后要素的坐标精度。

9.4.5　修正拓扑错误

退出 ArcCatelog，启动 ArcMap，打开 ex09_1.mxd，主菜单中选"插入>数据框"，再将"新建数据框"更名为 Data frame2，将 GeoDB_cnv.gdb 中 Dataset_1 的拓扑类 D1_Topology1，添加到 Data frame2，加载拓扑类时，软件提示"是否还要将参与的要素类都添加"，点击"是"，Parcel_Polyline 会自动加载，再手动加载 Parcel_Label（图 9-8）。

图 9-8　在 ArcMap 中查看拓扑差错

使用 ArcMap 的编辑功能，修改要素类 Parcel_Polyline 的错误，既有线过短、也有线过长问题。一般使用高级编辑工具条中的延伸工具修正线过短，用修剪工具修正线过长，修正过程可参考第 7 章和第 8 章。

修改完毕，从"更多编辑工具"调入拓扑工具条，选择工具 （验证指定区域中的拓扑），框选曾经发生错误的位置，重新验证拓扑类 D1_topology1。如果表示差错的红点消失，修改正确。使用编辑器中的菜单"编辑器>停止编辑"，提示是否保存编辑，点击"是"，保存结果，停止编辑。

9.4.6　线要素生成多边形

选用主菜单"地理处理>ArcToolbox"，出现 ArcToolbox 窗口，将它的宽度调整至与内容列表相同，再将它移动到内容列表的位置，鼠标双击该窗口的顶部，ArcToolbox 窗口会自动和内容列表靠在同一个位置，底部有按键，可以和内容列表相互切换。选用"ArcToolbox>数据管理工具>要素>要素转面"，继续设置：

输入要素：Parcel_Polyline　　　下拉选择

输出要素类：\gis_ex10\ex09\temp\GeoDB_cnv.gdb\dataset_1\Parcel_Polygon　　生成的多边形要素位置、名称

XY 容差：0.05 米　　　　　键盘输入

☑ 保留属性（可选）　　　　勾选，保留来自标注的属性

标注要素：Parcel_Label　　　下拉选择点要素类，属性将进入多边形

按"确定"键执行，线要素类 Parcel_Polyline 转换成多边形要素类 Parcel_Polygon，自动加载。打开 Parcel_Polygon 的要素属性表，可以看到每一地块多边形有 5 个字段，面积、周长均自动产生，Text 为多边形编号，来自点要素类 Parcel_Label 的字段 Text。打开 Parcel_Polygon 的"图层属性"对话框，进入"标注"选项，勾选"标注此图层中的要素"，使 Text 成为属性标注字段，按"确定"键返回。多边形的属性 Text 标注在地图上，进一步

检验多边形编号有无遗漏、编错。可以发现，右侧偏上方有一个较小的多边形没有 Text 属性值（图 9-9）。

图 9-9　多边形 Parcel_Polygon 带有点要素 Parcel_Label 的属性

　　本练习假设多边形和点在空间位置上存在一对一的包含关系，即每个多边形内部均有一个点要素。如果原始 DWG 文件中，一个地块多边形内肯定有一个（只有一个）Text 实体，转换后每个多边形都会有一个编号值。出现差错的原因可能是 AutoCAD 输入的实体有遗漏，也可能是 Text 实体与地块多边形有错位。如果启动 AutoCAD，打开 landcode.dwg，可以看到 Text 实体的位置和内容，有一个 Text 实体的插入位置（起点）在相邻地块内（图 9-10 中的 A9-3），带来的问题是右侧多边形内部没有编号，左侧多边形却多了一个，ArcGIS 转换时自动选取其中之一，选对还是选错，依靠操作人员事后判断。

图 9-10　DWG 中文字 A9-3 的标注点在相邻地块内

在 ArcMap 中，打开 Parcel_Polygon 的要素属性表，选用 "编辑器>开始编辑"，使该表处于编辑状态，利用要素和属性的对应关系，找到有差错的记录，输入空缺的属性值：A9-3（图 9-11），还可修改其他不正确的多边形编号。选用菜单 "编辑器>停止编辑"，保存结果，完成地块编号的补缺、改错。

图 9-11　地块多边形连接了外部属性表

9.4.7　转换输入多边形其他属性

内容列表中，鼠标右键点击图层名 Parcel_Polygon，选择快捷菜单 "连接和关联>连接…"，弹出连接数据对话框：

要将哪些数据连接到该图层：某一表的属性　　　下拉选择

1.　选择该图层中连接将基于的字段：Text　　　下拉选择连接字段名

2.　选择将要连接至此图层的表，或者从磁盘加　　利用路径按钮 ![folder]，读入\gis_ex10\ex09\temp\GeoDB_cnv.
　　　载表：plan01　　　　　　　　　　　　　　gdb\plan01

☑　显示此列表中的图层的属性表　　　　　　　勾选

3.　选择此表中作为连接基础的字段：CODE　　下拉选择连接字段名

⦿　保留所有记录　　　　　　　　　　　　　　点选

按 "确定" 键，如果提问是否要加索引，回答 "否"。可以看到，地块多边形属性表增加了 LANDUSE、FAR、DENSITY、GREEN、HEIGHT、REMARK 等字段（图 9-11）。目前的连接是临时的，关闭地图文档，连接就会解除，其他地图文档使用该要素类，还要进行连接操作才能增加字段。内容列表中，鼠标右键点击图层名 Parcel_Polygon，选用菜单 "数据>导出数据…"，出现 "导出数据" 对话框：

导出：所有要素　　　　　　　　　　　　　　下拉选择

点击右下侧文件夹按钮 ![folder]，再设置：

查找范围：Dataset_1	下拉选择要素数据集名称
名称：Parcel_end	键盘输入要素类名称
保存类型：文件和个人地理数据库要素类	应先下拉选择数据格式

　　按"保存"键，点选"将数据导出到要素数据集"，提示要素为 GeoDB_cnv.gdb\Dataset_1\Parcel_end，这个多边形要素类有全部字段，按"确定"键，会出现"是否要将导出的数据添加到当前的地图中？"的提示，点击"是（Y）"，Parcel_end 被加载。打开 Parcel_end 的要素属性表，其中包含 LANDUSE、FAR、DENSITY、GREEN、HEIGHT、REMARK 等字段，这些字段从独立属性表进入了要素属性表，今后各种应用中，不再需要临时连接。如果要精简多余、无用的字段，在属性表上部，鼠标右键点击字段名，弹出快捷菜单，选择"删除字段"。

　　地块多边形的数据转换及维护工作完成。在内容列表中，选择图层名 Parcel_Polygon，单击鼠标右键，在弹出的菜单中选择"移除"，从数据框中移除该图层，但是要素类依然在 Dataset1 中，如果要删除，需要到"目录表"窗口或 ArcCatalog 中操作。

　　退出 ArcMap，软件会出现"是否保存对地图文档的更改"的提示，点击"是（Y）"。

9.5　转换生成线要素类、修正拓扑错误

9.5.1　DWG 的线实体转换成线要素

　　启动 ArcCatalog，目录树窗口中展开\gis_ex10\ex09\temp\GeoDB_cnv.gdb，鼠标右键点击 Dataset_1，选用菜单"导入>要素类（单个）…"，进一步设置：

输入要素：\gis_ex10\ex09\roadnet.dwg\Polyline	利用文件夹按钮 🖻 定位\gis_ex10\ex09\，鼠标双击 roadnet.dwg，展开选择 Polyline，按"添加"键
输出位置：\gis_ex10\ex09\temp\GeoDB_cnv.gdb\Dataset_1	默认
输出要素类：road	键盘输入转换后的要素类名称
表达式（可选）	保持空白
字段映射（可选）	选择转换字段

　　本练习不需要原有 DWG 的实体特征属性，可以用"×"键，将所有字段都删除（大约有 30 项），按"确定"键执行。使用 ArcCatalog 的预览选项，可以看到转换后的线要素类 road，在数据项窗口下侧"预览"菜单，下拉选择"表"，可以看到新建的要素属性表中有 OBJECTID*、Shape*、Shape_Length 三个字段，Shape_Length 是转换后自动产生的每个线要素的几何长度。

9.5.2　利用线要素的拓扑关系，检查数据质量

　　为了保证网络要素类的数据质量，前期数据应满足以下条件：
　　（1）不能有伪结点；
　　（2）线和线不能重叠；

（3）不能有悬挂点；

（4）相互交叉的线要素必须在交叉点打断。

在目录树窗口中鼠标右键点击\GeoDB_cnv.gdb\Dataset_1，选用菜单"新建>拓扑…"，按"下一步"键继续：

输入拓扑名称：D1_Topology2　　　　　　　　输入拓扑类名称

输入拓扑容差：0.01 米　　　　　　　　　　　输入容差值

按"下一步"键继续：

选择将要参与到拓扑中的要素类

☐ Parcel_Label　　　　　　　　不参与

☐ Parcel_Polyline　　　　　　　不参与

☐ Parcel_Polygon　　　　　　　不参与

☐ Parcel_end　　　　　　　　　不参与

☑ road　　　　　　　　　　　　勾选，参与

按"下一步"键进入等级设置，本练习中不需要设置此项，采用默认值，再按"下一步"键选择拓扑规则，点击"添加规则…"按钮，进入添加规则对话框。为线要素类 road 添加拓扑规则，要重复选择、确认，勾选"显示错误"，一共入选 3 项规则："不能有悬挂点"、"不能有伪结点"、"不能相交或内部接触"，可核对入选规则表，按"下一步"键，出现新建拓扑类的简要说明，确认无误，按"完成"键，计算生成拓扑关系，会再出现"已创建新拓扑，是否要立即验证？"的提示，点击"是（Y）"，经验证，生成拓扑类 D1_Topology2。用 ArcCatalog 的预览窗口可以看到红色的小方块和红色线条（图9-12），提示有多处拓扑错误：有 11 个悬挂点不符合规则"不能有悬挂点"，11 个伪结点不符合规则"不能有伪结点"，19 个相交点错误不符合规则"不能相交或内部接触"，1 处重复线不符合规则"不能相交或内部接触"。关闭 ArcCatalog。

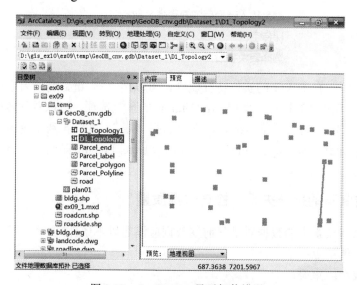

图9-12　ArcCatalog 显示拓扑错误

9.5.3　标记异常

打开地图文档\gis_ex10\ex09\temp\ex09_1.mxd，激活 Data frame2，加载 GeoDB_cnv.gdb\Dataset_1\ D1_Topology2，软件提示是否将参与的要素类都添加，点击"是"，自动加载 road，暂时关闭地块多边形相关图层的显示，仅 road 和 D1_Topology2 处于打开显示状态。可看出 D1_Topology2 有 9 处悬挂点错误是道路尽端引起，属异常（Exception），不是差错。在内容列表中鼠标右键点击图层名 D1_Topology2，在弹出的快捷菜单中选用"属性…"，再选"符号系统"标签，勾选"点异常"，按"确定"键返回。

编辑工具条中选择"编辑器>开始编辑"，工具条右侧点击按钮 ，在"创建要素"窗口上侧要素模板中点击 road 为当前编辑要素类。编辑器工具条中选择"编辑器>更多编辑工具>拓扑"，在调出的拓扑工具条上，点击"错误检查器"工具 ，弹出"错误检查器"对话框，进一步设置：

显示：〈所有规则中的错误〉　　　　　下拉选择
☑错误（勾选）　☑异常（勾选）　□仅搜索可见范围　取消勾选，全范围搜索

点击"立即搜索"按钮，检查错误，对话框下方的表格中将显示所有点拓扑差错、线拓扑差错（图 9-13），列表中的差错与地图上的红点、红线一一对应。

图 9-13　拓扑查错列表显示错误

在拓扑查错信息列表中，点击规则类型为"不能有悬挂点"的记录，地图上的红点变为黑点，如果判断为道路尽端，鼠标右键点击该行，在弹出的菜单中选择"标记为异常"，该黑点会消失，该条记录也从错误检查器窗口中消失，这样的异常点共有 9 处。标记"异常"完毕，剩余两处"不能有悬挂点"是拓扑错误（图 9-14），必须用手工修正。关闭错误检查器对话框。

图 9-14　各类拓扑错误，部分"异常"被消除

9.5.4　修正悬挂点

　　除了异常，有两处悬挂点，是该连续的线未连接造成（图 9-15）。修正这类差错采用的方法是利用捕捉功能，在两个应连接的端点之间输入一条短线，或者用编辑折点的方法，拖动某个端点，使它靠到另一个端点上。修改完毕之后，用验证指定区域中的拓扑工具，框选两个悬挂点，实施验证，其结果应该是悬挂点变成了伪结点。

图 9-15　连续线未连接，产生两个悬挂点

9.5.5　消除伪结点、重复线，打断交叉线

　　使用编辑器工具条上的编辑工具 ，框选图层 road 上的所有线要素。选择编辑器工具

条上的菜单"编辑器>合并...",系统弹出合并处理对话框,按"确定"键,经处理,进入选择集的所有线要素都合并成一个要素。

在编辑器工具条上,选择菜单"编辑器>更多编辑工具>高级编辑",调出高级编辑工具条。用要素选择工具 ▶,选择合并后的唯一线要素,如果点击高级编辑工具条上拆分多部件要素工具 ⚒,合并后的要素解开,成为若干相互独立、连续的线要素,但是很多交叉处并不断开,如果使用打断相交线工具 ⊞,输入"拓扑容差 0.1 米",按"确定"键,合并后的线要素在交叉点断开,可以看到,图层 road 的线要素伪结点已去除、重复线也被删除、所有线要素在交叉处被打断,成为独立的线段,表示拓扑错误的红色标记均消失①。

用验证指定区域中的拓扑工具 ▨,重新计算验证拓扑 D1_topology2。如果上述修改正确,可以看到仅 9 处表示拓扑错误的红点,都是原先标注的悬挂点"异常",即事实上的道路尽端,其他拓扑错误均不存在。

使用编辑器工具条中的菜单"编辑器>停止编辑",结束编辑,提示是否保存编辑,点击"是(Y)",线要素类 road 的数据质量检查和维护完成(图 9-16)。

练习结束,选"文件>退出",关闭地图文档,退出 ArcMap。

图 9-16 差错消除后的道路和地块

9.6 本 章 小 结

CAD(Computer Aided Design and Drafting)在工程设计行业应用广泛,CAD 和 GIS 之间双向数据转换是常用的数据获取、交换及共享的途径。ArcGIS 可转换 AutoCAD 的 DWG 和 DXF文件,Intergraph/Microstation 的 DGN 文件。

DWG 文件向 Shapefile 或 Geodatabase 转换时,ArcGIS 并不按 DWG 中的层读取,而是按实体类型读取(分点、线、多边形、文字注记、多面体等),每一类 DWG 实体转换为一个要

---

① 如果要打断的线要素多而复杂,"打断相交线"工具不一定有效,可以一次处理少量,重复多次,也可用"ArcToolbox/数据管理工具/要素/要素转线",后者一次可处理的数据量较大,结果较完整,但会产生新的要素类。

素类，首尾闭合的Polyline实体可转换成面状要素类，Line、Polyline、Arc实体可转化成线状要素类。DWG中的实体特征可转换成要素类属性表中的字段，用户可以选择是否将原有层、颜色、高程等特征值转换到要素属性表中，用于查询、分类、过滤，还可用于数据拆分。

　　DWG的实体和要素类的对应关系如表9-1所示。实际应用时，AutoCAD中的文件名、层名、路径名尽量不用中文，实体尽量不用样条函数曲线。DWG的层和ArcMap的图层有较大差异，两者不能混淆。

表 9-1　DWG 实体（Entity）和要素类（Feature Class）之间的对应关系

DWG Entity（实体）	Shapefile 或 Geodatabase Feature Class（要素类）
Line, Arc, Circle, Polyline, Solid, Trace, 3DFace	线（Polyline，Line）
Point, Shape, Block 的起始点	点（Point）
闭合的 Polyline，Circle, Solid, 3DFace	多边形（Polygon）
Text	点（Point），注记（Annotation）

　　DWG图形数据转换进入Shapefile或Geodatabase，一般直接使用原始的X、Y坐标值，坐标系只能单独设定。

　　本练习涉及3种DWG文件的利用方法：

　　第一种是直接读取、加载，不转换，但后续查询、分析功能会有较多限制。

　　第二种是选择需要保留的特征，转换为要素类。虽以Shapefile为例，也可转为Geodatabase。该方法简便、快速，进一步的查询、分析功能没有限制。缺点是数据质量难以保证，适用于数据质量要求不高的场合。

　　第三种是先转换为Geodatabase，再用拓扑规则检查、修正拓扑错误。这一方法可看成第二种方法的深化，略显复杂，但是可保证数据质量。

　　多边形转换输入方法不同也会影响转换后的数据质量。ArcMap读取DWG时，按Polyline是否闭合来识别多边形。当多边形边界比较复杂或者带有弧段时，ArcMap识别会有困难，难以保证数据质量。第三种方法是先按线要素读取多边形边界，不要求闭合，相邻公共边界仅输入一次，利用拓扑规则查错、改错，再由线要素生产多边形，容易保证数据质量，还可减轻AutoCAD图形输入的工作量。将线要素类转换成多边形要素类也适用于ArcGIS自身数据的输入、维护。

　　用 AutoCAD，往往将多边形编号直接用 Text 实体标注，将 Text 实体转换为点要素，再进入多边形属性表也是一种实用的途径，可成为要素的用户标识。为此，用 AutoCAD 输入 Text 实体时，必须将起始点（Start Point）放在对应的多边形内部，参与建立 ArcGIS 的多边形时，就可得到一对一对应的关系，不必在 ArcMap 中逐个手工输入多边形编号，可节省大批量数据转换、输入工作量。

　　线要素类若要进一步用于网络分析（第七篇将会练习），数据质量要求较高。一般而言，路段必须去除悬挂点、伪结点，不能有重复线，路段线必须在交叉口打断，可一次利用多条拓扑规则检验数据质量。检验结果可能是"错误"，也可能是"异常"，比较常见的"异常"是道路尽端。依靠经验判断，标注为异常，可提高数据编辑、修改的效率。

　　读者可以使用 AutoCAD 软件打开本练习提供的 DWG 文件，将这些文件中各种图形实体的层、厚度、闭合等特征与转换完成后 Shapefile、Geodatabase 中的要素类及属性表进行对照，有助于理解 DWG 和 Shapefile、Geodatabase 要素类的对应关系。

　　DWG 文件中的 Text 实体也可转换成地理数据库的注记要素类 Annotation，有兴趣的读者可以自行练习（第 26 章将练习 ArcGIS 注记要素的输入、编辑、显示）。

　　日常办公中，MS Excel 得到广泛使用，ArcMap 可将 XLS 文件中的工作表作为独立属性表加载，直接显示、查询，也可以和要素属性表连接。工作表和 ArcGIS 自身的属性表相比（Geodatabase 或 dBASE 格式），后者的数据规范性较强，前者转换成后者再连接，稳定性较好。本章练习先将 XLS 文件中的工作表转换为独立属性表，这一操作看似多余，而实际使用时则相对可靠、稳妥。

　　属性记录和地理要素之间，依靠内部标识（FID、OBTECTID）建立对应关系，由软件自动赋值、更新，保证唯一。要素属性表和独立属性表之间的连接，一般依靠用户标识，其唯一性、正确性要依靠其他途径来保证。

　　有兴趣的读者可自行尝试将 Shapefile、Geodatabase 的要素类转换成 DWG、DXF 文件。

思 考 题

1. 本章练习了 3 种 DWG 文件的读取、转换方式，各适用于什么场合。

2. DWG 的特征值可以和要素的属性相互转换，除了本章练习，还有什么其他用途。

3. 先输入线要素，再转换成多边形，有什么优点。

4. 举例解释内部标识、用户标识的区别。

5. 为了纠正 9.4.6 节中多边形缺少用户标识的差错，读者可以在 ArcMap 中移动点要素，使标注点 A9-3 位于多边形内，再生成多边形要素类。

第10章　坐 标 校 正

- 仿射变换校正
- 橡皮页变换校正
- 边匹配校正
- 影像配准
- 数据输入、坐标校正综合练习
- 关于校正方法的若干解释

10.1　仿射变换校正

启用\gis_ex10\ex10\ex10.mxd，激活 Data frame1，有 3 个图层（图 10-1），roadcenter（线）和 plan（多边形）是已经完成的某地区规划道路中心线和规划地块，它们的位置基本准确。design（线）是其他设计单位完成的规划设计图，与前两者的位置有明显偏差，可以看出，design 需要移动、旋转、拉伸，才能和 roadcenter 及 plan 相匹配。

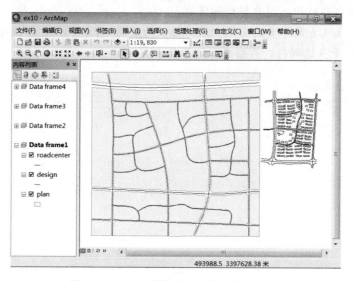

图 10-1　design 图层需要转换、校正坐标

10.1.1　选择校正对象

在标准工具条中点击 ，出现编辑器工具条，选用菜单"编辑器>开始编辑"，"编辑器>更多编辑工具>空间校正"，弹出空间校正工具条（图 10-2）。在空间校正工具条中选择菜单"空间校正>设置校正数据…"，继续设置：

图 10-2　空间校正工具条

- ◉ 以下图层中的所有要素　　点选
- ☐ roadcenter　　　　取消勾选，不校正
- ☑ design　　　　　　勾选，指定校正图层
- ☐ plan　　　　　　　取消勾选，不校正

按"确定"键关闭对话框。

10.1.2　设置位移链接线

在编辑器工具条中，选择菜单"编辑器>捕捉>捕捉工具条"，可点击4种捕捉方式：点 ⟨O⟩、端点 ⊞、折点 ⊡、边 ⟨⟩，使这4个图标的黑框消失，选择捕捉工具条中的菜单"捕捉>选项"，将容差像素设定在 10 左右（捕捉方式的含义，第 7 章已有解释），再根据需要恢复捕捉方式（出现黑框）。在空间校正工具条中点击 ⟨↗⟩（新建位移链接工具），先在需要校正的图层 design 上找到主要道路中心线的某一交叉点为特征点，单击鼠标确定，再到 roadcenter 图层上找到应该校正到的正确位置，单击鼠标确定另一个特征点，这就绘出了一条位移链接线（Displacement Link），起点是校正前的位置，终点是校正后的位置。按原理，仿射校正至少要设 3 对位移链接点（3 条线），为了提高校正的精度，可多设几对，本练习建议设 6 对，而且都是在道路中心线的交叉处（图 10-3）。

图 10-3　设置位移链接线

表 10-1　位移链接表中的字段

ID	X 源	Y 源	X 目标	Y 目标	残差
链接线编号	原来 X 值	原来 Y 值	转换后 X 值	转换后 Y 值	残差值

输入位移链接线的位置有差错或不够精确时，可用图形元素选择工具 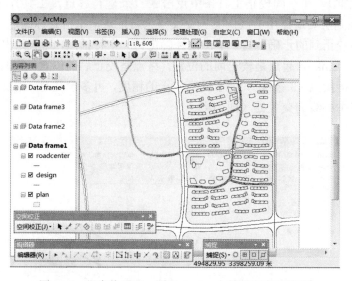，点击需要调整的位移链接线，该线进入选择集，改变颜色，放大地图的显示，再点击工具（修改链接），用鼠标对准该线某个端点，用拖动方式实现微调。若要删除入选的位移链接线，按键盘中的 Delete 键。在空间校正工具条中点击工具（查看链接表），弹出位移链接表（表10-1），如果某些坐标点的取值事先知道，可用键盘直接修改，实现精确控制。如果表的行数比需要的链接线数量多，说明存在非正常的链接线，点选该行，点击右侧按钮"删除链接"，将重复输入或坐标值有明显差错的链接线删除。

10.1.3　实现校正

空间校正工具条中勾选"空间校正>校正方法>变换—仿射"，再选"空间校正>校正预览"，可以大致观察校正后的效果。如果未能达到预期效果，回到上一步，继续删除、增设、调整位移链接线。选用菜单"空间校正>校正"，图层 design 中的要素经计算，调整位置，实现仿射变换，位移链接线自动消失（图10-4）。如果校正后的要素位置不够精确，多数原因是位移链接线输入不准确，操作时应适度放大地图的显示，合理捕捉。如果校正后的图形有明显不正常的变形，一般原因是不正常的链接线未删除。

图 10-4　经变换处理，图层 design 中的要素实现校正

本练习在选用"空间校正>设置校正数据"菜单时，点选了"以下图层中的所有要素"，入选图层中所有要素均被同步校正，如果点选了"所选要素"，进入选择集的部分要素被正常校正，未进入选择集的要素留在原处，不发生变化。选择菜单"编辑器>停止编辑"，按提示，可使坐标校正的结果得到持久保存，也可不保存，恢复到校正前的状态。

10.2　橡皮页变换校正

激活 Data frame2，有两个图层（图10-5）：road（道路，线）、district（行政区划，多边形），分别进入两个图层各自的"图层属性>源"对话框，再进入"Data frame2>数据框属性>坐标系"对话框，可看到三者的坐标系都相同。road 为某地区已有的道路线，空间位置较准

确，district 由扫描后数字化得到，不但距离、方位偏差明显，而且各方向的变形也不均匀，上部宽、下部窄，本练习以道路为参照，校正行政区划，使后者的空间位置与前者基本匹配，采用橡皮页变换（Rubber Sheeting）方法。

在编辑器工具条中选择 "编辑器>开始编辑"，进入编辑状态。如果无法进入，很可能是另一个图层正在编辑，应先激活处于编辑状态的图层所在数据框，停止编辑，再激活当前数据框，启动编辑。

10.2.1　选择校正对象、校正方法

在空间校正工具条中选择 "空间校正>设置校正数据..."，继续设置：

⊙ 以下图层中的所有要素　　　　点选
☐ road　　　　　　　　　　　取消勾选
☑ district　　　　　　　　　　勾选，所有要素需要校正

按"确定"键关闭对话框。

10.2.2　选择校正方式

选用菜单 "空间校正>校正方法>橡皮页变换"（勾选），进入"空间校正>选项...>常规"选项，对"校正方法"，下拉选择"橡皮页变换"，点击右侧"选项"按钮，点选"自然邻域法"，按"确定"键逐级返回。

10.2.3　输入位移链接线

在空间校正工具条中选择位移链接线工具 ⚡，先在 district 中找到某个关键点，点击鼠标，然后在 road 中找到对应点，再单击鼠标，就输入了一条位移链接线。可利用捕捉功能，使链接线定位在道路交叉点。被校正图形的外围必须有若干控制点，内部也可设定若干已知点（图 10-5）。为了保证精度，放大显示链接线的端点，用工具 ▶ 选择链接线，借助捕捉功能，用工具 ⚡，将起点、终点移动到比较精确的位置。对多余的链接线，可选择后用键盘中的 Delete 键删除。如果知道链接线端点的坐标值，可点击工具 ▦，弹出位移链接表，键盘输入坐标值，实现精确控制。借助该表，还可查出、删除多余的链接线。

10.2.4　实现校正

选用菜单"空间校正>校正预览"，观察校正后的大致效果（图 10-5），如果发现某个部位校正后的形态不正常，多数原因是该位置附近的链接线定位不准，少数原因是参照点（链接线端点）分布不均或者太稀，可在预览图的引导下，删除、增设、调整位移链接线。

选用菜单"空间校正>校正"，district 的要素经不同方向的拉伸、压缩处理，校正到合适的位置，位移链接线消失，校正目标点上显示出特别的符号（图 10-6）。可以看出，在位移链接线端点（参照点）处，被校正的要素可以严格对准，离参照点（端点）较远的要素稍有偏差。本次校正偏差较明显的是在上部边缘、偏右处，行政区划边界还可向上多拉伸一些。按一般规律，宜在偏差较明显的位置外围、边缘，增设链接线。若有必要，可以先进行仿射变换，然后增加若干参照点，再进行橡皮页变换。

图 10-5　橡皮页变换前，应有多个位移链接线

选择"编辑器"工具条中菜单"编辑器>停止编辑"，结束编辑状态，按提示，可持久保存校正的结果，也可放弃，恢复到校正前的状态。

图 10-6　校正后的行政区划多边形

10.3　边匹配校正

激活 Data frame3，有两个图层：road1（线）、road2（线），它们的坐标系一致，road1和 road2 是分图幅输入的道路网，两者的坐标误差均在允许的范围内，因分开输入，在图幅边缘的拼接处，并不严格对接，稍有错位（图 10-7）。在编辑器工具条中选用"编辑器>开始

编辑"，进入编辑状态。如果无法启用，很可能是另一个图层正在编辑，激活该图层所在的数据框，停止编辑，再激活当前数据框，启动编辑。在空间校正工具条中选择菜单"空间校正>设置校正数据..."，继续设置：

⦿ 以下图层中的所有要素	点选
☐ road1	取消勾选（注意：两个图层不能选错）
☑ road2	勾选

图 10-7　不同图幅上的同一条道路线相互不连接

　　按"确定"键关闭对话框。在空间校正工具条中选用"空间校正>校正方法>边捕捉"，再选用"空间校正>选项..."，进入"常规"选项，针对校正方法，先下拉选择"边捕捉"，再点击右侧"选项..."按钮，点选"⦿ 平滑"，按"确定"键返回。再进入"边匹配"选项：

源图层：（需要校正的图层）	目标图层：（不发生变化的图层）
road2　（下拉选择）	road1　　（下拉选择）
☐ 使用属性	取消勾选
☑ 每个目标点一条链接	勾选
☑ 避免重复链接	勾选

　　按"确定"键逐级返回。选用"编辑器>捕捉>选项"，容差像素可设定为 20。使用边匹配工具 ，用光标在屏幕上拉出一个选择框，各拼接点被纳入选择框（图 10-8），经计算，实际需要处理的有 3 处，自动生成位移链接线。选择菜单"空间校正>校正预览"，可预览接边后的变化。选用"空间校正>校正"，完成 road1 与 road2 两个图层的拼接，线的端点严格对齐，位移链接线自动消失（图 10-9）。选用"编辑器>停止编辑"，结束编辑状态，按提示保存接边结果，也可放弃，恢复到校正前的状态。关闭编辑器工具条。

图 10-8 使用边匹配工具，自动生成位移链接

图 10-9 道路线完成接边

10.4 影 像 配 准

　　激活 Data frame4，有 3 个图层："公路"、"县界"、"遥感影像"，公路和县界的坐标系一致、精度符合要求，影像图的坐标有明显偏差，需要配准。本例已经有了 9 对参考点，仅仅为了练习方便而输入，是图形元素（Element），不是地理要素（Feature），位置精度并不高。在配准过程中，影像图会移动，这些参考点不会跟着移动。选择主菜单"自定义>工具条>地理配准"，调出地理配准工具条，选择工具条中的 "地理配准>自动校正"，如果被勾选，应取消。配准的对象自动选择为"遥感影像"（图 10-10）。读者应先熟悉 9 对参考点的相互对应关系，按自己的习惯，确定从 1 到 9 的顺序。

图 10-10 Data frame4 的图层显示

放大影像图的显示，看清参考点的具体位置，选择地理配准工具条上的工具 ⚔ （与校正矢量数据时的位移链接线很相似），先在影像图上选一个起点，这个起点应尽量精确，然后缩小地图显示，在"公路"、"县界"图层上找到对应的大致位置，输入终点。与矢量校正的位移链接线不同，输入的结果是在两端分别留下起点和终点，显示相同的编号、不同的颜色，一般起点为绿色，终点为红色，链接线不会显示。再放大影像图，输入另一个起点，缩小地图显示，大致输入对应的终点。按这种顺序、方式，将 9 对控制点都输入。

放大地图的显示，在"公路"、"县界"图层上都找到不精确的终点，用工具 ⚔ （选择链接）选择并微调，使终点移动到精确的位置，工具 ⚔ 可使被选点进一步放大。如果发现起点的位置不够精确，只能用工具 ⚔ 删除链接，重新输入，起点不能微调。点击"地理配准>变换"，可看到有多种变换方式可选：零阶多项式（平移）、一阶多项式（仿射）、二阶多项式、三阶多项式、校正、样条函数、投影变换，本练习选择择一阶多项式（仿射）。可以选用菜单"地理配准>更新显示"，"地理配准>重置变换"，使影像图在配准后、配准前两个位置上变换显示。

点击图标 ▦，弹出链接表，字段 X 源、Y 源为原始坐标，即链接线的起点，X 地图、Y 地图为配准后的坐标，即链接线的终点（与表 10-1 相似），如果知道控制点的确切坐标值，可用键盘输入，实现精确配准。点选某行，按键盘 Delete 键，可实现删除。取消链接线左侧的勾选，表示暂不发挥作用。选用菜单"地理配准>Delete Link"，将一次删除所有链接。控制点的位置都合适，选用菜单"地理配准>更新显示"，可以看到配准后的效果（图 10-11）。影像配准虽然也靠链接，但是链接线本身不显示，不能微调起点，只能微调终点。

到目前为止，原始影像数据的坐标均是临时变换的，地图文档可保存变换的各项设置，不会改变影像数据自身。选用菜单"地理配准>校正…"，出现"另存为"对话框，需要进一步设置的内容有：

图 10-11　配准后的影像图

（1）像元大小。

（2）重采样类型。有最邻近、双线性、双三次卷积 3 种计算方法。

（3）输出数据的位置、数据集名称。

（4）数据格式。有十多种常用格式可选。

（5）数据的压缩类型。有 NONE（不压缩）、LZ77、JPEG、JPEG2000 等多种类型可选。

（6）压缩质量。数据压缩率越高，图像质量越低。

　　设置完成后，按"保存"键，处理后，当前影像图转换为新格式，坐标值也发生持久改变，有关文件保存在设定的路径，原始影像数据依然不变。如果要改用校正后的影像数据，进入"遥感影像>图层属性>源>设置数据源"，选用配准后保存的数据，按"添加"键，再按"确定"键返回。

　　练习结束，选用菜单"文件>退出"，会出现"是否将更改保存到地图文档"的提示，为了不影响以后及他人的练习，点击"否"。

10.5　数据输入、坐标校正综合练习

　　本练习要求对照一个扫描图，输入多边形边界，利用拓扑规则检验数据质量，建立多边形，校正坐标，添加多边形用户标识，计算面积、周长。以下步骤供读者参考，实际操作可按自己的习惯，灵活掌握。

　　（1）通过 ArcCatalog，在\gis_ex10\ex10\temp\路径下，新建 Shapefile（或 Geodatabase）线要素类（Line Feature Class），用于输入多边形的边界。数据源的坐标系可以照搬已有练习。

　　（2）启动 ArcMap，通过主菜单"插入"，在地图文档\gis_ex10\ex10\ex10.mxd 中新建一个数据框，命名为 Data frame5，"地图"和"显示"单位设定为"米"。在\gis_ex10\ex10\路径下，加载扫描图 scan_digi.tif（图 10-12），用影像图配准法，校正扫描图的坐标。

（3）加载新建的线要素类（Line Feature Class），跟踪扫描图，输入多边形的边界，并保存。

（4）进入 ArcCatalog，参考前几章练习，针对刚输入的线要素，利用拓扑关系，打断线和线的交叉，检查有无悬挂点（Dangle）、伪结点（Pseudo）、重复线，如果有问题，到 ArcMap 中修正，再检验，再修正，直至无差错。

（5）线要素类生成多边形要素类（Polygon Feature Class）。

（6）再次进入 ArcMap，继续利用拓扑关系，检查、改正所生成的多边形差错，检验岛状多边形的正确性。参照扫描图中的字符，为多边形要素属性表输入用户标识，标注显示。检查属性记录和多边形要素之间的一对一关系，标识符是否正确，保存编辑结果。

（7）用橡皮页变换法校正多边形要素类，用光标指点参照点，观察窗口右下侧提示的坐标值，以及扫描图和矢量图的位置差异。

（8）计算并储存多边形的面积、周长（针对 Shapefile）。

按惯例，数据源坐标系的地图单位应为米。如果输入的数据是 Shapefile，虽然拓扑功能不如 Geodatabase 全面，但是一般数据质量依然能够保证。

图 10-12　需要跟踪数字化、校正的扫描图

10.6　关于校正方法的若干解释

参与校正的数据源坐标系应尽可能一致（第 25 章将练习坐标系的变换）。ArcMap 既可以变换整个图层中所有要素，也可以只变换进入选择集的部分要素。

10.6.1　仿射变换（Affine Transform）

仿射变换考虑 4 种因素对坐标变换的影响：非等比例缩放、倾斜、旋转、平移。计算公式为

$$x' = Ax + By + C$$

$$y' = Dx + Ey + F$$

式中，x，y 为转换前的坐标，x', y' 为转换后的坐标，6 个待定参数一般用最小二乘法算出，位移链接线至少要设 3 条，实际使用一般有 4 条或更多。

10.6.2　相似变换（Similarity Transform）

相似变换仅考虑 3 种因素对坐标变换的影响：缩放、旋转、平移。计算公式为

$$x' = Ax + By + C$$
$$y' = -Bx + Ay + F$$

式中，$A = s \cdot \cos t$；$B = s \cdot \sin t$；C 为 x 方向的平移；F 为 y 方向的平移；s 为 x 和 y 方向相同的缩放因子；t 为旋转角度。使用相似变换，有两条位移链接线（也允许更多）就能计算出 4 个待定参数。

10.6.3　投影变换（Projective Transform）

投影变换的数学公式更复杂一些：

$$x' = (Ax + By + C) / (Gx + Hy + 1)$$
$$y' = (Dx + Ey + F) / (Gx + Hy + 1)$$

使用投影变换，至少要设 4 条位移链接线，8 个待定参数用最小二乘法算出。

10.6.4　橡皮页变换（Rubbersheet）

橡皮页变换时，每条链接线决定了参照点的移动距离、方向，需要校正的坐标点的移动距离、方向由若干相邻参照点共同决定，离某个参照点越远，该链接线所起的作用越小，离某个参照点越近，该链接线所起的作用越大，正好位于参照点，完全按链接线决定距离和方向。相比之下，前述 3 种方法靠数学函数实现校正，校正对象的坐标变化相对均匀，位于参照点的对象并不一定精确对准。橡皮页变换适用于数字化过程中各个方向不均匀伸缩、变形而引起的偏差，位于参照点的对象可精确对准。本方法至少需要 3 条位移链接线，实际应用时，参照点应更多，特别是在外围、边界、拐角处，参照点不宜省略。可以假设，将外围参照点连成多边形，要变换的要素是否在该多边形内部，如果超出，容易出现不正常变形，超出越远，偏差越严重。ArcMap 提供两种计算方法：自然邻域法（Natural Neighbor）和线性插入法（Linear），前者参考了反距离权重插入法（第 16 章将练习反距离权重法空间插值），后者参考了基于不规则三角网的线性插入法（第 19 章将练习不规则三角网的生成）。

10.6.5　边匹配（Edge Snap，Edge Match）

边匹配俗称"接边"，软件界面也称"边捕捉"。相邻地图之间直接拼接往往有误差。如果原始地图是分图幅输入，在图幅相邻之处，双方的坐标即使满足精度要求，也会有少量错位。边捕捉处理使要素少量移动后对准，消除拼接处的错位，不但使显示、制图美观，而且可以使不同图层上的要素进一步合并，建立多边形、网络，满足拓扑规则。边匹配有两种计算方法：平滑（Smooth）和线（Line），前者使链接线附近的点也发生移动，较常用，后者仅使链接线端点（指定点）发生移动，其他点保持在原位。

10.6.6 影像配准（地理配准，Georeferencing）

影像配准也称地理配准，针对栅格型空间数据，基于多项式的一阶、二阶、三阶变换较常用，如果是一阶变换，计算公式和矢量型的仿射变换相同，较复杂的计算方法，可参考影像处理教科书。与矢量型空间数据的校正不同，配准不但使控制点的栅格像元位置发生变化，而且因拉伸会插入新像元，因压缩会合并相邻像元。影像配准可对栅格坐标进行临时变换，将处理参数保存在地图文档中，也可进行持久变换，另外保存结果，矢量校正则持久保存处理结果。

10.6.7 残差（Residual Error）

链接表对残差的定义如下：

$$RMS = \sqrt{(e_1^2 + e_2^2 + \cdots + e_n^2) / n}$$

$$e_i^2 = (x_i - x_i')^2 + (y_i - y_i')^2$$

式中，RMS（Root Mean Square）为均方根，表示综合残差；e_i 为某点的残差（Residual Error）；x_i, y_i 为目标点的坐标；x_i', y_i' 为源点经转换后的坐标；i 为第 i 对参照点；n 表示源点、目标点共有的对数。源点相当于位移链接线的起点，目标点相当于位移链接线的终点。

10.6.8 要素的几何属性

要素属性表中，面要素往往有面积属性及周长属性，线要素往往有长度属性，如果数据源是 Geodatabase，默认的面积、周长、长度字段会随着几何校正的结束而自动更新属性值，如果数据源是 Shapefile，校正结束后，要对特定的字段重新计算，否则属性值会和校正后的结果不一致，如何保证一致，读者可自行尝试。第 15 章有针对 Shapefile 的面积、周长、长度的计算，第 25 章将练习坐标系的变换，Geodatabase 的定义、维护。

完成本章练习，会改变练习数据内容，将\gis_ex10\Back\ex10\路径下的原始文件覆盖至\gis_ex10\ex10\，数据内容就恢复到练习之前的状态。

思 考 题

本章第二个练习校正行政区划，如果先用仿射变换，再用橡皮页变换，得到的效果和直接使用橡皮页变换有什么区别？

第四篇　栅格数据生成和分析

第 11 章　栅格数据生成、显示

- 生成高程栅格
- 高程栅格转换成坡度栅格
- 生成距离栅格
- 生成密度栅格
- 遥感影像的显示
- 本章小结

11.1　生成高程栅格

11.1.1　初始设置

打开地图文档\gis_ex10\ex11\ex11.mxd，激活 Data frame1，可见到两个图层：线状图层"边界"和点状图层"高程点"（图 11-1），后者为地形高程的采样点，打开图层属性表"高程点"，有 HEIGHT 字段，存储采样点的高程值，关闭属性表。鼠标双击 Data frame1，弹出"数据框属性"对话框，进入"常规"选项，确认"地图"和"显示"单位为"米"，按"确定"键返回。主菜单中选择"地理处理>环境…"，进一步展开设置：

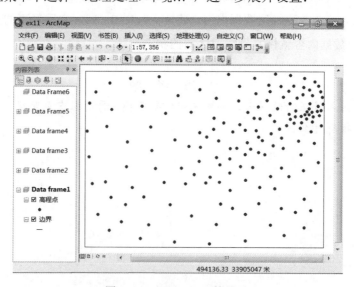

图 11-1　Data frame1 的显示

工作空间>当前工作空间：\gis_ex10\ex11\temp	借助文件夹按钮选择 temp 后添加
工作空间>临时工作空间：\gis_ex10\ex11\temp	借助文件夹按钮选择 temp 后添加
输出坐标系：与输入相同	下拉选择
处理范围：与图层 边界 相同	下拉选择
栅格分析>像元大小>如下面的指定：25	下拉选择，键盘输入

　　按"确定"键返回。选用主菜单"自定义>扩展模块..."，勾选 Spatial Analyst，按"关闭"键返回，栅格分析模块 Spatial Analyst 的许可证被加载。

11.1.2　空间插值

　　在标准工具条中点击按钮 ▦（或在主菜单中选择"地理处理>ArcToolbox"），弹出 ArcToolbox 窗口，也是停靠式，将右上方图钉方向调成向左，就停靠在视窗左侧，需要时点击它就会弹出，将该窗口的宽窄缩放成和内容列表一样，拖放至内容列表的位置，双击窗口顶端，ArcToolbox 就固定在内容列表的位置，两者重合，点击底部按钮，可来回切换。在 ArcToolbox 中，展开并双击"Spatial Analyst 工具>插值分析>反距离权重法"，继续设置：

输入点要素：高程点	下拉选择，图层"高程点"为插值的数据来源
Z 值字段：HEIGHT	下拉选择，Z 坐标来自高程点属性表中 HEIGHT 字段
输出栅格：\gis_ex10\ex11\temp\surface1	产生栅格数据的路径、名称
输出像元大小（可选）：25	和初始设定一致
幂（可选）：2	距离的权重为 2 次幂
搜索半径（可选）：变量	按距离相邻计算，不设固定搜寻半径
点数：10	键盘输入，计算每个单元时搜寻相邻 10 个采样点
最大距离：	不设最大搜寻距离，保持空白
输入障碍折线要素（可选）	保持空白，不考虑

　　按"确定"键执行，Spatial Analyst 按反距离权重法实现空间插值，产生栅格数据集 surface1，自动加载，以默认方式显示。切换到内容列表，鼠标右键点击该图层名 surface1，进入"图层属性>符号系统"选项，左上角"显示"定义区中选"已分类"，右侧点击"分类"按钮，调出分类定义对话框：

方法：相等间隔	下拉选择
类别：7	下拉选择或键盘输入，分为 7 类

　　按"确定"键返回，在"色带"下拉表中选择一种单色渐变色系（可以从深到浅，也可从浅到深），按"确定"键，关闭图层属性设置对话框，栅格图层显示效果如图 11-2 所示。鼠标点击图层名 surface1，借助识别工具 ❶，可以在窗口中查询某单元的所在位置（坐标值），处于哪个分类区间（类值），取值（像素值）。

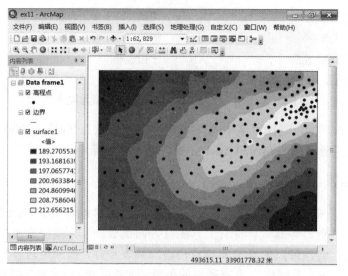

图 11-2　高程栅格的显示

将图层的显示放大到一定程度，鼠标右键点击 surface1，进入"图层属性>显示"选项，在"显示期间使用此项重采样"下拉表中选择"最邻近（用于离散数据）"，按"应用"键，可以看出不同分类的交界处栅格显示呈锯齿形（图 11-3），符合栅格自身的形状。在"显示期间使用此项重采样"下拉表中有 4 个选项：可对"最邻近（用于离散数据）"、"双线性（用于连续数据）"及"双三次卷积（用于连续数据）" 3 种显示模式进行比较，每次下拉选择，按"应用"键， 可以观察到，后两种所用的特殊计算方法，使不同栅格分类交界处的锯齿状变得比较平滑或呈曲线，适应某些场合的显示要求。进入"符号系统"选项，在左上角"显示"定义区中选"拉伸"，在"色带"下拉条中选择由浅变深色系，右下侧勾选"☑ 反向"，按"确定"键关闭"图层属性"对话框，可看到地形高程栅格图的显示呈颜色平滑渐变的效果（图 11-4）。

图 11-3　栅格图层放大显示

图 11-4　高程栅格用平滑渐变颜色显示

选用"ArcToolbox>Spatial Analyst 工具>表面分析>等值线",进一步设置:

输入栅格:surface1　　　　　　下拉选择栅格图层名

输出折线要素:\gis_ex10\ex11\temp\cntour.shp　数据项路径、名称,shp 默认

等值线间距:1　　　　　　　　键盘输入

起始等值线(可选):0　　　　键盘输入,等高线从高程 0 起算

Z 因子(可选):1　　　　　　Z 方向比例不夸张

按"确定"键,生成矢量等高线 cntour,自动加载。本练习使用了典型的距离倒数权重法,练习者会看到等高线和一般规律稍有出入(有一些很小的圆,图 11-5),这是插值的计算方法、相关参数对该地形不太合适所致。

图 11-5　等高线图层的显示

11.2　高程栅格转换成坡度栅格

切换到 ArcToolbox，选用"Spatial Analyst 工具>表面分析>坡度"：

输入栅格：surface1　　　　　　　　下拉选择产生坡度的栅格
输出栅格：\gis_ex10\ex11\temp\slope1　数据项路径、名称
输出测量单位（可选）：PERCENT_RISE　坡度的计量单位选用百分比
　Z 因子（可选）：1　　　　　　　　纵向比例不夸张

按"确定"键，产生新的栅格图层 slope1。切换到内容列表，进入"slope1>图层属性>符号系统"选项，左上角"显示"定义区中选"已分类"，点击右侧"分类…"按钮，调出分类定义对话框：

方法：相等间隔　　　　　　　下拉选择
类别：4　　　　　　　　　　下拉选择或键盘输入，分为 4 类
方法：手动　　　　　　　　　再选择，改为手工方式分类
中断值　　　　　　　　　　在对话框右下侧文本框内输入分类界限值
0.15
0.30
0.45
0.60

按"确定"键返回"符号系统"对话框，在"色带"下拉表中选择一种单色渐变色系，在标注项，输入对坡度的解释："平坡、缓坡、中坡、陡坡"（图 11-6），按"应用"键，可观察到显示效果，按"确定"键，还可调整显示顺序，使等高线图层放在最上，坡度放在下面。扩大坡度图和等高线图之间的颜色对比差异，可观察到等高线密的地方坡度大，等高线疏的地方坡度小（图 11-7）。

图 11-6　坡度图例表的设置

图 11-7　从高程栅格产生的坡度栅格

11.3　生成距离栅格

激活 Data frame2，可看到点状图层"消防站"和线状图层"道路"（图 11-8），后者仅用于分析范围的限定和背景显示。内容列表中鼠标双击 Data frame2，弹出"数据框属性"对话框，进入"常规"选项，确认"地图"和"显示"单位为"米"，按"确定"键返回。主菜单中选择"地理处理>环境…"，进一步设置：

输出坐标系：与输入相同　　　　　　　　　　　下拉选择
处理范围：与图层 道路 相同　　　　　　　　　下拉选择

按"确定"键，完成初始设置。选用"ArcToolbox>Spatial Analyst 工具>距离分析>欧氏距离"，进一步设置：

输入栅格数据或要素源数据：消防站　　　　　　消防站为距离的起始点
输出距离栅格数据：\gis_ex10\ex11\temp\distance1　数据项路径、名称
最大距离（可选）　　　　　　　　　　　　　　保持空白
输出像元大小（可选）：50　　　　　　　　　　键盘输入，与初始设置不一致
输出方向栅格数据（可选）　　　　　　　　　　保持空白

按"确定"键，产生离开消防站的距离栅格图层 distance1，每个单元的取值是离最近消防站的直线距离。读者可以改变它的显示符号，参照高程栅格生成等高线的操作，进一步产生间距为 400m 的等距线（图 11-9），等距线的意义和用矢量方法产生的多重缓冲区（Buffer Zone，第 15 章）相同。运用 ArcToolbox 的某项功能，栅格像元大小一般和初始设置一致，若有特殊需要也可不一致，本练习是让读者体验一下。

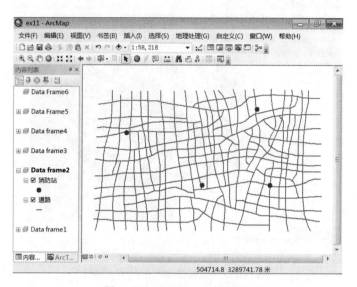

图 11-8　Data frame2 的显示

图 11-9　从点状要素产生的栅格距离图

11.4　生成密度栅格

用矢量数据计算人口密度，除了掌握人口统计数，还要确定人口统计范围的边界，根据边界计算面积，有了面积才可计算密度，如果人口统计的边界暂时不知道，矢量模型可使用泰森多边形估算密度（第 14 章），本练习使用一种矢量向栅格转换的计算方法，得到密度估计栅格。

　　激活 Data frame3，可看到矢量点状图层"人口调查"和矢量线状图层"道路"（图 11-10），后者仅限定分析范围和背景显示，打开要素属性表"人口调查"，该表的字段 POPU 为调查人口数，关闭属性表。进入 Data frame3 的"数据框属性>常规"选项，确认"地图"和"显示"单位均为"米"，按"确定"键返回。主菜单中选择"地理处理>环境..."，进一步设置：

输出坐标系：与输入相同	下拉选择
处理范围：与图层 道路 相同	下拉选择
栅格分析>像元大小>如下面的指定：50	下拉选择，键盘输入

　　按"确定"键，完成处理环境设置。选用"ArcToolbox>Spatial Analyst 工具>密度分析>核密度分析"，进一步设置：

输入点或折线要素：人口调查	下拉选择图层名，调查点
Population 字段：POPU	下拉选择"人口调查"要素属性表中字段名
输出栅格：\gis_ex10\ex11\temp\density1	数据项路径、名称
输出像元大小（可选）：50	与初始设置一致
搜索半径（可选）：600	键盘输入
面积单位（可选）：SQUARE_MAP_UNITS	下拉选择，地图单位

　　按"确定"键，软件按既定算法产生大致的人口密度栅格 density1，读者可以自行调整显示符号（图 11-11）。如果有兴趣，可参考等高线生成方法，产生人口等密度线。

图 11-10　Data frame3 的显示

图 11-11　核密度估计方法产生的人口密度图

11.5　遥感影像的显示

11.5.1　单波段遥感影像显示

激活 Data frame4，该数据框仅一个图层 ex_img_4.jpg（图 11-12），数据源是单波段遥感影像，5 级灰度显示。进入"ex_img_4.jpg>图层属性>符号系统"（如果提示是否要计算直方图，可选择"是"），在符号系统对话框左侧"显示"栏内选"已分类"，右侧"类别"下拉条内选 7，色带选由浅变深的黑色，按"应用"键。可以看到，影像图按 7 级灰度显示，色调比原来的 5 级灰度分得更细，内容更丰富一些。ArcMap 具有部分图像辐射增强功能，即对单个像元的灰度值进行变换，增强显示效果。再到"符号系统"选项对话框左侧"显示"栏内点击"拉伸"，对话框下侧"拉伸"栏的"类型"下拉条中选择"标准差"，n：2.5（默认），这些设置表示用拉伸方式显示栅格数据，用像元值的标准差控制灰度，按"确定"键返回。可以看到拉伸处理后平滑渐变过渡分类的显示效果（图 11-13），与 7 级灰度相比，分得更细，整体效果较柔和，但肉眼能分辨出的差异不是很明显。

再进入"图层属性>符号系统"，对话框下侧"拉伸"框的"类型"下拉条中选择"直方图均衡化"（对图像进行非线性拉伸），在对话框下侧，找到"统计数据"下拉条，选择"从每个栅格数据集"，意思是重新分布图像像元值，使一定灰度范围内像元的数量大致相等。点击"类型"右侧的"直方图"按钮，可以看到拉伸后的统计结果，按"确定"键返回，按"应用"键，观察显示效果。也可在"类型"下拉条中选择"自定义"，再点击"直方图"按钮，进一步手动调整直方图，由用户自定义显示效果，按"应用"键，再观察。勾选或取消"反向"，可对图像亮度进行反值处理，读者可比较不同的显示效果。进行上述操作时，可随时按"应用"键，体验影像图的显示效果有什么变化。

图 11-12　某单波段遥感影像 5 级灰度显示

图 11-13　拉伸处理、采用平滑渐变方式显示

关闭"图层属性"对话框，主菜单中选择"自定义>工具条>效果"，调出图像显示效果工具条，从左到右有对比度（Contract）、亮度（Brightness）、透明度（Transparency）等图标式工具，可点击后，用鼠标滑动方式操作，进一步调整影像图的显示效果。

11.5.2　多波段遥感影像显示

激活 Data frame5，该数据框有一个图层 ex_img_5.jpg，来自陆地资源卫星 Landsat 的 TM 多波段（Multi Band）合成影像。Band_1 对应 TM7，Band_2 对应 TM4，Band_3 对应 TM3，从图例可以看到，Band_1 用红色，Band_2 用绿色，Band_3 用蓝色，显示效果为植被呈绿色，水体为深蓝色，建设用地为深棕色，水泥公路、广场偏白色。Landsat TM4（Band_2）波段

是植被反射较强的地物，赋予绿色，其结果是绿色为植被，绿色越鲜艳饱和，表示绿色植物生长越茂盛、健壮。

借助鼠标右键进入"图层属性>符号系统"选项，左侧"显示"栏中点击"RGB 合成"，目前的对照表中，"红色"对应第一波段（Band_1），下拉改为 Band_2（对应 TM4），"绿色"对应第二波段（Band_2），下拉改为 Band_3（对应 TM3），"蓝色"对应第三波段（Band_3），下拉改为 Band_1（对应 TM7）。进入"显示"选项，勾选"显示地图提示"，按"确定"键返回。可以看到显示效果接近彩红外影像特征：绿色植被呈红色，水体深蓝偏墨绿色，建设用地偏紫灰、蓝紫，水泥公路、广场依然偏白。选择基本工具条中的识别工具 🛈，在影像图上移动到任一位置点击，将显示该像素点的红、绿、蓝 3 种数值有多大。

前一个练习中，利用直方图均衡化，以及图像对比度、亮度、透明度改进显示效果，对多波段遥感影像也适用，读者可自行尝试。

11.5.3　利用金字塔索引加快显示速度

利用 Windows 资源管理器，检查在\gis_ex10\ex11\路径下，有无文件 ex_img_6.jpg.ovr，如果存在，将该文件删除（是遥感影像的金字塔索引文件）。回到当前内容列表，激活 Data frame6，这是一个空的数据框，没有任何图层、属性表，点击添加数据工具 ⬆，在\gis_ex10\ex11\路径下，选择 ex_img_6.jpg，按"添加"键，会出现"此栅格数据源无金字塔或…，是否要创建金字塔？"的提示，点击"否"，暂时不要，还可能进一步提示，缺少空间参照，按"确定"键继续，影像图显示在地图窗口中（图 11-14），可以来回平移、缩放该图像，关闭、打开影像图层，如果练习者使用的计算机性能指标较低，内存较小，会感到显示速度有些迟缓。用鼠标右键点击图层名，选用快捷菜单"移除"，再次加载该项数据源，再提示是否要增加金字塔结构的索引时，点击"是"，计算机将为该影像数据建立金字塔索引，大约需要半分钟时间，再对图像进行关闭、打开、平移显示操作，可以感到，计算机的反应速度加快了，显示的效果和原来没有什么显著区别（仔细体会才会感到有细微差异）。

图 11-14　某城市市区遥感图像显示

在实际使用中，影像数据量越大，金字塔索引加快显示速度的效果就越明显。本练习使用的影像数据量不大，如果计算机性能较好，可能感受不到增加金字塔索引会提高影像的显示速度。

练习结束，选用菜单"文件>退出"，会出现"是否将更改保存到地图文档"的提示，为了不影响以后及他人的练习，点击"否"。

11.6　本　章　小　结

栅格型数据统称 Raster，可分为格网（Grid）、影像（Image）、图片（Picture）3 大类。格网侧重地学分析，影像来自遥感，图片仅用于显示。扩展模块 Spatial Analyst 专用于栅格型空间分析，默认格式为格网，一个格网数据集表示一类空间事物，本章练习产生的栅格均为格网。

栅格数据很难进行人机交互式输入，往往由矢量数据转换而来，或者经遥感、扫描得到。本章针对点状矢量向栅格转换的主要功能有：

（1）空间插值（Spatial Interpolation）。点状高程数据经插值计算转变为高程栅格，常称为数字高程模型（Digital Elevation Model，DEM），可进一步转换成坡度、坡向栅格，还可产生矢量等高线、等值线。除反距离权重法，还有其他插值法。除了地形，空间插值还可用于自然环境、社会经济等领域。

（2）产生距离栅格。经计算，使栅格单元获得离开指定对象的距离值。

（3）密度估计。借助特定的计算方法，使栅格单元得到密度值，以人口为例，密度值和单元面积相乘得到该单元的估计人口数，所有单元估计人口数相加，等于相关调查点的人口数之和。本练习用了核密度估计（Kernel Density Estimation）方法，离调查点较近的单元密度值较高，较远的单元密度值较低，大于搜索半径（也称为带宽）处，密度值为零（图 11-15），计算公式可查阅有关教科书、ArcGIS 的帮助文件，确定带宽（搜索半径）需针对特定对象，结合有关专业知识和个人经验。

图 11-15　核密度估计示意

经遥感得到的栅格数据常称为影像（Image）。单波段或全色遥感影像（包括卫星影像、航空影像）往往以像元的灰度反差，即不同明暗程度显示，映射具有不同电磁辐射特性的地物，人眼对单色明暗程度的区分大约有黑、灰黑、暗灰、灰、浅灰、灰白和白 7 级，再细分，效果的改善并不明显。人眼对彩色的识别能力远高于单色，根据影像的颜色识别地物比单色更容易。影像的颜色，可以是地物目标对可见光天然色的反映，更多的是假彩色或近似、模拟的天然色，将多波段影像合成后实现。假彩色往往比天然色提供更多的色彩层次，反映的地物信息更细致。如何利用这一规律，需要从其他途径学习遥感原理、积累判读经验、掌握影像数据的处理技能。

遥感影像可分为前期处理、后期应用两个阶段，前期处理有遥感专业软件，GIS 软件为后期应用，两者除了分工、互补，也会有部分功能重叠。

　　遥感影像数据量往往很大，金字塔索引文件（也称为金字塔压缩），可加快显示速度，在显示范围和分辨率之间取得平衡。

　　ArcToolbox 是 ArcGIS 地理处理（Geoprocessing，也称为地学处理）工具箱，将各种功能组合在展开式的列表中，双击某个名称，就启用了该项功能，出现进一步的提示、设置界面，设置完毕，按"确定"键执行。处理结束时，屏幕右下方会出现一个提示小窗口，如果出现绿色的勾号，表示处理过程正常，出现黄色感叹号，处理过程有部分不正常，出现红色叉号，表示处理过程明显出错。

　　在启用 ArcToolbox 的处理功能之前，设置地理处理环境，较常用的有当前工作空间（Current Workspace）、临时工作空间（Scratch Workspace），输出坐标系、处理范围等，使后续处理的过程有序、方便。所谓工作空间（Work Space），是集中存放数据源的操作系统目录或特定的地理数据库，当前工作空间，表示 Geoprocessing 的结果存储在什么位置，临时工作空间，表示处理过程中的临时数据在什么位置交换。设置输出坐标系，是为新产生的空间数据指定坐标系。设置处理范围，是限定数据处理的空间范围（Extent）。设置像元大小（Cell Size）决定栅格的空间分辨率，它和空间范围一起决定格网的行数、列数。像元也称为基本单元（Cell），或像素（Pixel），每个像元只能赋一个值。通过主菜单设置地理处理环境，其结果将保存在地图文档内（Map Document），对不同的数据框有相同的作用。空间数据处理范围、像元大小一旦需要变化，可对地理处理环境部分重设（如 11.4 节），也可以在启动 ArcToolbox 某项功能后临时调整（如 11.3 节，仅调整像元大小）。

思　考　题

　　1. 反距离权重法插值，加大搜索半径，增多搜寻采样点数，减小幂值，得到的效果会起什么变化。

　　2. 密度分析得到的栅格单元取值是什么量纲。核密度估算法中搜索半径不同，得到的结果会有什么差异。

　　3. 简述 Grid 和 Image 分别适用于什么场合。

　　4. 搜集一个较大的影像文件，尝试金字塔数据结构对显示速度的影响。

第12章 栅格重分类、叠合

- 中学选址依据、评价方法
- 离现有中学距离、人口密度、土地使用栅格的生成
- 重分类获得单项评价栅格
- 确定明显不合适的位置
- 综合评价
- 本章小结

12.1 中学选址依据、评价方法

本练习要求对现有中学、人口分布、规划土地使用进行分析,为新建中学提供选址评价,可利用的数据有 3 种:

(1)现有中学。空间数据为点状,新建中学不应离现有中学太近,为此建立离开现有中学的距离栅格。

(2)人口调查。空间数据为点状,新建中学应在人口比较密集的地方。每个调查点接近统计单元的中心位置,有人口属性,但是该单元的边界不清楚,考虑用密度估计法,产生密度栅格。

(3)规划土地使用。空间数据为多边形,有土地使用属性,某些用地不应该建中学,如工业用地,某些用地不太适合建中学,如商业用地,居住用地最合适。

根据上述数据和评价依据,离开现有中学的距离分为 4 类,分别赋予评价指标。

0:0～500m;1:500～1000m;2:1000～1500m;3:>1500m(栅格①)

人口密度分为 4 类(人/hm^2),分别赋予评价指标。

0:0～50;1:50～100;2:100～200;3:>200(栅格②)

土地使用分为 3 类,分别赋予评价指标。

0:工业或绿地;1:商业;2:居住(栅格③)

初步的综合评价:栅格① + 栅格② + 栅格③(栅格④)

得到的栅格④,单元取值越大的位置,越适合选为中学。

但是离现有中学太近(<500m),人口密度太低(<50 人/hm^2),规划土地为工业、绿地,肯定不适合,一旦符合这 3 个条件之一,就要排除,无论其他条件如何,为此需要特别处理。

单项指标相乘:栅格①×栅格②×栅格③(栅格⑤),只要某单项指标出现零,在栅格⑤中该单元肯定为零。

将栅格⑤分为两类,0:=0;1:>0(栅格⑥),栅格⑤中取零的保留,大于 0 的都取 1。

综合评价:栅格④×栅格⑥(栅格⑦)。

通过乘法计算,栅格数据集⑦中取值为零的单元为明显不合适、要排除的位置,其他单元的取值依然是相加的结果,综合取值较大的位置,适合新建中学。

12.2　离现有中学距离、人口密度、土地使用栅格的生成

12.2.1　运行环境设置

启用地图文档\gis_ex10\ex12\ex12.mxd，激活 Data frame1，有 4 个图层：点状图层"现有中学"、点状图层"人口调查"、面状图层"土地使用"和线状图层"道路"（只起限定栅格边界和背景图的作用）（图 12-1）。鼠标双击 Data frame1，弹出"数据框属性"对话框，进入"常规"选项，确认"地图"和"显示"单位是"米"，按"确定"键返回。主菜单中选择"地理处理>环境…"，进一步设置：

工作空间>当前工作空间：\gis_ex10\ex12\temp　　　借助文件夹按钮，按"添加"键
工作空间>临时工作空间：\gis_ex10\ex12\temp　　　借助文件夹按钮，按"添加"键
输出坐标系：与输入相同　　　　　　　　　　　　　下拉选择
处理范围：与图层 道路 相同　　　　　　　　　　　下拉选择
栅格分析>像元大小>如下面的指定：50　　　　　　下拉选择，键盘输入

按"确定"键，完成初始设置。如果 Spatial Analyst 许可证未加载，选用主菜单"自定义>扩展模块…"，勾选 Spatial Analyst，按"关闭"键返回。

图 12-1　Data frame1 的显示

12.2.2　产生离开现有中学的距离栅格

如果 ArcToolbox 窗口未出现，可在标准工具条中点击 ，选用"ArcToolbox>Spatial Analyst 工具>距离分析>欧氏距离"，继续设置：

输入栅格数据或要素源数据：现有中学　　　　　　　下拉选择

输出距离栅格数据：\gis_ex10\ex12\temp\school　　数据项路径、名称

最大距离（可选）　　　　　　　　　　　　　　　保持空白

输出像元大小（可选）：50　　　　　　　　　　　与初始设置一致

输出方向栅格数据（可选）　　　　　　　　　　　保持空白

　　按"确定"键，产生离开现有中学的距离栅格 school，自动加载（图 12-2）。

图 12-2　离开现有中学的距离栅格

12.2.3　产生人口密度栅格

　　启用"ArcToolbox>Spatial Analyst 工具>密度分析>核密度分析"，继续设置：

输入点或折线要素：人口调查　　　　　　　　　　下拉选择

Population 字段：POPU　　　　　　　　　　　　　下拉选择

输出栅格：\gis_ex10\ex12\temp\popu_den　　　　数据项路径、名称

输出像元大小（可选）：50　　　　　　　　　　　与初始设置一致

搜索半径（可选）：800　　　　　　　　　　　　键盘输入计算密度时的搜寻半径

面积单位（可选）：SQUARE_MAP_UNITS　　　　　下拉选择，面积按地图单位

　　按"确定"键，产生人口密度栅格 popu_den，自动加载（图 12-3）。

12.2.4　土地使用多边形转换为栅格

　　在内容列表中，鼠标右键点击"土地使用"选择"打开属性表"，可以看到该要素属性表有字段 LANDUSE，为每个地块的规划土地使用性质。按城市规划专业习惯，土地使用分类编码的含义：C 为商业，G 为绿地，M 为工业，R1 为一类居住，R2 为二类居住，关闭属性表。启用"ArcToolbox>转换工具>转为栅格>面转栅格"，继续设置：

输入要素：土地使用	下拉选择
值字段：LANDUSE	下拉选择
输出栅格：\gis_ex10\ex12\temp\ld_use	数据项的路径、名称
像元分配类型（可选）：CELL_CENTER	下拉选择
优先级字段（可选）：NONE	下拉选择
像元大小（可选）：50	与初始设置一致

图 12-3　人口密度栅格

按"确定"键，产生土地使用栅格 ld_use，自动加载（图 12-4）。在内容列表中打开 ld_use
图层属性表，该表内容如下：

Rowid	VALUE	COUNT	LANDUSE	
内部标识	栅格单元取值	取该值的单元累计	转换前的属性	
0	1	1568	M	（工业用地）
1	2	854	C	（商业用地）
2	3	4120	R2	（二类居住用地）
3	4	1079	R1	（一类居住用地）
4	5	658	G	（绿化用地）

关闭属性表。

图 12-4　矢量土地使用转换为栅格

12.3　重分类获得单项评价栅格

12.3.1　离开现有中学距离栅格重分类

启用"ArcToolbox>Spatial Analyst 工具>重分类>重分类",继续操作:

输入栅格: school　　　　　　　下拉选择
重分类字段: Value　　　　　　默认

点击按钮"分类...",在随后的对话框中的"类别"项中键盘输入 4,按"确定"键返回,按分析之前确定的要求修改分类的间距:

旧值	新值
0 － 500	0
500 － 1000	1
1000 － 1500	2
1500 － 2200	3
NoData	NoData

输出栅格: \gis_ex10\ex12\temp\r_school　　　鼠标选路径,键盘输入数据名

按"确定"键,软件产生新的分类栅格 r_school,自动加载。

12.3.2　人口密度栅格重分类

启用"ArcToolbox>Spatial Analyst 工具>重分类>重分类",继续设置:

输入栅格：popu_den　　　　　下拉选择

重分类字段：Value　　　　　默认

　　点击按钮"分类…"，在随后的对话框中的"类别"项中键盘输入 4，按"确定"键返回，按分析之前确定的要求修改分类的间距：

旧值	新值
0　－ 0.005	0
0.005　－ 0.01	1
0.01　－ 0.02	2
0.02　－ 0.03	3
NoData	NoData

输出栅格：\gis_ex10\ex12\temp\r_popu　　　数据项路径、名称

　　按"确定"键，软件产生新的分类栅格 r_popu，自动加载。

　　本章开始时，人口密度的面积是按 hm^2（万平方米）考虑的，当前地图单位是米，计算密度时按地图单位的平方即平方米计算，因此，栅格单元的取值和当初确定的指标是 1：10000 的关系，重分类的结果和原来的定义一致。

12.3.3　土地使用栅格重分类

　　选用"ArcToolbox>Spatial Analyst 工具>重分类>重分类"，继续操作：

输入栅格：ld_use　　　　　下拉选择

重分类字段：LANDUSE　　　　下拉选择

　　直接修改分类值：

旧值	新值
M （工业）	0
C （商业）	1
R2 （二类居住）	2
R1 （一类居住）	2
G （绿地）	0
NoData	0 （没有地块的外围也取零）

输出栅格：\gis_ex10\ex12\temp\r_ld_use　　　数据项路径、名称

　　按"确定"键，产生新的栅格 r_ld_use，自动加载（图 12-5）。初始设定的栅格处理范围比土地使用范围稍大，按常规，重分类时超出的部分为空值，默认 NoData，本次处理设定为零，使处理范围内所有栅格都有具体取值。

图 12-5　重分类后的土地使用栅格

12.4　确定明显不合适的位置

在本练习开始阶段，曾设定离开现有中学太近（<500m）、人口密度太低（<0.005 人/m）、土地使用为工业、绿地的范围内，不适合中学选址，这些位置要排除。选用"ArcToolbox>Spatial Analyst 工具>地图代数>栅格计算器"，对话框中可供计算的图层名列在左侧"图层和变量"选择框内，双击鼠标实现如下操作：

"r_school" * "r_popu" * "r_ld_use"

输出栅格：\gis_ex10\ex12\temp\calc01　　　　　　数据项路径、名称

按"确定"键，产生栅格数据集 calc01。再选用"ArcToolbox>Spatial Analyst 工具>重分类>重分类"，继续设置：

输入栅格：calc01　　　　　　下拉选择
重分类字段：Value　　　　　　下拉选择

点击按钮"分类..."，在随后的对话框中"方法"下拉条中选择"相等间隔"，"类别"下拉条中选择 2，按"确定"键返回，按分析之前确定的要求修改分类的间距：

旧值	新值
0	0
1 - 12	1
NoData	NoData

输出栅格：\gis_ex10\ex12\temp\r_calcu　　　　　　数据项路径、名称

按"确定"键，产生 r_calcu，单元取零的位置，明显不合适选址（图 12-6）。

图 12-6　选址范围被分为 0 和 1 两类

12.5　综　合　评　价

12.5.1　获得初步的评价栅格

选用"ArcToolbox>Spatial Analyst 工具>地图代数>栅格计算器",对话框中可供计算的图层名列在左侧"图层和变量"选择框内,双击鼠标实现如下操作:

"r_school" + "r_popu" + "r_ld_use"

输出栅格:\gis_ex10\ex12\temp\calc02　　　数据项路径、名称

按"确定"键,产生综合评价栅格 calc02,自动加载(图 12-7)。经加法计算,可以初步判定单元取值较大的位置,相对适合新建中学,反之不适合。

12.5.2　排除明显不合适的位置

选用"ArcToolbox>Spatial Analyst 工具>地图代数>栅格计算器",对话框中可供计算的图层名列在左侧"图层和变量"选择框内,双击鼠标实现如下操作:

"calc02" * "r_calcu"

输出栅格:\gis_ex10\ex12\temp\calculation　　　　数据项路径、名称

按"确定"键,产生综合评价栅格 calculation,自动加载。在内容列表中调出 calculation 图层属性对话框,进入"符号系统"选项,调整符号如下:

显示：唯一值　　　　　　　　点击选择

值字段：Value　　　　　　　系统默认

配色方案：　　　　　　　　　下拉选择一种由浅变深的渐变色系

图 12-7　中学选址初步评价，单元取值大的位置相对合适

　　按"确定"键返回。除"道路"、"现有中学"和 calculation 外，关闭其他图层，将图层"道路"和"现有中学"的显示次序调至综合评价栅格图之上，得到较好的观察效果（图12-8）。可以看出，颜色偏深（栅格单元取值偏大）的位置相对适合新建学校，颜色偏浅（栅格单元取值偏小）的位置相对不适合增设学校，单元取值为零的，明显不合适。

图 12-8　排除明显不合适的位置，颜色深的位置适合建中学

12.5.3　分类计算面积

栅格单元为整数时，自动产生取值属性表，在内容列表中鼠标右键点击 calculation，选择"打开属性表"，可以看到单元的汇总情况。点击左上角的"表选项"下拉菜单 ⊟▾，选择"添加字段"：

名称：SUM_AREA

类型：长整型

精度：8

按"确定"键返回，鼠标右键点击字段名 SUM_AREA，选用菜单 "字段计算器"，对话框中有 "SUM_AREA ="的提示，用鼠标和键盘在文本框内输入：[COUNT]*50*50（按初始设定，每个单元的大小为 50m×50m），按"确定"键返回。不同评价值的汇总结果如下：

VALUE（综合评价值）	COUNT（取该值的单元累计数）	SUM_AREA（累计面积）
0	7750	19375000
3	234	585000
4	955	2387500
5	1682	4205000
6	523	1307500
7	8	20000

关闭属性表，练习结束，选用菜单"文件>退出"，ArcMap 会出现"是否将更改保存到地图文档"的提示，为了不影响以后及他人的练习，点击"否"。

12.6　本　章　小　结

在距离计算、密度估计的基础上，本章增加了矢量多边形转换成栅格、栅格数据重分类、多重栅格数据之间叠合计算等功能，重点是栅格叠合、多指标综合。在地理信息系统原理中，不同栅格数据集之间的数学运算常称为地图代数（Map Algebra）。

读者做完练习后，可回顾本章开始时介绍的中学选址评价依据和基本过程，有 6 个关键步骤：

（1）产生离现有中学的距离栅格、人口分布密度栅格、土地使用栅格。

（2）分别对离现有中学距离、人口密度、土地使用重分类，获得单项评价栅格。

（3）利用乘法进行叠合、重分类，处于明显不适合位置的栅格单元取值为 0，其他单元取值为 1。

（4）单项指标相加，获得初步的综合评价栅格。

（5）再用乘法进行叠合，排除明显不适合的位置，得到综合评价栅格。取值越大的单元位置越合适，取值为零的被排除（包括土地使用多边形以外的位置）。

（6）评价结果分类显示、计算面积。

　　本练习也可以用矢量数据模型实现，离中学的距离用缓冲区、人口密度用泰森多边形，读者可以自己尝试，并与本章的栅格模型进行比较。

　　多个指标简单相加，等于默认它们的重要性相同，如果重要性不同，就要运用权重，读者可进一步参考有关教科书。

　　针对同一问题，第 28 章将提供另一种解决途径。

思 考 题

1. 栅格叠合时，加法和乘法分别起什么作用。

2. 步骤 (4) 和步骤 (5) 可合并，相加、相乘一次完成，读者可自行尝试。

3. 如果现有中学、人口密度、土地使用 3 个因素的重要性不同，可用权重表示，如何纳入综合评价。

第13章　距离计算及运用

- 邻近分配
- 考虑成本的邻近分配
- 考虑成本的距离问题
- 坡度成本对公路选线的影响
- 成本距离的计算原理
- 本章小结

13.1　邻近分配

13.1.1　邻近单元的生成

打开地图文档\gis_ex10\ex13\ex13.mxd，激活 Data frame1，可看到点状图层"消防站"、线状图层"道路"、栅格图层"成本（障碍）"（图 13-1）。内容列表中鼠标双击 Data frame1，调出"数据框属性"对话框，进入"常规"选项，确认"地图"和"显示"单位为"米"，按"确定"键返回。主菜单中选用"地理处理>环境…"，进一步设置：

工作空间>当前工作空间：\gis_ex10\ex13\temp　　借助文件夹按钮选择
工作空间>临时工作空间：\gis_ex10\ex13\temp　　借助文件夹按钮选择
输出坐标系：与输入相同　　　　　　　　　　　　下拉选择
处理范围：与图层 成本（障碍）相同　　　　　　下拉选择
栅格分析>像元大小：与图层 成本（障碍）相同　　下拉选择，实际为 50

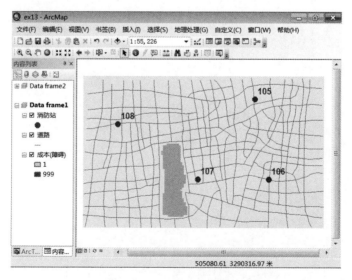

图 13-1　Data frame1 的显示

按"确定"键返回。本练习按就近原则，为每个消防站分配服务范围，并计算服务面积。如果 Spatial Analyst 许可证未加载，选用主菜单"自定义>扩展模块…"，勾选 Spatial Analyst，按"关闭"键返回。选用"ArcToolbox>Spatial Analyst 工具>距离分析>欧氏分配"，进一步设置：

输入栅格数据或要素源数据：消防站	下拉选择图层名，邻近分配的参照点
源字段（可选）：STATION	下拉选择，消防站的用户标识
输出分配栅格数据：\gis_ex10\ex13\temp\alloc01	数据项路径、名称
最大距离（可选）：	不设定，保持空白
输入栅格赋值（可选）：	不设定，保持空白
输出像元大小（可选）：50	与初始设置一致
输出距离栅格数据（可选）	不设定，保持空白
输出方向栅格数据（可选）	不设定，保持空白

按"确定"键，产生栅格数据集 alloc01，自动加载，按（欧几里得）直线距离最近原则，为每个消防站分配了邻近单元（图 13-2），与第 17 章泰森多边形方法得到的结果非常相似（图 13-3）。

栅格数据集 alloc01 的每个单元（像元）值是整数，整数型栅格可以有自己的属性表（Value Attribute Table，VAT），称为栅格值属性表，在内容列表中鼠标右键点击图层名 alloc01，打开属性表，可看到该表内容：

Rowid	VALUE	COUNT
（内部标识）	（像元值）	（取该值的像元数）
自动编号	来自 STATION	对应单元的累计
0	105	2442
1	106	2555
2	107	2932
3	108	3359

打开图层"消防站"的要素属性表，可以看到 3 个字段：

FID	Shape	STATION
（内部标识）	（要素类型）	（用户标识）
0	点	108
1	点	105
2	点	107
3	点	106

图 13-2　按直线距离最近原则为每个消防站分配邻近单元

图 13-3　用泰森多边形方法产生的消防站服务范围

　　本练习对"源字段"选择了 STATION（用户标识），该字段的内容变为栅格像元的取值（VALUE）。在内容列表窗口中暂时关闭图层"道路"、alloc01、"成本（障碍）"的显示，选择基本工具条中的识别工具 ，点击地图中任何一个消防站，可以看到该消防站的属性，STATION 的取值和地图上的标注一致，再恢复栅格图层 alloc01 的显示，继续用工具 点击某个栅格单元，可以看到，像素值和消防站的用户标识也一致。打开图层 alloc01 的取值属性表，点击任一条记录左侧小框，该条记录进入选择集，可以看到，消防站所分配的服务范围所有栅格单元同步改变颜色，该条记录 VALUE 的取值和消防站的标注一致。

13.1.2　消防站的邻近服务面积

打开栅格图层 alloc01 的属性表，属性表左上角选用表选项"![表选项] ·>添加字段…"：

名称：SUM_AREA
类型：长整型
精度：8

按"确定"键返回。点击"清除所选内容"按钮![图标]，清空选择集，在属性表窗口中，鼠标右键点击字段名 SUM_AREA，选用快捷菜单"字段计算器"，对话框中部出现"SUM_AREA ="的提示，在文本框内用鼠标和键盘输入：[COUNT] * 50 * 50（每个像元的大小在初始化时设定为 50×50），按"确定"键返回，各消防站按邻近距离所分配的服务面积如下：

Rowid（内部标识）	VALUE（消防站用户标识）	COUNT（分配到的单元数）	SUM_AREA（服务面积）
0	105	2442	6105000
1	106	2555	6387500
2	107	2932	7330000
3	108	3359	8397500

13.1.3　栅格数据集的值属性表

每个栅格单元（像元）有一个取值（空值 No Data 是特例），相当于一个属性。单元数据类型可以是浮点型，也可以是整数型，如果是整数型，就有值属性表，该表有 3 个默认字段：Rowid（内部标识）、VALUE（像元取值，值字段）及 COUNT（取该值的像元累计数），表中一行对应所有取值相同的单元，选择属性表中的某条记录，可查询到 VALUE 值相同的全体单元（不一定聚集在一起），记录和像元之间是一对多的关系（图 13-4），实现同值、同组。虽然每个单元不能有多重属性，但是值属性表可以增加字段（如服务范围的面积），这就使同值、同组栅格有了多重属性（第 12 章土地使用栅格有字符型字段）。如果栅格单元的取值为浮点型，就难以实现多重属性。

图 13-4　整数型栅格和值属性表的关系

13.2　考虑成本的邻近分配

本练习将进一步考虑，如果城市内部的湖泊对消防救援路径产生阻碍，服务范围将和原来有什么不同。暂时关闭图层 alloc01 的显示，打开图层"成本（障碍）"的显示，该图层的数据源也是栅格，只有两种取值，多数取值为 1，意思是经过该单元，相对的通行成本为 1；

少数取值为 999，位于湖泊的位置，意思是经过该单元，相对通行成本超出正常范围，成为消防车的通行障碍。启用"ArcToolbox>距离分析>成本分配"，进一步设置：

输入栅格数据或要素源源数据：消防站	下拉选择图层名，邻近分配的参照点
源字段（可选）：STATION	下拉选择，消防站的用户标识
输入成本栅格数据：成本（障碍）	下拉选择成本栅格
输出分配栅格数据：\gis_ex10\ex13\temp\alloc02	数据项路径、名称
最大距离（可选）：	不设定，保持空白
输入栅格赋值（可选）：	不设定，保持空白
输出距离栅格数据（可选）：	不设定，保持空白
输出回溯链接栅格数据（可选）：	不设定，保持空白

按"确定"键，产生栅格数据集 alloc02，自动加载，再次为每个消防站分配了邻近单元，这次是按成本距离分配（图 13-5），与直线距离（欧几里得）分配明显不同，由于湖泊的通行成本是正常条件的 999 倍，实际计算结果不得不绕行，这就造成 108 号消防站的服务范围要比原来增大，107 号消防站的服务范围不得不缩小。另外一个差异是 105 号和 106 号、107 号的服务范围分界处不太平直，这是成本距离按 8 个方向计算引起的误差。打开栅格图层 alloc02 的取值属性表，可看到分配单元数量和 alloc01 的差异（显然是湖泊作为障碍引起的，为了显示效果，图层可设置透明）：

Rowid （内部标识）	VALUE （像元值）	COUNT （取该值的像元数）	
自动编号	来自 STATION	对应单元的累计	
0	105	2442	与直线距离相比，基本一致
1	106	2570	与直线距离相比，稍有误差
2	107	2310	服务范围明显缩小
3	108	3986	服务范围明显扩大

图 13-5　湖泊对消防站服务范围分配的影响

13.3　考虑成本的距离问题

第 11、12 章练习中的距离计算均基于直线（软件称为欧氏距离，图 13-6），本章的"欧氏分配"练习，也基于直线距离，是栅格单元和指定点之间，或者从一个栅格单元的中心到另一个单元中心之间的直线距离。成本距离（Cost Distance）需要考虑通过每个单元的成本，可称为"通行成本"，也要考虑距离，如果每个单元的通行成本都一样，计算结果和直线距离基本相同（无非再乘以统一的单元成本）。如果每个单元的成本有差异，计算就比较复杂，两点之间可能有多条途径，仅保留累计成本最低者。本章的"成本分配"，基于成本距离，离开消防站到达每个单元（或从每个单元到达消防站）沿途经过所有单元的累计成本，如果有多条路径，取最低者，两个相邻消防站服务范围的交界处，最低累计成本相等。本练习的通行成本很简单，仅仅是湖泊的通行成本极高，其他位置成本较低、较均等，因此与直线距离的计算结果相比，差异仅在于湖泊造成的障碍。

源图层　　　　　　　直线距离的分析结果

图 13-6　直线距离计算示意

13.4　坡度成本对公路选线的影响

激活 Data frame2，有点状的矢量图层"公路起点"、"公路终点"和栅格图层"地形坡度"（图 13-7）。假定要建设从"起点"出发，分别到达终点 A 和 B 的公路。线路的选择必须考虑建设成本，与两个因素有关：一是公路长度，修建的距离越长，建设费用越高；二是地形坡度，坡度越大，需要付出的单位距离成本越高。本练习先计算从"公路起点"出发到达既定空间范围内任何位置的最小累计成本，再根据这一成本，计算从"起点"到终点 A、B 累计成本最小的路径。

图 13-7　Data frame2 的显示

进入"Data frame2>数据框属性>常规"选项，确认"地图"和"显示"单位为"米"，按"确定"键返回。选用主菜单"地理处理>环境…"，继续设置：

输出坐标系：与输入相同　　　　　　　　下拉选择
处理范围：与图层 地形坡度 相同　　　　下拉选择
栅格分析>像元大小：与图层 地形坡度 相同　　　下拉选择，实际为1000

　　按"确定"键，完成初始设置。

13.4.1　生成通行成本栅格

　　"地形坡度"栅格在工程上一般用百分比，已经生成的栅格是角度，需重分类（表13-1）。选用"Spatial Analyst 工具>重分类>重分类"，进一步输入：

输入栅格：地形坡度　　　　下拉选择
重分类字段：Value　　　　　默认

表 13-1　坡度百分比、角度、相对工程成本对照表

坡度百分比/%	角度/（°）	相对工程成本
0～2	0～1.15	1
2～5	1.15～2.86	2
5～10	2.86～5.71	3
10～15	5.71～8.53	4
15～20	8.53～11.31	5
20～25	11.31～14.04	6
25～30	14.04～16.70	7
30～40	16.70～21.80	8
40～50	21.80～26.57	9
50～60	26.57～30.96	10
60～70	30.96～35.00	11

　　点击按钮"分类…"，在随后的对话框中的"类别"项中键盘输入 11，按"确定"键返回，修改"重分类"对照表：

旧值（以角度为单位的地形坡度）　　　新值（相对工程成本）
　　　0 - 1.15　　　　　　　　　　　1
　　1.15 - 2.86　　　　　　　　　　　2
　　2.86 - 5.71　　　　　　　　　　　3
　　5.71 - 8.53　　　　　　　　　　　4
　　8.53 - 11.31　　　　　　　　　　 5
　　11.31 - 14.04　　　　　　　　　　6

14.04 – 16.70	7
16.70 – 21.80	8
21.80 – 26.57	9
26.57 – 30.96	10
30.96 – 35.00	11
NoData	NoData

输出栅格：\gis_ex10\ex13\temp\cost　　　数据项路径、名称

按"确定"键执行，产生修建公路的通行成本栅格数据集 cost（图 13-8）。

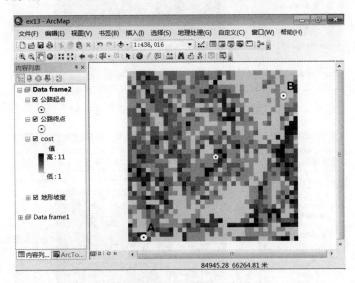

图 13-8　按坡度分类的成本图层

13.4.2　计算成本距离

选用"ArcToolbox>Spatial Analyst 工具>距离分析>成本距离"，继续设置：

输入栅格数据或要素源数据：公路起点　　　　　　　　　　下拉选择
输入成本栅格数据：cost　　　　　　　　　　　　　　　　下拉选择
输出距离栅格数据：\gis_ex10\ex13\temp\costdist　　　数据项路径、名称
最大距离（可选）　　　　　　　　　　　　　　　　　　　保持空白
输出回溯链接栅格数据（可选）：\gis_ex10\ex13\temp\backlink　数据项路径、名称

按"确定"键，产生成本距离栅格 costdist，每个单元的取值是公路起点到达该位置的最小累计成本，表示相对的最低建设费用（图 13-9，为突出显示效果，增加了等值线，不影响后续计算，读者不一定要操作）。软件还生成回溯链接栅格 backlink（图 13-10），记录了计算中最小成本的传递方向，用数值 1~8 表示 8 个方向，数值 0 表示原点。

图 13-9　考虑坡度的累计成本图层

图 13-10　记录最小成本传递的方向图层

13.4.3　产生公路建设的最低成本路径

选用"ArcToolbox>Spatial Analyst 工具>距离分析>成本路径",继续设置:

输入栅格数据或要素目标数据: 公路终点　　　下拉选择表示终点的要素类
目标字段(可选): Id　　　　　　　　　　下拉选择表示终点的字段
输入成本距离栅格数据: costdist　　　　　下拉选择
输入成本回溯链接栅格数据: backlink　　　下拉选择
输出栅格: \gis_ex10\ex13\temp\path　　数据项路径、名称
路径类型(可选): EACH_CELL　　　　　　下拉选择

按"确定"键，产生基于成本的最佳栅格路径 path，表示由"公路起点"到 A、B 两个终点的最佳路径，依据为相对建设成本最低，综合了公路的总长度成本和地形坡度成本，A 点附近的路径曲折性较明显（图 13-11）。显然，不考虑坡度，从公路起点到达 A、B 应该是直线成本最低。

图 13-11　公路建设最小成本路径

练习结束，选用菜单"文件>退出"，会出现"是否将更改保存到地图文档"的提示，为了不影响以后及他人的练习，点击"否"。

13.5　成本距离的计算原理

成本距离的计算关键在累计。计算每一单元通行成本，既考虑栅格单元之间的距离，也考虑各单元的通行成本，累计成本是从上一个单元的累计成本和本单元的通行成本相加，计算公式如下：

accum_cost = al + ((cost_a + cost_b) / 2) × D

式中，accum_cost 为某一单元 b 的累计通行成本；al 为上一个相邻单元 a 的累计通行成本；cost_a 为通过单元 a 的成本；cost_b 为通过单元 b 的成本；D 为相邻单元 a、b 之间的距离，按两个单元的中心点计算。如果单元边长为 d，则上下左右相邻单元之间的距离就是 d；对角线方向相邻单元之间的距离为 $\sqrt{2}$ d（图 13-12）。

计算过程是从"源"出发的推移过程（可正向，也可逆向），算出"源"开始的最小累计成本，某个特定单元，可以有多个上一级相邻单元，这就出现了多条路径，上述公式算出到达单元的多个累计成本值，再选择其中最小者。如果在成本栅格中有"空值"单元（No Data），计算时将自动避开。

图 13-12　成本距离计算原理

本次练习中，"公路起点"是源，cost 是成本栅格，由坡度决定成本值，backlink 是计算所需的中间数据（成本回溯链接栅格），相当于图 13-12 中右下侧小图中的箭头方向，每个单元最多有 8 个方向。

costdist 是成本距离的计算结果，公路选线是成本距离的进一步应用，获得基于栅格的成本路径，借助成本回溯链接栅格实现。服务范围分配练习中，"消防站"是源，"成本（障碍）"是成本栅格，alloc02 是基于成本距离而得到的服务范围，计算前不要求输入成本回溯链接栅格。

13.6　本 章 小 结

邻近分配按直线距离最短原则，为每个消防站分配服务范围。这项功能也可理解为，已知多个出发点（或到达点），为每个栅格单元确定离开哪个出发点（或到达点）最近。

若要考虑通行成本，距离计算相对复杂。成本距离是从"源"到每一单元的最小累计成本，与单元之间的相邻距离、每个单元的通行成本有关，将上一级单元的最小累计通行成本、本单元的通行成本、通行距离三者相加，得到本单元的最小累计成本。

地理上的障碍物，可按通行成本极高来看待，如果用于服务范围的分配，受障碍影响的服务范围就会缩小。

可将地形坡度作为公路建设成本，用于公路选线，沿着坡度较小的方向建设公路，虽然延长路线会增加成本，但是综合成本最低不一定线路最短。

成本栅格中单元的取值往往是相对值，本练习未涉及具体的量纲，实际应用时还可进一步加入距离成本、通行成本的量纲。

　　当栅格单元为整数型时，就有一个值属性表（Value Attribute Table，VAT），取值相同的单元成组，一组和表中的一条记录相对应，此表可进一步添加字段，所起的作用和矢量多边形要素属性表相似。这一特征可用于矢量多边形转换成栅格（第 12 章，土地使用）、栅格分类统计（第 12 章，面积分类计算），也可用于服务范围的分配、面积计算（本章，消防服务）。对栅格值属性表不能添加、删除记录，Rowid、VALUE、COUNT 是默认字段，不能编辑。

思　考　题

1. 划分消防站服务范围，栅格邻近分配和矢量泰森多边形（第 17 章）有什么异同。
2. 根据自己的经验，成本距离分析还可以用于哪些领域。
3. 栅格数据如何实现多重属性。
4. 栅格值属性表和矢量要素属性表有哪些相似之处。

第五篇 矢量型空间分析

第14章 基于空间位置的查询

- 包含选择查询
- 相交选择查询
- 相邻选择查询
- 空间连接查询
- 本章小结

14.1 包含选择查询

启用地图文档\gis_ex10\ex14\ex14.mxd，激活 Data frame1。显示出两个图层：点状图层"村"和面状图层"乡"（图 14-1）。选用主菜单"选择>按属性选择…"，出现条件组合查询对话框：

图层：乡   下拉选择

方法：创建新选择内容   下拉选择

图 14-1 Data frame1 的显示

在"SELECT * FROM sub_con WHERE"提示下，利用鼠标输入 SQL 查询语句：″NAME″ LIKE ′李村′，按"确定"键返回，符合条件的一个多边形进入选择集，改变颜色。选用主菜

单"选择>按位置选择…",继续操作:

选择方法:从以下图层中选择要素　　　　下拉选择

目标图层:☑ 村　　　　　　　　　　勾选,在该图层中选择要素

☐ 在此列表中仅显示可选图层　　　　取消勾选

源图层:乡　　　　　　　　　　　　下拉选择

☑ 使用所选要素　　　　　　　　　　勾选

目标图层要素的空间选择方法:完全位于源图层要素范围内　　下拉选择

　　上述操作的意思是从图层"村"选择要素,属于"李村"乡范围内的村是哪些,按"确定"键返回,可以看到,在点状图层"村"中,有 13 个点要素进入选择集,改变了颜色,"李村"乡范围内有 13 个村(图 14-2),打开"村"的图层属性表,可验证进入选择集的记录有多少,关闭属性表。

图 14-2　包含在"李村"乡范围内的村

14.2　相交选择查询

14.2.1　线和线相交

　　激活 Data frame2,该数据框的两个图层都是线状:"铁路"、"道路"。选用菜单"选择>按位置选择…",进一步操作:

选择方法:从以下图层中选择要素　　　　　　　　下拉选择

目标图层:☑ 道路　　　　　　　　　　　　　勾选,在该图层中选择要素

☐ 在此列表中仅显示可选图层　　　　　　　　取消勾选

源图层：铁路	下拉选择
☐ 使用所选要素	默认
目标图层要素的空间选择方法：与源图层要素相交	下拉选择
☐ 应用搜索距离	取消勾选

按"确定"键返回，可以看到 9 段和铁路相交的道路进入了选择集（图 14-3）。

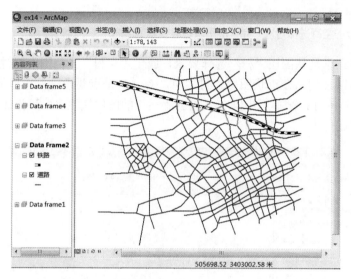

图 14-3　和铁路相交的 9 个路段进入选择集

14.2.2　线和面相交

激活 Data frame3，显示出两个图层：面状图层"地块"、线状图层"供水管"（图 14-4）。在内容列表中鼠标右键点击图层名"供水管"，选用菜单"选择>将此图层设为唯一可选图层"。用要素选择工具按钮 ![icon]，配合 Shift 键，点击多段供水管，使它们进入选择集，表示这些供水管即将维修（注意：应选择一些与地块相交的支管）。选用主菜单"选择>按位置选择..."，进一步操作：

选择方法：从以下图层中选择要素	下拉选择
目标图层：☑ 地块	勾选，在该图层中选择要素
☐ 在此列表中仅显示可选图层	取消勾选
源图层：供水管	下拉选择
☑ 使用所选要素	勾选
目标图层要素的空间选择方法：与源图层要素相交	下拉选择
☐ 应用搜索距离	取消勾选

按"确定"键返回，凡是和即将维修的供水管相交的地块都改变了颜色，进入选择集。打开"地块"的要素属性表，可以看到和即将维修的供水管相交的那些地块所对应的属性记录也进入了选择集（图 14-4），关闭属性表。

图 14-4　与所选水管相交的地块进入选择集

14.3　相邻选择查询

14.3.1　点和点相邻选择

激活 Data frame4，有 3 个图层：点状图层"学生"、点状图层"小学"和线状图层"道路"，道路图层仅用于显示，不参与查询（图 14-5）。"光明小学"是新选址的乡村小学，要查询距离该位置 5km 范围内有哪些学生。进入"Data frame4>数据框属性>常规"选项，确认"地图"和"显示"单位均为"米"，按"确定"键返回。选用主菜单"选择>按属性选择…"，在条件组合查询对话框中进一步操作：

图层：小学　　　　　　　　　　　　下拉选择
方法：创建新选择内容　　　　　　　下拉选择

在"SELECT * FROM school WHERE"提示下，利用鼠标输入 SQL 查询语句："SCHOOL_NAM" LIKE '光明小学'，按"确定"键返回。选用主菜单"选择>按位置选择…"，进一步操作：

选择方法：从以下图层中选择要素　　　下拉选择
目标图层：☑ 学生　　　　　　　　　勾选，在该图层中选择要素
□ 在此列表中仅显示可选图层　　　　取消勾选
源图层：小学　　　　　　　　　　　下拉选择
☑ 使用所选要素　　　　　　　　　　勾选
目标图层要素的空间选择方法：在源图层要素的某一距离范围内　　　下拉选择
☑ 应用搜索距离　　　　　　　　　　默认
5　　千米　　　　　　　　　　　　键盘输入距离值，下拉选择距离单位（千米）

图 14-5　Data frame4 的显示

上述操作的意思是在离"光明小学"5km 范围内搜索"学生",按"确定"键返回,有 49 个点要素"学生"进入选择集(图 14-6),可以打开 "学生"图层属性表验证。他们离 开"光明小学"的距离在 5km 以内,关闭属性表。

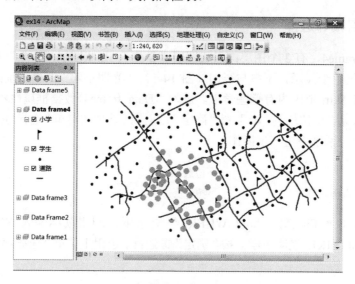

图 14-6　部分点要素"学生"进入选择集

14.3.2　点和线相邻选择

激活 Data frame5,有两个图层:点状图层"村庄"、线状图层"公路"。进入"Data frame5> 数据框属性>常规"选项,确认"地图"和"显示"单位均为"米",按"确定"键返回。选 用菜单"选择>按位置选择...",进一步操作:

选择方法：从以下图层中选择要素	下拉选择
目标图层：☑ 村庄	勾选，在该图层中选择要素
□ 在此列表中仅显示可选图层	取消勾选
源图层：公路	下拉选择
□ 使用所选要素	取消勾选
目标图层要素的空间选择方法：在源图层要素的某一距离范围内	下拉选择
☑ 应用搜索距离	默认
0.8　千米	键盘输入距离值，下拉选择距离单位（千米）

上述操作的意思是在离开"公路"的 0.8km 距离内选择"村庄"，按"确定"键返回。离开公路 0.8km 范围内的村庄全部被选出，这些点要素进入选择集，改变了显示颜色（图14-7）。打开"村庄"的图层属性表，可以看到 37 条记录中，32 条进入选择集，改变颜色，即 37 个村庄中，有 32 个离开公路的距离在 0.8km 之内，关闭属性表窗口。

图 14-7　离开公路 0.8km 范围内的村庄

14.3.3　面和面相邻选择查询

激活 Data frame3，显示出两个图层：面状图层"地块"、线状图层"供水管"。进入"Data frame3>数据框属性>常规"选项，确认"地图"和"显示"单位均为"米"，按"确定"键返回。本练习要求查询离开地图右侧的某块绿地 200m 范围内，有哪些住宅用地。在内容列表中鼠标右键点击图层名"地块"，选用菜单"选择>将此图层设为唯一可选图层"，先点击 ☒，清空选择集，再用要素选择工具 ，点击地图右侧中部的绿地（G1），该多边形进入选择集（图 14-8，边界变为浅蓝色）。选用菜单"选择>按位置选择..."，进一步操作：

选择方法：从以下图层中选择要素	下拉选择
目标图层：☑ 地块	勾选，在该图层中选择要素
□ 在此列表中仅显示可选图层	取消勾选
源图层：地块	下拉选择

☑ 使用所选要素　　　　　　　　　　默认

目标图层要素的空间选择方法：在源图层要素的某一距离范围内　　下拉选择

☑ 应用搜索距离　　　　　　　　　　默认

200　米　　　　　　　　　　　　　键盘输入距离值，下拉选择距离单位

按"确定"键返回。可以看出，若干地块边界改变了颜色（包括绿地自身），打开图层"地块"的图层属性表，可以看出从 39 条记录中选出了 23 条，属性表窗口的底部有提示："（23/39 已选择）"。在属性表窗口左上侧选择" ▦▾ >按属性选择…"，对话框中进一步操作：

方法：从当前选择内容中选择　　　　　　下拉选择

在"SELECT * FROM lots WHERE"提示下，利用鼠标输入 SQL 查询语句："LANDUSE" LIKE 'R%'，按"应用"键，5 个住宅用地地块（字段 LANDUSE 的属性值中以字符"R"开头）进入选择集，改变边界颜色，它们离开绿地的直线距离均小于 200m，非住宅用地被排斥在选择集之外，关闭属性表窗口。

图 14-8　右侧一块绿地进入选择集（多边形边界为黑色）

14.4　空间连接查询

激活 Data frame1。显示出两个图层：点状图层"村"、面状图层"乡"。点击按钮 ▣，清空选择集。鼠标右键点击图层"村"，快捷菜单中选用"连接和关联>连接…"：

要将哪些内容连接到该图层？基于空间位置的另一图层的数据　　　下拉选择

1. 选择要连接到此图层的图层，或者从磁盘加载空间数据：乡　　　下拉选择

2. 正在连接：　面转点

⦿ 落入其中的面　　　　点选

◯ 与其最接近的面　　　不选

3. 连接结果将保存到一个新图层中

\gis_ex10\ex14\temp\Join_Output.shp　　　点击文件夹按钮，鼠标选路径，键盘输入数据名称，Shapefile 为保存类型，按"保存"键返回。

按"确定"键结束。ArcMap 产生新的点状要素类 Join_Output，自动加载到当前数据框，要素的空间位置和"村"一样。打开图层 Join_Output 的要素属性表，可以看到 215 条记录（对应 215 个村），表的右侧比原来多了 3 个字段：AREA（乡的面积）、SUB_CON_ID（乡的编号）和 NAME（乡的名称）。本次空间连接操作，按村位于乡的空间范围计算（点在多边形内），使每个村有了所在乡的属性字段，可进一步用于统计分析。关闭属性表窗口，用鼠标右键点击图层名 Join_Output，进入选项"图层属性>符号系统>显示：类别>唯一值"，下拉选择"值字段"：NAME，在"色带"下拉表中选择配色表，相互之间的明暗差异较大，点击左下侧按钮"添加所有值"，乡名称全部加载。可以看出，按乡的名称分类，每个乡有多少个村（如"五塘"乡对应 10 个村），在每个乡名称左侧的"符号"列中双击点符号，调整每个符号，使他们相互之间有颜色差异，取消<其他所有值>前的勾选，按"确定"键返回，得到按乡分类的村庄专题图（图 14-9）。

图 14-9　每个村按它所在乡分类显示

练习结束，选用菜单"文件>退出"，会出现"是否保存对当前地图文档的更改"的提示，为了不影响以后及他人的练习，点击"否"。

14.5　本　章　小　结

14.5.1　关于空间位置选择查询

空间位置选择查询是 GIS 和其他软件的重要区别。如果选择要素发生在图层之间，一般定义为源图层、目标图层。在一定条件下，也可在同一图层内部。借助拓扑关系理论，选择的逻辑关系有多种，　ArcMap 提供了 10 多种操作选项（个别操作从二维空间扩展到三维），以下是较常用、较基本的选项：

　　目标图层要素与源图层要素相交；

　　目标图层要素在源图层要素的某一距离范围内；

　　目标图层要素包含源图层要素；

　　目标图层要素在源图层要素范围内；

　　目标图层要素与源图层要素完全相同；

　　目标图层要素接触源图层要素的边界；

　　目标图层要素与源图层要素共线；

　　目标图层要素与源图层要素的轮廓交叉；

　　目标图层要素的质心在源图层要素内。

　　本章所练习的包含、相交、相邻是最基本的选择方法，软件产品提供多种操作，虽有部分重复，但可方便日常使用。原始的提示接近英语口语（中文是翻译的），有些是基本功能的组合、延伸或逆向实现。例如，"相同"在一定条件下可转换为相邻距离为零；目标图层要素的质心在源图层要素内可分解为两步：①目标图层要素转换为质心，②利用源图层要素包含选择。

14.5.2　关于空间连接

　　表和表连接、关联，是关系型数据库的基本功能，空间连接（Spatial Join）则是 GIS 的基本功能。先按要素间的空间关系，实现连接，再实现属性字段的连接、传递。功能类型比空间位置选择要少（表 14-1）。

表 14-1　空间连接功能表

要素	点	线	面
点	最近距离、重合	点在线上，最近距离	点在面内，最近距离
线	点在线上，最近距离	线和线相交，部分重合	相交，包含，最近距离
面	点在面内，最近距离	相交、最近距离	面的包含，最近距离

　　上述功能中最近距离属相邻关系，是在多个要素间找出相距最近的，记录在属性字段中，逻辑上通过邻近分析实现（第 17 章将有进一步练习）。相交、包含连接可能出现一对多的关系，这时，可对属性值取平均、最大、最小、累加等。本练习主要尝试了包含关系，这是使用机会较多的。有兴趣的读者可以自己尝试相交、相邻空间连接。

思　考　题

1. 根据自己的经验，想想相交、包含、相邻查询还可以用于哪些领域。

2. 根据自己的经验，想想空间连接还可解决什么问题。

第15章 缓 冲 区

- 点要素的缓冲区
- 线要素的缓冲区
- 多边形要素的缓冲区
- 利用缓冲区计算道路网密度
- 本章小结

15.1 点要素的缓冲区

15.1.1 相互独立的缓冲区

启用\gis_ex10\ex15\ex15.mxd，激活 Data frame1，可看到两个图层：点状图层"公园"，有 9 个点；线状图层"道路"，仅用于显示（图 15-1）。本练习要求产生离开公园 1000m 同心圆式的服务范围。鼠标双击 Data frame1，打开"数据框属性"对话框，进入"常规"选项，确认"地图"和"显示"单位均为"米"，按"确定"键返回。主菜单中选用"地理处理>环境..."，进一步设置：

图 15-1 Data frame1 的显示

工作空间>当前工作空间：\gis_ex10\ex15\temp   借助文件夹按钮选择，添加

工作空间>临时工作空间：\gis_ex10\ex15\temp   借助文件夹按钮选择，添加

输出坐标系: 与输入相同　　　　　　　　　　下拉选择

处理范围: 默认　　　　　　　　　　　　　　下拉选择

　　按"确定"键返回。标准工具条内点击按钮 ▣ (或在主菜单中选择"地理处理>
ArcToolbox"),调出 ArcToolbox。在 ArcToolbox 窗口中,展开、双击"分析工具>邻域分析>
缓冲区",出现对话框:

输入要素: 公园　　　　　　　　下拉选择图层名

输出要素类: \gis_ex10\ex15\temp\buffer1.shp　　　数据项路径、名称,shp 为默认

距离 [值或字段]

⊙ 线性单位　　　　　　　　　　点选

1000　　　米　　　　　　　　　键盘输入缓冲距离,下拉选择距离单位

侧类型 (可选): FULL　　　　　　默认

末端类型 (可选): ROUND　　　　默认

融合类型 (可选): NONE　　　　　下拉选择,不消除缓冲区的交叉、重叠

融合字段 (可选)　　　　　　　　不选

　　按"确定"键,ArcToolbox 按上述要求计算,产生离开公园 1000m 缓冲区多边形,自
动加载,图层取名为 buffer1,相互独立,有交叉、重叠 (图 15-2)。

图 15-2　离开公园 1000m,相互交叉、重叠的同心圆式服务范围

15.1.2　重叠部分合并的缓冲区

　　再到 ArcToolbox 窗口双击"缓冲区",产生单环状缓冲区对话框:

输入要素: 公园　　　　　　　　下拉选择图层名

输出要素类: \gis_ex10\ex15\temp\buffer2.shp　　　数据项路径、名称,shp 为默认

距离 [值或字段]

⊙ 线性单位　　　　　　　　　点选

600　　　米　　　　　　　　键盘输入缓冲距离，下拉选择距离单位

侧类型（可选）：FULL　　　　默认

末端类型（可选）：ROUND　　默认

融合类型（可选）：ALL　　　 下拉选择，消除交叉、**重叠**

融合字段（可选）　　　　　　不选

　　按"确定"键继续，ArcToolbox 产生离开公园 600m 缓冲多边形，共有 8 个，交叉重叠的位置被合并（图 15-3 中 D 和 I 的缓冲区合并为一个多边形）。

图 15-3　离开公园 600m，D 和 I 的交叉、重叠部分被合并

15.1.3　按要素的属性产生缓冲区

　　不同的公园可以产生不同的缓冲区，要求如下：

公园名称	邻近距离
A	750
B	500
C	1000
D	1000
E	750
F	500
G	750
H	500
I	750

　　切换到内容列表，鼠标右键点击图层名"公园"，打开图层属性表，在属性表窗口左上角 ▦▾ 选用"添加字段"，继续输入：

　　名称：Distn

　　类型：短整型

　　精度：4（字段宽度）

　　按"确定"键返回，属性表增加了以 Distn 命名的字段。点击 ✐，弹出编辑器工具条，选择"编辑器>开始编辑"，软件会提示要编辑的数据，选择"公园"，按"确定"键，该表进入编辑状态，可编辑的字段名改变为白色，参照前述的不同公园不同邻近距离的要求，为字段 Distn 分别输入对应值，行的顺序可能和教材上不一致，可右键点击字段名 NAME，选快捷菜单"升序排列"，完成输入后选择"编辑器>停止编辑"，软件会出现"是否保存编辑结果"的提示，点击"是"，编辑状态结束，字段名的颜色变回原来的灰色。关闭属性表、编辑器工具条。再切换到 ArcToolbox 窗口，双击"缓冲区"，继续输入：

　　输入要素：公园　　　　　　　　下拉选择图层名

　　输出要素类：\gis_ex10\ex15\temp\buffer3.shp　　　数据项路径、名称，shp 为默认

　　⦿ 字段　　　　　　　　　　　　这次应改选字段

　　　Distn　　　　　　　　　　　　下拉选择要素属性表中的字段名

　　侧类型（可选）：FULL　　　　　默认

　　末端类型（可选）：ROUND　　　默认

　　融合类型（可选）：ALL　　　　下拉选择，消除缓冲区的交叉、重叠

　　融合字段（可选）　　　　　　　不选

　　按"确定"键继续，ArcToolbox 按上述要求产生离开公园不同距离的缓冲区多边形，有远有近，大小不同，交叉、重叠处被合并（图 15-4）。

图 15-4　不同公园不同服务距离的缓冲区

15.2   线要素的缓冲区

激活 Data frame2，该数据框有两个图层：线状图层"道路"，仅用于地图显示，不参加分析，线状图层"铁路"为缓冲区的分析对象（图 15-5）。假设根据当地的要求，沿铁路两侧 20m、40m 范围内，进行环境整治、植树，需要提供专题地图。进入"Data frame2>数据框属性>常规"选项，确认"地图"和"显示"单位均为"米"，按"确定"键返回。选用"ArcToolbox>分析工具>邻域分析>多环缓冲区"，出现对话框：

输入要素: 铁路　　　　　　　　　　　　　下拉选择图层
输出要素类: \gis_ex10\ex15\temp\buffer4.shp　　数据项路径、名称，shp 为默认
距离:　　　　　　　　　　　　　　　　　分两次键盘输入邻近距离值，输完后按"＋"号
　　　　　　　　　　　　　　　　　　　　按钮添加
　　20
　　40
缓冲区单位 (可选): Default　　　　　　　默认
字段名 (可选):　　　　　　　　　　　　　保持空白
融合选项 (可选): ALL　　　　　　　　　下拉选择，重叠的多边形相互合并

图 15-5　Data frame2 的显示

按"确定"键，ArcToolbox 按上述要求产生离开铁路线 20m、40m 两圈边界组成的两个多边形，图层名为 buffer4。因范围很小，要放大图形才能看清楚，可打开图层 buffer4 的图层属性对话框，为缓冲区多边形设置合适的显示符号，还可以打开、关闭图层"铁路"，观察显示效果（图 15-6）。

图 15-6 铁路两侧 20m、40m 缓冲区

15.3 多边形要素的缓冲区

激活 Data frame3，该数据框有两个图层："道路"仅用于地图显示，不参加分析；"仓库"表示某城市中危险品的存储基地（图 15-7）。假设存储基地周围 100m 范围内不准有建筑物，也不准堆放易燃易爆物品，周围 200m 范围内可以有一般建筑物，但是仍不能有易燃易爆物品，周围 300m 范围内不准建设住宅，以及商业、学校、办公等设施。为此需要在地图上产生 100m、200m、300m 的缓冲区，并计算缓冲区的面积。进入"Data frame3>数据框属性>常规"选项，确认"地图"和"显示"单位均为"米"，按"确定"键返回。选用"ArcToolbox>分析工具>邻域分析>多环缓冲区"，进一步设置：

图 15-7 Data frame3 的显示

输入要素：仓库　　　　　　　　　　　　下拉选择图层名

输出要素类：\gis_ex10\ex15\temp\buffer5.shp　　数据项路径、名称

距离：　　　　　　　　　　　　　　　　分三次键盘输入邻近距离值，每次输完后用
　　　　　　　　　　　　　　　　　　　　"＋"按钮继续

100

200

300

缓冲区单位（可选）：Default　　　　　　默认

字段名（可选）：　　　　　　　　　　　保持空白

融合选项（可选）：ALL　　　　　　　　下拉选择，重叠的多边形相互合并

☐ 仅外部　　　　　　　　　　　　　　不勾选

　　按"确定"键，ArcToolbox 按上述要求产生 3 个缓冲区多边形，离开仓库多边形分别为
100m、200m、300m 共 3 圈，图层名称默认为 buffer5。用鼠标右键打开 buffer5 的图层属性
对话框，进入"符号系统"选项，为缓冲区设置合适的显示符号，还可以打开、关闭图层"仓
库"，观察显示效果（图 15-8），可以看出，100m 缓冲区没扣除仓库多边形自身。

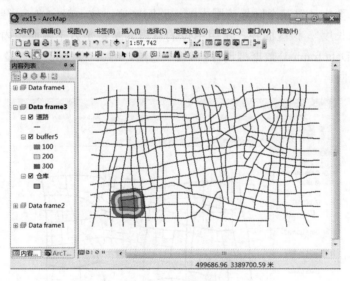

图 15-8　多边形的缓冲区显示

　　下一步为每个缓冲区计算面积，用鼠标右键打开缓冲区 buffer5 的图层属性表，点击属
性表窗口左上角表选项按钮"▦▾>添加字段"，继续输入：

名称：B_area

类型：双精度

精度：10（字段宽度）

小数位数：2

　　按"确定"键返回。属性表增加了字段 B_area，鼠标右键点击表中的字段名 B_area，在
快捷菜单中选择"计算几何"（如果提示结果无法撤销，继续），出现计算几何对话框：

属性：面积　　　　　　　　　　　　下拉选择

坐标系：⊙ 使用数据源的坐标系　　点选

单位：平方米［平方米］　　　　　　下拉选择

☐ 仅计算所选记录　　　　　　　　取消或默认空白

按"确定"键，可以观察到 buffer5 属性表中字段 B_area 为多边形的面积（因软件版本不同，面积值可能有很小的差异）：

FID （内部标识）	Shape* （几何形状）	distance （邻近距离）	B_area （面积）
0	面	100	230174.93
1	面	200	214332.95
2	面	300	277144.28

15.4　利用缓冲区计算道路网密度

关闭属性表，激活 Data frame4，该数据框有两个图层：线状图层"道路"、面状图层"区界"（图 15-9），要求计算某个区界范围内的道路网密度。按一般定义：道路网密度 = 区界范围内的道路总长度 / 该区面积，常用单位的意思为是每平方千米面积内有多少千米长度的道路。进入"Data frame4>数据框属性>常规"选项，确认"地图"和"显示"均为"米"，按"确定"键返回。

图 15-9　选择需要计算道路密度的多边形

15.4.1　计算道路长度、多边形周长、多边形面积

在内容列表中鼠标右键点击图层名"道路"，点击快捷菜单"打开属性表"，点击属性表窗口左上角下拉菜单 ⊞ ▾，选用"添加字段"，进一步输入：

名称：R_length

类型：双精度

精度：9（字段宽度）

小数位数：2

按"确定"键，属性表增加字段 R_length。鼠标右键点击字段名 R_length，在快捷菜单中选择"计算几何"（如果提示结果无法撤销，继续），进一步设置：

属性：长度   下拉选择

坐标系：⊙ 使用数据源的坐标系   点选

单位：米[m]   下拉选择

☐ 仅计算所选记录   取消或默认空白

按"确定"键，可以观察到属性表中字段 R_length 的取值为每条路段的长度，关闭属性表窗口。鼠标右键打开"区界"的图层属性表，点击属性表窗左上角下拉菜单 ⊞▾，选用"添加字段"，输入如下定义：

名称：B_peri

类型：双精度

精度：9（字段宽度）

小数位数：2

按"确定"键返回。再选用" ⊞▾ >添加字段"，输入如下定义：

名称：B_area

类型：双精度

精度：10（字段宽度）

小数位数：2

按"确定"键返回。属性表增加了以 B_peri 和 B_area 命名的两个字段。分别利用"计算几何"功能，参照前述练习，针对字段 B_peri 计算多边形周长，单位为"米[m]"，针对字段计算多边形面积，单位为"平方米[m^2]"，关闭属性表。

15.4.2 产生离开某个区界多边形的缓冲区

内容列表中，鼠标右键点击图层名"区界"，选用快捷菜单"选择>将此图层设为唯一可选图层"，基本工具条中点击 ⬚，在地图窗口中点选一个多边形，边界改变颜色，进入选择集（图 15-9）。选用"ArcToolbox>分析工具>邻域分析>缓冲区"，出现对话框：

输入要素：区界   下拉选择图层名

输出要素类：\gis_ex10\ex15\temp\buffer6.shp   数据项路径、名称

距离〔值或字段〕

⊙ 线性单位　　　　　　　　　　　　　　　点选，采用线性距离单位

-50　　米　　　　　　　　　　　　　　　注意：距离为负值，下拉选择距离单位

侧类型（可选）：FULL　　　　　　　　　下拉选择

末端类型（可选）：ROUND　　　　　　　默认

融合类型（可选）：ALL　　　　　　　　下拉选择

融合字段（可选）　　　　　　　　　　　不选

按"确定"键，被选择区界多边形产生 50m 缓冲区，图层名为 buffer6，因距离值小于零，缓冲区在多边形的内侧（图 15-10）。

图 15-10　被选多边形产生缓冲区

15.4.3　选择指定多边形内的道路，计算道路网密度

选用主菜单"选择>清除所选要素"（或借助按钮 ），切换到内容列表，鼠标右键点击图层 buffer6，选择快捷菜单"选择>全选"，刚才生成的缓冲区进入选择集。选用主菜单"选择>按位置选择"，出现对话框：

选择方法：从以下图层中选择要素　　　　下拉选择

目标图层：☑ 道路　　　　　　　　　　仅"道路"图层被勾选，其他图层均取消

源图层：buffer6　　　　　　　　　　　下拉选择，用该图层的要素作为参照

☑ 使用所选要素　　　　　　　　　　　勾选，仅让进入选择集的要素

目标图层要素的空间选择方法：与源图层要素相交　　　下拉选择

☐ 应用搜索距离　　　　　　　　　　　保持空白，不勾选

按"确定"键，可以看到和选定多边形交叉（含包围）的道路进入选择集，改变了显示颜色（图 15-11）。

图 15-11　参与计算的道路进入选择集

打开"道路"的图层属性表，可以看到，585 条记录中，16 条记录进入了选择集。鼠标右键点击字段名 R_length（每段道路的长度），选择菜单"统计"，属性 R_length 的统计结果文本框显示如下：

计数：16　　　　　　进入计算的路段数（记录数）
……　……
总和：4134.58　　　　选择集内道路路段长度总和
……　……

关闭统计结果文本框，关闭属性表"道路"，返回内容列表。暂时关闭"道路"和 buffer6 的显示，基本工具条中点击 🛈，在地图窗口中点击最初选择的那个多边形内部，出现该要素的属性：

字段	值
FID	16
Shape	面
BOUND_ID	2010
B_peri（多边形周长）	5354.69
B_area（多边形面积）	991566.26

需要计算道路网密度的边界既是多边形自己，也是周围其他多边形的边界。在几何上，边界线由两侧多边形共享，而且周边道路重合，因此，计算道路网密度时，与边界重合的道路长度应对半分，分别计入两侧多边形。该多边形范围内道路网密度如下：

（4134.58 ＋ 5354.69 / 2）/ 991566.26 × 1000 = 6.87

道路网密度常用计算单位是"千米/平方千米"，而本练习的地图单位是米，因此，上述计算式中要乘 1000。

15.4.4　本练习说明

计算道路网密度的范围边界如果与道路重合，直接用"按位置选择"或者"空间连接"选择道路路段，原理上可行，但因原始数据的误差，坐标计算中的误差，容易出现该进入选择集的路段未进入，不该进入的却进入了。在计算边界的内侧产生一个缓冲区，可保证边界内以及与边界有交叉的道路路段都进入选择集，边界上、边界外的道路不进入，防止误差。

还有一种更简单的操作，也可防止选择误差。主菜单中点击 ⌧ ，清空选择集，暂时关闭"道路"和 buffer6 的显示，借助 ⬚ ，在地图窗口中再次点选最初要选择的那个多边形，该要素改变颜色，进入选择集。主菜单中选择"选择>按位置选择"，弹出对话框：

选择方法：从以下图层中选择要素	下拉选择
目标图层：☑ 道路	仅道路图层被勾选，其他图层均取消
源图层：区界	下拉选择，用该图层的要素作为参照
☑ 使用所选要素	勾选，仅用进入选择集的要素
目标图层要素的空间选择方法：与源图层要素相交	下拉选择
☑ 应用搜索距离	勾选
−50　米	键盘输入负值距离，下拉选择距离单位

按"确定"键，打开图层"道路"的显示，可以看到选择的结果和缓冲区相同，按"关闭"键返回。依靠位置相邻实现选择，搜索距离为负值，相当于在多边形内侧产生一个隐性的缓冲区，虽不显示、不持久保存，但基本方法也是依靠缓冲区，与先产生显性缓冲区再相交选择的作用一样，如果仅仅为了选择，显然后一种操作相对简便。

练习结束，选用菜单"文件>退出"，ArcMap 会出现"是否将更改保存到地图文档"的提示，为了不影响以后及他人的练习，点击"否"。

15.5　本　章　小　结

本章涉及的缓冲区的英语词汇为 Buffer Zone，可以针对点、线、面 3 类要素。可以是单距离的缓冲区，也可以是多重距离的缓冲区，可以在多边形外侧，也可以在内侧。缓冲区的距离可以在操作过程中输入，也可以从要素的属性表中获得，前者便于交互操作，后者更适合程序处理。缓冲区的结果是多边形，相互交叉、重叠的部分可以保留，也可消除、合并。

"计算几何"针对要素的几何特征，计算结果保存在要素属性表的字段中，要素类型不同，"计算几何"所提供的功能也不同：

点要素：点的 X、Y 坐标。

线要素：线的长度、起点的 X、Y 坐标，终点的 X、Y 坐标，中点的 X、Y 坐标。

面要素：面积、周长、几何质心的 X、Y 坐标。

上述特征值可进一步用于各种几何相关的统计、分析。

完成本章练习，会改变练习数据内容，将\gis_ex10\Back\ex15\路径下的原始文件覆盖至\gis_ex10\ex15\，数据内容就恢复到练习之前的状态。

思 考 题

1. 根据自己的经验，点、线、面的缓冲区功能还可以用于哪些领域。
2. 体会计算道路网密度两种实现途径的含义。

第 16 章　多边形叠合、归并

- 线和面的叠合
- 多边形叠合练习简介
- 主要处理过程
- 结果表达、汇总
- 本练习小结
- 叠合功能简介
- 多边形归并

16.1　线和面的叠合

启用\gis_ex10\ex16\ex16.mxd，激活数据框 Data frame1，有 3 个图层："区界"（多边形，仅用于显示，不参与计算）、"计算范围"（多边形）和"道路"（线）。本练习要求得到"计算范围"内的道路网密度，该范围和区界多边形不重合（图 16-1）。鼠标右键点击 Data frame1，选择"属性"，进入"常规"选项，确认"地图"和"显示"单位均为"米"，按"确定"键返回。主菜单中选用"地理处理>环境..."，进一步设置：

图 16-1　Data frame1 的图形显示

工作空间>当前工作空间：\gis_ex10\ex16\temp	借助文件夹按钮选择、添加
工作空间>临时工作空间：\gis_ex10\ex16\temp	借助文件夹按钮选择、添加
输出坐标系：与输入相同	下拉选择
处理范围：默认	下拉选择

按"确定"键返回。如果 ArcToolbox 尚未调出，点击 ，展开、选用"ArcToolbox>分析工具>叠加分析>相交"，出现对话框：

输入要素： 分两次利用下拉箭头分别选择"道路"、"计算范围"

输出要素类：\gis_ex10\ex16\temp\intersect1.shp 输入路径、数据名，shp 为默认

连接属性（可选）：ALL 下拉选择所有属性均连接到输出的要素属性表

XY 容差（可选）： 保持空白

输出类型（可选）：LINE 下拉选择，输出线要素类

按"确定"键。经计算，产生要素类 intersect1，自动加载，可看出原来的"道路"被切割后限定在"计算范围"内（图 16-2），鼠标右键点击该图层名打开属性表，在属性表窗口左上角选用"⊞▾>添加字段"，进一步输入：

名称：R_length

类型：浮点型

精度：8（字段宽度）

小数位数：2

图 16-2 叠合产生需要计算的道路线段

按"确定"键返回。属性表增加了字段 R_length，右键点击该字段名，快捷菜单中选择"计算几何"，进一步设置：

属性：长度 下拉选择

坐标系：⊙ 使用数据源的坐标系 点选

单位：米[m] 下拉选择

□ 仅计算所选记录 取消或默认空白

按"确定"键结束。可以观察到字段 R_length 的取值为相交叠合处理后线要素的几何长度，还可以看到该属性表有一个字段 Area，所有记录中取值均为 1579952.9，这是"计算

范围"多边形的面积，叠合处理过程中被带入到了 intersect1 的属性表，鼠标右键点击字段名 R_length，快捷菜单中选择"统计..."，可以看到叠合处理后有 55 个路段，长度总和为 11169.67，该范围的道路网密度如下：

$$11169.67 / 1579952.9 \times 1000 = 7.07（km/km^2）$$

关闭统计数据窗口，关闭属性表窗口。

16.2　多边形叠合练习简介

激活 Data frame2，可以看到"高程"、"地块"两个多边形图层（图 16-3 和图 16-4）。"高程"多边形由地形等高线加分析范围边界线围合而成，每个多边形涉及一种或两种高程相邻的等高线，打开要素属性表"高程"，可看到字段 HEIGHT，属性值等于较高的等高线高程值。当洪水水位到达或超过属性值时，该多边形范围被淹没。打开要素属性表"地块"，可以看到 LANDUSE、VALUE、CLASS、P_area 等字段，分别表示土地使用、估计财产、地基类型、地块面积。

图 16-3　Data frame3 的显示

点击 ⬆，在 \gis_ex10\ex16\路径下，选择独立属性表 found.dbf，按"添加"键，加载该表。在内容列表中，用鼠标右键点击"found>打开"，可看到该表有 CLASS 和 PARA 两个字段，表示地基类型和损失参数（图 16-5），关闭属性表。

本练习是一个假设的洪水淹没的分析，考虑因素和分析要求如下：

（1）洪水水位的高程为 505m，淹没范围按等高线考虑；

（2）住宅用地为财产损失的估计对象；

（3）淹没引起的损失除了与居民的财产有关，也与场地的稳定性有关；

（4）计算被淹没的面积，估计损失的财产。

图 16-4　高程多边形的另一种显示方式

图 16-5　地块属性、地基类型、损失参数的逻辑关系

16.3　主要处理过程

16.3.1　计算地块财产密度

用鼠标右键打开 "地块" 的图层属性表，点击 " 📇 ▾>添加字段"，进一步输入：

名称：V_A

类型：浮点型

精度：7（字段宽度）

小数位数：5

按 "确定" 键返回，鼠标右键点击字段名 V_A，选用 "字段计算器…"，对话框下侧提示 "V_A＝"，用鼠标点击输入：

[VALUE] / [P_area]

按"确定"键，可看到表示地块财产密度的字段 V_A 被赋值，关闭属性表。

16.3.2　多边形叠合

展开并选用"ArcToolbox>分析工具>叠加分析>联合"，进一步操作：

输入要素：　分两次利用下拉箭头分别选择"高程"、"地块"

输出要素类：\gis_ex10\ex16\temp\union1.shp　数据项的路径、名称，shp 为默认

连接属性（可选）：ALL　　　　　　　　　下拉选择，所有字段都连接

XY 容差（可选）：　　　　　　　　　　　保持空白

☑ 允许间隙存在　　　　　　　　　　　　勾选

按"确定"键执行，产生叠合结果 union1，自动加载（图 16-6）。

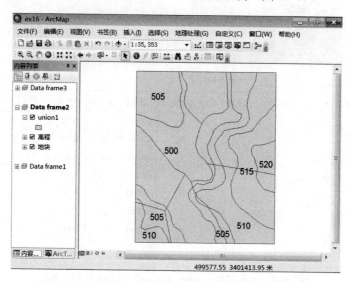

图 16-6　叠合后的多边形图层

16.3.3　计算叠合后的多边形面积

用鼠标右键打开 unionl 的图层属性表，点击" ▤▾ >添加字段"，进一步输入：

名称：New_Area

类型：双精度

精度：10（字段宽度）

小数位数：2

按"确定"键返回，鼠标右键点击字段名 New_Area，快捷菜单中选择"计算几何"，进一步设置：

属性：面积　　　　　　　　　下拉选择

坐标系：⊙ 使用数据源的坐标系　　点选

单位：平方米 [平方米]　　　　　　　下拉选择

☐ 仅计算所选记录　　　　　　　　取消勾选或默认空白

按"确定"键，可看到字段 New_Area 的取值为叠合后的多边形面积。

16.3.4　计算地块损失、损失密度

在属性表 unionl 窗口的左上角点击" 🔢▾ 添加字段"，进一步输入：

名称：Estloss（地块的估计损失）

类型：双精度

精度：10（字段宽度）

小数位数：2

按"确定"键，再选用" 🔢▾ 添加字段"：

名称：Lossden（单位面积的损失密度）

类型：浮点型

精度：7（字段宽度）

小数位数：5

按"确定"键返回，关闭属性表。下一步将地基类型-损失系数表连接到叠合多边形属性表。如果地基类型-损失参数表未加载，点击工具 ➕，在 \gis_ex10\ex16\ 路径下选择 found.dbf，按"添加"键。内容列表中鼠标右键点击图层名 union1，选用快捷菜单"连接和关联>连接…"，执行表和表的连接操作：

要将哪些内容连接到该图层？某一表的属性　　　　下拉选择，执行表和表连接

1. 选择该图层中连接将基于的字段：CLASS　　　下拉选择 union1 的关键字段

2. 选择要连接到此图层的表，或从磁盘加载表：found　　　下拉选择表名

☑ 显示此列表中的图层的属性表　　　勾选

3. 选择此表中要作为连接基础的字段：CLASS　　　下拉选择 found 的关键字段

连接选项

⦿ 保留所有记录　　　　　　　　　　点选

按"确定"键，会出现"是否增加属性索引"的提示，点击"否"，完成连接后，打开 union1 的属性表，可看到该表多了字段 PARA，即损失系数。鼠标右键点击字段名 Estloss，选用"字段计算器…"，对话框下侧提示："union1.Estloss ="，借助鼠标在文本框内输入：

[union1.New_Area] * [union1.V_A] * [found.PARA]

按"确定"键，字段 Estloss 被赋值，即地块估计损失 = 地块财产密度 × 叠合后的多边形面积 × 损失系数。再用鼠标右键点击字段名 Lossden，选用"字段计算器…"，对话框下侧提示"union1. Lossden ="，借助鼠标在文本框内输入：

[union1.V_A] * [found.PARA]

按"确定"键，字段 Lossden 被赋值，即地块的损失密度 = 地块财产密度 × 损失系数，关闭属性表。

16.4 结果表达、汇总

16.4.1 显示损失密度

内容列表中双击图层名 unionl，调出"图层属性"对话框，进入"定义查询"选项，点击"查询构建器..."，输入查询组合条件（可借助鼠标输入，如果键盘输入，单双引号必须都是英文字符）：

```
"union1.HEIGHT" <= 505 AND "union1.LANDUSE" LIKE 'R%'
```

按"确定"键返回。unionl 的数据源只有高程值小于或等于 505，并且土地使用为住宅的要素（LANDUSE 的属性值以"R"开头的字符串）才进入选择集，按"确定"键关闭"图层属性"对话框，可以看到 unionl 中的要素被过滤，要素明显减少（关闭图层"地块"后可看得清楚）。再打开 unionl 的"图层属性"对话框，进入"符号系统"选项，定义损失密度图的显示符号。左侧显示框内，展开并选择"数量>分级色彩"，中部字段框内，下拉选择"值"：Lossden；"归一化"：无；右侧分类框内下拉选择"类"：3；色带下拉表中选择由浅到深的色带，下侧图例表中"范围"列，分别输入：0.03、0.06、0.09，标注列分别输入："低"、"中"、"高"，提示如下：

符号	范围	标注
对应的颜色符号	0.00496 -0.03000	低 （键盘输入汉字）
对应的颜色符号	0.03001 -0.06000	中 （键盘输入汉字）
对应的颜色符号	0.06001 -0.09000	高 （键盘输入汉字）

根据需要，调整多边形的填充符号、颜色，按"应用"按钮，观察地图显示效果，满意后按"确定"键，关闭"图层属性"对话框。可以关闭"高程"、"地块"两个图层的显示状态，再打开，比较显示效果（图 16-7）。

图 16-7 分析结果专题图显示

16.4.2 汇总损失值

鼠标右键打开 unionl 的图层属性表，鼠标右键点击该表的字段名 LAND_ID，选用"汇总…"：

1. 选择汇总字段：union1.LAND_ID

2. 选择一个或多个要包括在输出表中的汇总统计信息：

展开 union1.P_area，勾选"平均"

展开 union1.New_Area，勾选"总和"

展开 union1.Estloss，勾选"总和"

3. 指定输出表：\gis_ex10\ex16\temp\Sum_Output.dbf 数据类型为 dBASE 表

按"确定"键，软件会出现"是否要将结果添加到地图文档"的提示，点击"是"，可以看到当前的内容列表中出现了独立属性表 Sum_Output，鼠标右键点击，选择"打开"，再右键点击表中的字段名 Average_P_area，选用"字段计算器…"，在"Average_P_area ="的提示下，利用鼠标双击字段名，在文本框内实现输入：

[Sum_New_Ar] / [Ave_P_area] * 100

按"确定"键。Average_P_area 原来的值是地块的原始面积，经计算后，变成该地块的淹没比例，实际结果如表 16-1 所示。关闭属性表。

表 16-1 估计损失汇总表

地块号 LAND_ID	淹没比例/% Sum_New_Ar/(Ave_P_area * 100)	被淹面积 Sum_New_Area	估计损失 Sum_Estloss
1	15.7152	237262.08	1178.00
2	98.5289	764947.20	24631.30
5	100.0000	578469.86	50000.04
6	38.2793	733819.24	33016.36
7	99.1289	774176.13	49562.75

16.5 本练习小结

本练习的基本处理过程如下：

（1）在地块属性表中增加一个字段，按地块面积计算财产密度。

（2）将地块多边形和高程多边形进行叠合处理（联合，union），叠合生成的多边形（unionl）具有高程、土地使用、地基类型、地块财产密度等属性。

（3）计算叠合后的多边形面积。

（4）计算地块损失和损失密度。将地基类型-损失参数表（found. dbf）连接到 unionl，以地基类型（CLASS）为关键字，使叠合后的多边形属性表获得损失系数字段 PARA，就可进一步计算：

每个多边形的估计损失 ＝ 财产密度 × 叠合后的多边形面积 × 损失系数

估计损失密度 ＝ 财产密度 × 损失系数

（5）专题地图表达，损失结果汇总。在"图层属性"中过滤 union1 的要素，只有高程小于等于 505m、土地使用为住宅的多边形才进入估计损失的选择集。据此，按损失密度高低分类显示地图，按原地块编号汇总淹没比例、淹没面积和估计损失。

空间数据叠合过程可参考图 16-8 和图 16-9。初次练习的读者可能会将精力集中在计算机操作上，顾不上处理功能的含义，做完练习后，应回顾数据处理过程，体会每个步骤的意义，进一步理解相关原理（本例部分参考：Environmental Systems Research Institute, 1990, PC Overlay Users Guide, Redland, C. A.）。

图 16-8　叠合之前的图层

图 16-9　叠合、过滤后的图层

16.6　叠合功能简介

叠合（软件界面称其为叠加，Overlay）是 GIS 的典型功能，不但使空间数据既叠又合，属性数据也可有选择地合到一起。点和面、线和面、面和面的叠合较常用，图 16-10 为两种面之间叠合功能的示意图。叠合会使多边形的形状变得破碎、复杂，若有必要，可利用多边形归并功能，将细小的多边形合并成较大的。

图 16-10　两种典型叠合示意

16.7　多边形归并

激活 Data frame3，该数据框仅有一个面状图层"乡"（图 16-11）。右键点击图层名"乡"，选择"打开属性表"，一条记录对应一个乡多边形，字段 Area 为每个多边形的面积，Cnt_Name 为该乡所在县的名称，Popu 为每个乡的人口，关闭属性表。选用 "ArcToolbox>数据管理工具>制图综合>融合"，进一步设置：

输入要素：乡	下拉选择图层名	
输出要素类：\gis_ex10\ex16\temp\dissolve.shp　数据项的路径、名称，shp 为默认		
融合字段（可选）：		
☑　Cnt_Name	勾选，按每个乡所在县的名称相同实行合并	
统计字段（可选）：	分两次下拉选择字段名	
Area	SUM	表中"统计类型"列，下拉选择计算方式
Popu	SUM	表中"统计类型"列，下拉选择计算方式
☑　创建多部件要素（可选）	勾选	
☑　取消线分割（可选）	勾选	

按"确定"键，经处理，归并后的要素类 dissolve 自动加载（图 16-12）。按每个乡按所在县（Cnt_Name）进行归并处理（软件界面称其为融合，Dissolve），除了取消县域内的乡界（飞地例外），保留县界，还可对指定字段（如 Area、Popu）进行简单统计。

进入 dissolve 的图层属性对话框，再进入"符号系统"选项，为每个县设定一种颜色，"显示"区中选"类别>唯一值"，"值字段"下拉选择 Cnt_Name，点击左下侧按钮"添加所有值"，调整符号，再进入对话框的"标注"选项，进一步设置：

☑　标注此图层中的要素	勾选	
方法：以相同方式为所有要素加标注	下拉选择	
标注字段：Cnt_Name	下拉选择	

图 16-11　Data frame3 的显示

图 16-12　乡合并成县

按"确定"键返回。可以看到东北部志远县在几何上由 3 个相对分离的多边形组成（参见图 16-12 的右上角），但是它们在空间上是一个整体，在属性表中也只有一条记录，打开要素属性表 dissolve，显示结果如下：

Shape*	Cnt_Namee	SUM_Area	SUM_Popu
（要素类型）	（县名）	（归并后的面积）	（归并后的人口）
面	广宁县	665428890.1	468291
面	罗丰县	510328584.0	618648
面	兴益县	473722243.8	461844
面	志远县	245959873.3	334346

练习结束，选用菜单"文件>退出"，会出现"是否将更改保存到地图文档"的提示，为了不影响以后及他人的练习，点击"否"。

完成本章练习，会改变练习数据内容，将\gis_ex10\Back\ex16\路径下的原始文件覆盖至\gis_ex10\ex16\，数据内容就恢复到练习之前的状态。

思 考 题

1. 根据自己的经验，叠合功能还可以用于哪些领域。
2. 洪水淹没分析的 5 个关键步骤分别对应了 GIS 的哪些基本功能。
3. 若仅为了按县的名称分类显示，是否可以用比归并更简单的途径？

第 17 章　邻近分析、泰森多边形

- 点和点的邻近分析
- 点和线的邻近分析
- 面和面的邻近分析
- 划分消防站服务范围
- 人口密度估计
- 本章小结

17.1　点和点的邻近分析

17.1.1　学生离开某小学的距离

启用地图文档\gis_ex10\ex17\ex17.mxd，激活 Data frame1，有点状图层"小学"和"学生"，线状图层"道路"，后者仅用于显示（图 17-1）。主菜单中选用"地理处理>环境…"，继续设置：

图 17-1　Data frame1 显示

工作空间>当前工作空间：\gis_ex10\ex17\temp	借助文件夹按钮选择
工作空间>临时工作空间：\gis_ex10\ex17\temp	借助文件夹按钮选择
输出坐标系：与输入相同	下拉选择
处理范围：默认	下拉选择

按"确定"键返回。打开图层"学生"的要素属性表，可以看到属性表的字段，FID 是要

素内部标识，STUDENT_ID 是用户标识，尚未落实招生的学生编号。打开"小学"的图层属性表，FID 也是内部标识，SCHOOL_ID 是用户标识，SCHOOL_NAM 是学校名称，SEAT 是剩余的招生名额，关闭属性表窗口。本练习要求查询所有未落实招生的学生距离光明小学有多远。

　　主菜单中选用"选择>按属性选择…"，在对话框中，对"图层"下拉选择"小学"，对"方法"下拉选择"创建新选择内容"，针对下部文本框的提示"SELECT * FROM school WHERE:"，用鼠标点击字段名、操作符，配合"获取唯一值"键，输入 SQL 语句："SCHOOL_NAME" LIKE '光明小学'，按"确定"键返回，名称为"光明小学"的点要素、表记录进入选择集。

　　调出 ArcToolbox，选用"分析工具>邻域分析>近邻分析"，在弹出的对话框中，仅进行两项下拉选择，输入要素："学生"，邻近要素："小学"，其他选项均保持空白，按"确定"键执行。返回内容列表，打开"学生"的图层属性表，可以看到该属性表多了两个字段：NEAR_FID 的取值都是 9，为"光明小学"的内部标识符；NEAR_DIST 是每个学生离开"光明小学"的距离。在 215 个学生中，最远的距离为 18194.2m，FID 为 140；最近的距离为 525.5m，FID 为 201。关闭属性表。

17.1.2 按距离最近为所有学生配置小学

本练习要求：
（1）按距离最近为所有学生配置小学。
（2）汇总得到每校配置了多少学生。
（3）对学生到学校的距离及配置的学生数进行简单统计。

　　基本工具条中点击 ，清空选择集，再次选用"ArcToolbox>分析工具>邻域分析>近邻分析"，弹出对话框，两项下拉选择和前次操作一样，输入要素："学生"，邻近要素："小学"，其他选项均保持空白，按"确定"键执行。前一次练习是全体学生针对一所小学，本次练习是全体学生针对全体小学。内容列表中再次打开"学生"图层属性表，可以看到各条记录的 NEAR_FID 取值不一定相同，是离每位学生最近学校的内部标识，NEAR_DIST 是到最近学校的直线距离。

17.1.3 按学校汇总学生数，计算平均距离、最远距离

在属性表中字段名 NEAR_FID 上点击鼠标右键，选用"汇总…"，进一步操作：

1. 选择汇总字段：NEAR_FID　　　　　　　　　　　　下拉选择，小学内部标识符
2. 选择一个或多个要包括在输出表中的汇总统计信息：　分别勾选"☑ 最大值"、"☑ 平均"
　 展开字段名 NEAR_DIST
3. 指定输出表：\gis_ex10\ex17\temp\Sum_Output　　表的路径、名称，类型为 dBASE
　☐ 仅对所选记录进行汇总　　　　　　　　　　　　不勾选

　　按"确定"键执行，软件会出现"是否要在地图文档中添加结果表"的提示，点击"是"。关闭属性表窗口，如果内容列表中看不到汇总表 Sum_Output 的名称，在左上侧点击 ，鼠标右键点击并打开 Sum_Output，可以看到该属性表有 11 行，4 个有效字段：NEAR_FID（小学内部标识），Count_NEAR_FID（每校分配到的学生数），Maximum_NEAR_DIST（该校最远学生的距离），Average_NEAR_DIST（新招学生的平均距离）。

17.1.4　剩余名额和汇总学生数进行比较

关闭属性表，鼠标右键点击图层"小学>连接和关联>连接…"，继续操作：

要将哪些内容连接到该图层？某一表的属性	下拉选择
1．选择该图层中连接基于的字段：FID	下拉选择小学内部标识符
2．选择要连接到此图层的表，或者从磁盘加载表：Sum_Output	下拉选择
☑ 显示此表中要作为连接基础的关键字段	勾选
3．选择此表要作为连接基础的字段：NEAR_FID	下拉选择
◉ 保留所有记录	点选

按"确定"键继续，会出现"是否建立索引的提示"，点击"否"，Sum_Output 表被连接（合并），再次打开图层要素属性表"小学"，其中属性项 Count_NEAR_FID 表示按直线距离最近为每所小学分配到的学生数，可以和该校的剩余名额 SEAT 进行比较，检查两者的差异。为简要起见，表 17-1 仅列出主要的字段和内容。

表 17-1　汇总结果和小学属性进行对比

学校名称 SCHOOL_NAM	剩余名额 SEAT	每校分配到的学生数 Count_NEAR_FID	最远上学距离 Maximum_NEAR_DIST	平均上学距离 Average_NEAR_DIST
镇区小学	47	18	3399.81	1589.87
第一小学	65	14	5447.93	2496.27
中心小学	43	28	4966.39	2880.20
前学小学	78	28	3796.58	2537.53
附属小学	36	20	3918.98	2267.50
练乡小学	57	15	3929.20	2461.55
博才小学	48	20	4414.27	2262.70
树人小学	96	31	4736.70	2642.79
爱国小学	84	6	2696.87	1888.89
光明小学	62	18	5659.40	2675.36
础材小学	53	17	4671.77	2171.05

17.1.5　调整图层"学生"的显示

关闭属性表，鼠标右键点击图层名"学生"，打开并进入选项"图层属性>符号系统"，显示栏选择"类别>唯一值"，字段栏下拉选择"值"：NEAR_FID，"色带"下拉表中选择相互之间的明暗差异较大的配色表，点击左下侧按钮"添加所有值"，小学标识符全部加载，在每所小学名称左侧的"符号"列中双击点符号，调整每所小学的符号，使它们有相互差异，取消<其他所有值>前的勾选，按"确定"键返回，可看到按距离最近分配学生的专题地图（图17-2）。

图 17-2　按就近上学分类显示学生

本练习的基本步骤如下：

（1）使用近邻功能，为每位学生按距离最近搜索小学，计算距离并保存。

（2）按小学标识符汇总学生数，得到每所小学分配到的学生数，判断最远距离及计算平均距离。

（3）使用属性表连接功能，将汇总结果连接到小学属性表，剩余名额和就近分配到的学生数进行对比，并显示每校学生的最远上学距离及平均上学距离。

（4）调整显示符号，按就近上学分类显示学生。

17.2　点和线的邻近分析

激活 Data frame2，有点状图层"村庄"和线状图层"道路"（图 17-3）。本练习的要求为东西向的"连顺路"规划开通扬招式公共汽车线路，需要知道各村庄离开公交线路的距离。主菜单中选用"选择>按属性选择…"，在对话框中，对"图层"下拉选择"道路"，对"方法"下拉选择"创建新选择内容"，针对下部文本框的提示"SELECT * FROM hi_way1 WHERE:"，用鼠标点击字段名、操作符，配合"获取唯一值"键，输入 SQL 语句："RD_NAME" LIKE '连顺路'，按"确定"键返回，13 个线要素进入选择集。

选用"ArcToolbox>分析工具>邻域分析>近邻分析"，弹出对话框，下拉选择，输入要素："村庄"，邻近要素："道路"，其他选项均保持空白，按"确定"键执行。返回内容列表，打开图层"村庄"的要素属性表，可以看到该属性表多了两个字段，各条记录中 NEAR_FID 的取值各不相同，都是离开该点最近的"连顺路"那段线要素的内部标识，NEAR_DIST 是每个村庄离开"连顺路"的最近距离。37 个村庄中，最近的村庄距离为 200 多米，最远的村庄距离为 7300 多米。

图 17-3　按距离公交线路的远近分类显示村庄

　　关闭属性表，鼠标右键点击图层名"村庄"，进入"属性>符号系统"，显示栏选择"数量>分级色彩"，字段栏下拉选择"值"：NEAR_DIST，"色带"下拉表中选择配色表，可选从暗到明的颜色，分类栏下拉选择"类"：5；分类方法选用"自然间断点分级法（Jenks）"。按"确定"键返回。"村庄"专题图层按离开"连顺路"的远近分类显示村庄（图 17-3）。

17.3　面和面的邻近分析

17.3.1　计算工业用地和某段河道边界的距离

　　激活 Data frame3，只有一个面状图层"地块"。本练习要求河段可用于工业水源，计算各工业地块到河段的最近距离。

　　标准工具条中点击 ![icon]，在\gis_ex10\ex17\路径下，点击 lots.shp，按"添加"键返回，数据框增加了一个多边形图层 lots，因数据源相同，图形和"地块"重复，鼠标右键点击图层名 lots，打开并进入选项"属性>定义查询"，再点击"查询构建器…"按钮，针对下部文本框的提示"SELECT * FROM lots WHERE:"，用鼠标点击字段名、操作符，配合"获取唯一值"键，输入 SQL 语句："LANDUSE" LIKE 'M'，按"确定"键返回。再进入"常规"选项，将图层名称从 lots 改为"工业"（不带引号），按"确定"键返回。关闭图层"地块"的显示，可以看到"工业"图层有 7 个多边形，位于地图右下方。

　　再用添加数据工具 ![icon]，添加\gis_ex10\ex17\lots.shp，数据框又加载了一个多边形图层 lots，鼠标右键点击图层名 lots，打开并进入选项"属性>定义查询"，再点击"查询构建器…"按钮，针对下部文本框的提示"SELECT * FROM lots WHERE:"，用鼠标点击字段名、操作符，配合"获取唯一值"键，输入 SQL 语句："LANDUSE" LIKE 'E'，按"确定"键返回。进入"图层属性/常规"选项，将图层名称从 lots 改为"河道"（不带引号），按"确定"键返回。关闭图层"地块"的显示，可看到"河道"图层有 5 个多边形（图 17-4）。

图 17-4 参与分析的工业地块和河道

基本工具条中点击选择要素图标 ，在地图窗口中点击左侧偏下的河道多边形，使其进入选择集。选用"ArcToolbox>分析工具>邻域分析>近邻分析"，弹出对话框，下拉选择，输入要素："工业"，邻近要素："河道"，其他选项均保持空白，按"确定"键执行。返回内容列表，打开图层"工业"的要素属性表，可以看到该属性表多了两个字段，各条记录的 NEAR_FID 的取值均为 18，是进入选择集的河道多边形内部标识，NEAR_DIST 是每个工业地块离开该段"河道"边界最近的距离，近的约 75m，远的略大于 550m。

17.3.2 计算各工业地块离开各自最近河道边界的距离

关闭属性表，基本工具条中点击 ，清空选择集，再次选用"ArcToolbox>分析工具>邻域分析>近邻分析"，弹出对话框，下拉选择，输入要素："工业"，邻近要素："河道"，其他选项均保持空白，按"确定"键执行。返回内容列表，打开图层"工业"的要素属性表，可看到各条记录的 NEAR_FID 取值分别为 17、25、34，是河道多边形的内部标识，表示各工业地块找到的离开自己最近的河道，NEAR_DIST 是每个工业地块边界离开最近河道边界的距离，近的约 19m，远的约 181m。关闭属性表。

17.4 划分消防站服务范围

激活 Data frame4，有两个图层，点状图层"消防站"，将产生服务范围，线状图层"道路"仅用于显示、限定计算范围。鼠标双击 Data frame4，在"数据框 属性"对话框中进入"常规"选项，确认"地图"和"显示"单位为"米"，按"确定"键返回。选用主菜单"地理处理>环境"，展开"处理范围"，下拉选择"与图层 道路 相同"，按"确定"键返回。启用"ArcToolbox>分析工具>邻域分析>创建泰森多边形"，继续输入：

输入要素: 消防站   下拉选择

输出要素类: \gis_ex10\ex17\temp\thiessen1   数据项路径、名称

输出字段（可选）：ALL　　　　　　　　　　　　下拉选择，传递所有字段

按"确定"键执行，计算产生泰森多边形 thiessen1，自动加载，读者可自行调整显示符号（图 17-5）。鼠标右键打开图层 thiessen1 的要素类属性表，可以看到生成的泰森多边形属性表有字段 STATION，该字段来自消防站图层的要素属性表，由程序自动产生。鼠标点击属性表左上角表选项"□ ▼>添加字段…"：

名称：Area

类型：双精度

精度：11

小数位数：2

图 17-5　用泰森多边形为消防站分配服务范围

按"确定"键返回，鼠标右键点击表上方的字段名 Area，选择快捷菜单"计算几何"，在"计算几何"对话框中，下拉选择属性为"面积"，点选"使用数据源的坐标系"，单位选"平方米"，按"确定"键，得到各消防站的服务面积（表 17-2），用栅格距离分配法也可得到相似的结果（图 17-6 和表 17-3，第 13 章）。

表 17-2　用泰森多边形划分的消防站服务面积

FID	Input_FID	STATION	Area
多边形内部标识	消防站内部标识	消防站用户标识	多边形面积
2	1	105	5953773.02
4	3	106	6366693.43
3	2	107	7355094.89
1	0	108	8334609.28

图 17-6　用栅格距离分配法获得的消防站服务范围（第 13 章）

表 17-3　用栅格距离分配法得到的消防站服务面积

Rowid 内部标识	VALUE 消防站用户标识	COUNT 分配到的单元数	SUM_AREA 服务面积
0	105	2442	6105000
1	106	2555	6387500
2	107	2932	7330000
3	108	3359	8397500

17.5　人口密度估计

激活 Data frame5，点状图层"人口调查"的属性为一定范围的调查人口数，线状图层"道路"仅用于显示。进入"Data frame5>数据框属性>常规"选项，确认"地图"和"显示"单位为"米"，按"确定"键返回。选用主菜单"地理处理>环境"，展开"处理范围"，下拉选择"与图层 道路 相同"，按"确定"键返回。选用"ArcToolbox>分析工具>邻域分析>创建泰森多边形"，继续输入：

输入要素：人口调查　　　　　　　　　　　　下拉选择
输出要素类：\gis_ex10\ex17\temp\thiessen2　　数据项路径，名称
输出字段（可选）：ALL　　　　　　　　　　下拉选择，传递所有字段

按"确定"键执行，计算产生泰森多边形 thiessen2，自动加载。泰森多边形在空间上和人口调查点一一对应，打开图层 thiessen2 的要素属性表，字段 POPU 来自人口调查属性表，属性值由程序自动传递。属性表窗口左上角点击表选项 " ▤ ▾ >添加字段…"：

名称：Area

类型：双精度

精度：11

小数位数：2

按"确定"键，再点击表选项"⊞▾>添加字段…"：

名称：Pop_den

类型：浮点型

精度：7

小数位数：4

按"确定"键返回。鼠标右键点击表上方的字段名 Area，选择快捷菜单"计算几何"，在"计算几何"对话框中，下拉选择属性为"面积"，点选"使用数据源的坐标系"，单位选"平方米"，按"确定"键，Area 获得多边形面积，再用鼠标右键点击字段名 Pop_den，选用"字段计算器…"，对话框内出现提示"Pop_den ="，文本框内鼠标加键盘输入：

[POPU] / [Area] * 100

按"确定"键，Pop_den 为人口密度值，面积单位是平方米，人口调查单位是人，日常工作中往往习惯用每平方千米有多少万人，因此，计算人口密度时要乘 100。关闭属性表，在内容列表中，鼠标右键点击 thiessen2，进入"图层属性>符号系统"，显示区展开选择"数量>分级色彩"，字段框下拉选择"值"：Pop_den；分类区为"自然间断点分级法"；"类"：6；"色带"下拉表中选择由浅变深、差异较大的单色；在"范围"列中逐行输入：0.2、0.5、1.0、1.6、3.3、6.0，按"确定"键返回，获得人口密度分级专题图（图 17-7）。读者可以和第 11 章栅格密度估计方法（图 17-8）进行比较。

图 17-7　用泰森多边形估算的人口密度图

图 17-8　栅格核密度估计法得到的人口密度图

　　练习结束，选用菜单"文件>退出"，会出现"是否将更改保存到地图文档"的提示，为了不影响以后及他人的练习，点击"否"。

17.6　本　章　小　结

　　邻近分析（软件界面称其为"近邻分析"，Near Analysis）是 GIS 的常用功能，发生在两个集合之间，一个集合为分析对象（界面称为"输入要素"），另一个集合是邻近对象（界面称为"邻近要素"），分析过程是在邻近对象中为分析对象搜索要素，并计算相互距离。当分析对象为多个要素（如学生、工业地块），邻近对象也是多个要素（如全体小学、多个路段、多个河段）时，就要为分析对象找出哪个要素最近，保留相互距离。当邻近对象仅一个要素（如光明小学，某个河段）时，距离搜索就没有必要，计算结果是多对一。计算点和点的相互距离较简单，点和线的相互距离应该是两者之间的最近距离。如果点和面的关系出现点在面的内部，线和线有相互交叉，线和面、面和面有交叉、包含等关系，最近距离一般按零处理。

　　邻近分析往往被组合到更复杂一些的空间分析过程中，作为一项基础功能发挥作用，如本书第 11 章曾练习空间连接，为每个学生查找最近小学，计算结果与本章的邻近分析一致，操作步骤稍简单，可解释为基于相邻关系的空间连接，采用的计算方法是邻近分析。第七篇网络分析，为点要素找到最近的网络边，相当于点和线的邻近分析。

　　泰森多边形（Thiessen Polygon）也是 GIS 的常用分析功能，理论研究一般称其为 Voronoi 图，其几何原理可参阅有关教科书。

完成本章练习，会改变练习数据内容，将\gis_ex10\Back\ex17\路径下的文件覆盖至\gis_ex10\ex17\，数据内容就恢复到练习开始之前的状态。

思 考 题

1. 根据已完成的练习，思考点、线、面相互之间的邻近关系及所依据的几何原理。

2. 按距离最近配置小学，属性表发挥了什么作用。

3. 本教材出现了 3 种密度估计方法，试比较各自的适用条件。

4. 为学生配置小学时，除了采用邻近分析法，能否改用泰森多边形、栅格距离分配法划分学区？结果有哪些异同点。

第 18 章 空 间 统 计

- 地图文档的初始设置
- 中心位置的测度
- 离散度的测度
- 空间模式分析——全局空间自相关
- 空间聚类分析——局部空间自相关
- 本章小结

18.1 地图文档的初始设置

启动 ArcMap，打开\gis_ex10\ex18\ex18.mxd，这是一个空白地图文档，数据框 Layers 为初始默认。主菜单中选用"地理处理>环境…"，进一步设置：

工作空间>当前工作空间：\gis_ex10\ex18\temp	借助文件夹按钮选择
工作空间>临时工作空间：\gis_ex10\ex18\temp	借助文件夹按钮选择
输出坐标系：与输入相同	下拉选择
处理范围：默认	下拉选择

按"确定"键返回。进入数据框属性对话框，将数据框改名为 Data frame1，返回。选用添加数据工具 ，在\gis_ex10\ex18\路径下，添加要素类 cities1.shp，出现点状图层，其名称和要素类一致，这些点要素代表某地区的城市群，有每个城市的名称（字段 CITYNAME）、居住人口（字段 POPU）等属性。进入 cities1 的图层属性对话框，将图层的符号系统，设置为"数量>分级符号"，按各城市的居住人口（POPU 字段），分为 4 类：10337~20000，20001~40000，40001~100000，100001~200000（图 18-1）。再利用字段 CITYNAME 实行属性标注（可参考第 2 章），关闭图层属性对话框。确定并返回。

图 18-1　某地区的城市群

18.2　中心位置的测度

18.2.1　平均中心和加权平均中心

　　调出并选用"ArcToolbox>空间统计工具>度量地理分布>平均中心",出现"平均中心"对话框,进一步输入:

　　输入要素类: cities1　　　　　　　　　　　　　　　　下拉选择
　　输出要素类: \gis_ex10\ex18\temp\MeanCnt1.shp　　　数据项的路径、名称

　　其余设置均为空白,按"确定"键,产生平均中心要素类 MeanCnt1,自动加载。平均中心是一个点要素,为 15 个城市(cities1)的几何中心(图 18-2)。再选用"ArcToolbox>空间统计工具>度量地理分布>平均中心",继续输入:

　　输入要素类: cities1　　　　　　　　　　　　　　　　下拉选择
　　输出要素类: \gis_ex10\ex18\temp\MeanCnt2.shp　　　数据项路径、名称
　　权重字段(可选): POPU　　　下拉选择,每个城市的人口为权重

图 18-2　15 个城市的平均中心(方形符号)

　　其余设置为空白,按"确定"键,经计算产生加权平均中心要素类 MeanCnt2,自动加载。以人口为权重的加权平均中心和无权重的平均中心位置有差异,前者向右偏移(图18-3)。

18.2.2　中位数中心和加权中位数中心

　　选用"ArcToolbox>空间统计工具>度量地理分布>中位数中心",继续输入:

　　输入要素类: cities1　　　　　　　　　　　　　　　　下拉选择
　　输出要素类: \gis_ex10\ex18\temp\MedianCnt1.shp　　数据项路径、名称

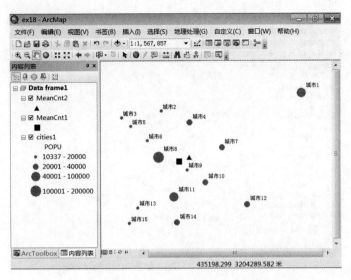

图 18-3　按城市人口加权的平均中心（三角形符号）

其余设置为空白，按"确定"键，产生中位数中心 MedianCnt1，自动加载（图 18-4，较小的圆，在方形左下侧）。中位数中心是一个点要素，到达以上所有城市距离之和最小。再选用"ArcToolbox>空间统计工具>度量地理分布>中位数中心"，继续输入：

输入要素类：cities1　　　　　　　　　　　　下拉选择
输出要素类：\gis_ex10\ex18\temp\MedianCnt2.shp　数据项路径、名称
权重字段（可选）：POPU　　　　　　　　　　下拉选择，居住人口为权重

其余设置为空白，按"确定"键，经计算产生该城市群的加权中位数中心 MedianCnt2，自动加载，将居住人口作为权重，同一城市群的加权中位数中心和无权重的中位数中心位置也有差异（图 18-5，加权中位数中心贴近"城市 8"）。

图 18-4　城市群的中位数中心（较小空心圆形符号）

图 18-5 城市群的居住人口加权中位数中心（贴近"城市 8"的小圆）

18.2.3 中心要素和加权中心要素

选用"ArcToolbox>空间统计工具>度量地理分布>中心要素"，继续输入：

输入要素类：cities1　　　　　　　　　　　　　　　下拉选择
输出要素类：\gis_ex10\ex18\temp\CentralFt1.shp　　数据项路径、名称
距离法：EUCLIDEAN_DISTANCE　　　　　　　　　　使用直线距离

其余设置为空白，按"确定"键，产生城市群中心要素 CentralFt1，自动加载（图 18-6）。中心要素是一个点要素，其位置必须与某个点重合（"城市 9"），在 18 个城市中，最接近中位数中心。再选用"ArcToolbox>空间统计工具>度量地理分布>中心要素"，继续输入：

图 18-6 "城市 9"是 18 个城市的中心要素（星形符号）

输入要素类：cities1	下拉选择
输出要素类：\gis_ex10\ex18\temp\CentralFt2.shp	数据项路径、名称
距离法：EUCLIDEAN_DISTANCE	使用直线距离
权重字段（可选）：POPU	下拉选择，人口为权重

其余设置为空白，按"确定"键，产生城市群加权中心要素 CentralFt2，自动加载。按人口数加权的中心要素，换到了另一个位置（"城市 8"），最接近加权中位数中心（图 18-7）。注意：图 18-5 的加权中位数中心和"城市 8"有微差。

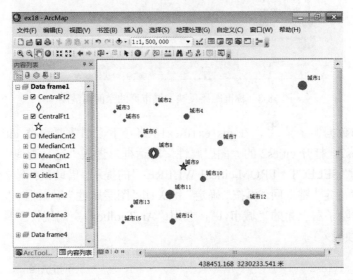

图 18-7 "城市 8"是 15 个城市的人口中心要素（菱形符号）

18.3 离散度的测度

18.3.1 标准距离

选用"ArcToolbox>空间统计工具>度量地理分布>标准距离"，继续输入：

输入要素类：cities1	下拉选择
输出标准距离要素类：\gis_ex10\ex18\temp\StandardDst1.shp	数据项名称
圆大小：1_STANDARD_DEVIATION	空间距离标准差的一倍

其余设置为空白，按"确定"键，经计算产生标准距离圆 StandardDst1，自动加载（图 18-8）。标准距离的计算结果是生成圆形要素，该圆的半径反映这组城市空间分布的离散度，圆心等于平均中心（MeanCnt1 的位置，图 18-2）。

图 18-8　标准距离反映了城市群的空间离散度

选用"添加数据"工具 ，在\gis_ex10\ex18\路径下，加载要素类 cities1.shp，然后将图层改名为 cities2，打开 cities2 的"图层属性"对话框，进入"定义查询"选项，点击"查询构建器"，针对"SELECT * FROM cities1 WHERE:"的提示，借助鼠标输入:"CITYNAME" <> '城市 1'，按"确定"键返回，再按"确定"键关闭"图层属性"对话框。与原始图层 cities1 相比，cities2 排除了右上角的"城市 1"。选用"ArcToolbox>空间统计工具>度量地理分布>标准距离"，继续输入:

输入要素类: cities2　　　　　　　　　　　　　　　　下拉选择
输出标准距离要素类: \gis_ex10\ex18\temp\StandardDst2.shp　　数据项名称
圆大小: 1_STANDARD_DEVIATION　　　　　　　　　　空间距离为标准差的一倍

其余设置为空白，按"确定"键，产生标准距离圆 cities1_StandardDst2，自动加载（图 18-9），圆心位置与 cities1_StandardDst1 相比，偏左下方，半径也变小，显然是排除了"城市 1"引起。

图 18-9　排除"城市 1"，城市群空间离散度起变化

18.3.2 标准差椭圆

选用主菜单"插入>数据框",当前内容列表中出现"新建数据框",更名为 Data frame2,选用 ,在\gis_ex10\ex18\路径下,加载要素类 factories.shp 和 roads.shp,前者为某地区的工厂分布,后者为公路网。选用"ArcToolbox>空间统计工具>度量地理分布>方向分布(标准差椭圆)",继续输入:

输入要素类: factories   下拉选择
输出标准差椭圆要素类: \gis_ex10\ex18\temp\fct_Dt.shp 数据项名称
椭圆大小: 1_STANDARD_DEVIATION   空间距离标准差的一倍

其余设置为空白,按"确定"键,产生标准差椭圆 fct_Dt,自动加载(图 18-10)。标准差椭圆反映了工厂空间分布的方向性,椭圆的长轴是空间分布最大的离散方向,与其中一条斜向公路的走向大致平行。

图 18-10　标准差椭圆可表示工厂分布的方向性

18.4　空间模式分析——全局空间自相关

为当前地图文档插入新数据框 Data frame3,加载要素类 township.shp,township.shp 是某地区的乡镇多边形(图 18-11),其要素属性表中的字段 F_IND、S_IND、T_IND 分别表示第一、第二、第三产业产值,字段 GDP 表示乡镇的地区生产总值。选用"ArcToolbox>空间统计工具>分析模式>空间自相关(Moran I)",继续输入:

输入要素类: township   下拉选择
输入字段: GDP   下拉选择地区生产总值
☑　生成报表(可选)   勾选
空间关系的概念化: INVERSE_DISTANCE 默认

距离法：EUCLIDEAN_DISTANCE　　　　　　　　默认

标准化：NONE　　　　　　　　　　　　　　　　默认

图 18-11　乡镇多边形

其余设置为空白，按"确定"键执行。右下方弹出窗口，点击其中的"空间自相关（Moran
I)"，会弹出"结果"窗口，展开"当前会话栏"，可看出全局空间自相关（Moran's I）的计
算结果，双击"□ 报表文件：Morans I_Result.html"，自动调用操作系统的默认浏览器，显
示空间自相关报表文件（图 18-12），如果无法实现，可以在\gis_ex10\ex18\temp 路径下打开
html 格式文件 MoransI_Result。

Moran's *I* 指数: 0.219191

预期指数: −0.014085

方差: 0.009081

z 得分: 2.447898

p 值: 0.014369

……

图 18-12　乡镇 GDP 全局空间自相关（Moran's *I*）的 HTML 报表

从 18-12 图示看，Moran's I 指数>0，z 值为 2.447898，在 1.4%显著水平下通过假设检验，此报表上，聚集模式（Clustered）周围显示出红色，与上方示意图之间有一条连线（虚线），该地区乡镇地区总产值 GDP 分布为空间正相关。继续选用"ArcToolbox>空间统计工具>分析模式>空间自相关（Moran I）"：

输入要素类：township	下拉选择
输入字段：F_IND	拉选择第一产业产值
☑ 生成报表	勾选
空间关系的概念化：INVERSE_DISTANCE	默认
距离法：EUCLIDEAN_DISTANCE	默认
标准化：NONE	默认

其余设置为空白，按"确定"键执行。右下方弹出窗口，点击其中的"空间自相关（Moran I）"，弹出"结果"窗口，切换到"当前会话"栏，可看出全局空间自相关（Moran's I）的计算结果，双击"□ 报表文件：Morans I_Result1.html"，默认的浏览器被调用，显示空间自相关的报表文件（图 18-13），如果无法实现，可以在\gis_ex10\ex18\temp 路径下打开 HTML 格式文件 MoransI_Result1。

Moran's I 指数: 0.027927
预期指数: −0.014085
方差: 0.005957
z 得分: 0.544330
p 值: 0.586215
…… …

图 18-13　乡镇第一产业产值全局空间自相关（Moran's I）的 HTML 报表

Moran's I 指数>0，但 z 值为 0.544330，未通过假设检验。此报表上，随机模式（Random）周围显示出黄色，与上方示意图之间有一条连线（虚线），该地区的乡镇第一产业产值在空间上是随机分布。

18.5　空间聚类分析——局部空间自相关

为当前地图文档插入新数据框 Data frame4，选择并加载要素类 zones.shp，zones.shp 是某城市街区多边形（图 18-14），字段 HOUSEHOLDS 表示每个空间单元的居住户数。选用"ArcToolbox>空间统计工具>聚类分布制图>聚类和异常值分析（Anselin Local Moran I）"，继续输入：

输入要素类：zones　　　　　　　　　　　　　　　　　下拉选择

输入字段：HOUSEHOLDS　　　　　　　　　　　　　　下拉选择

输出要素类：\gis_ex10\ex18\temp\zones_Clt.shp　　　数据项名称

空间关系的概念化：INVERSE_DISTANCE　　　　　　　默认

距离法：EUCLIDEAN_DISTANCE　　　　　　　　　　　默认

标准化：NONE　　　　　　　　　　　　　　　　　　默认

图 18-14　街区多边形

其余设置为空白，按"确定"键，生成多边形要素类 zones_Clt，自动加载（图 18-15）。HH 为高值聚类，表示相邻单元的居民户数均属于高值；LL 为低值聚类，表示相邻单元的居民户数均属于低值。高值聚类、低值聚类均属于局部空间正相关区域。HL 是局部空间负相关区域，表示该单元内的居民户数明显高于相邻单元，LH 也是局部空间负相关区域，表示该单元居民户数明显低于相邻单元。

为进一步判断局部空间自相关的显著性，可制作局部空间自相关的显著性 z 值专题图。打开 zones_Clt 的要素属性表，字段 LMiZScore 保存了每一个单元局部空间自相关计算的 z 值。可以按照常用不同显著性水平对对应的 z 值进行分类显示，进入"图层属性>符号系统"，运用字段 LMiZScore，可表达该区域每个单元居民户数空间聚类的显著性，当 α=0.05 时，z=±1.96；当 α=0.1 时，z=±1.65；当 α=0.2 时，z=±1.28，可用分级色彩，手动分为 7 类（图 18-16）。

选用菜单"文件>退出"，会出现"是否保存对当前地图文档的更改"的提示，为了不影响以后及他人的练习，点击"否"。

图 18-15 各个街区内居民户数的空间聚类（Anselin Local Moran's *I*）

图 18-16 各个街区内居民户数空间聚类的显著性（Anselin Local Moran's *I*）

18.6 本 章 小 结

空间统计（Spatial Statistics）将事物的空间位置、分布特征及相互关系作为重要计算对象，同时也兼顾事物的属性，以及属性和位置的关系。ArcGIS 的空间统计工具提供了常用的方法，本章练习了较简单的 3 种：空间分布的测度、空间分布模式及空间聚类。

　　在测度空间分布的方法中，平均中心、中位数中心、中心要素为测度中心位置的方法；标准距离、标准差椭圆是测度离散度的方法。在测度空间模式的方法中，使用了全局空间自相关的 Moran's I 方法。在空间聚类方法中，使用了局部空间自相关的 Moran's I 方法。ArcGIS 还提供其他常用方法，包括度量空间模式的 K 函数（Ripley's K）、平均最邻近指数（Nearest Neighbor Index）、广义 G 统计量（Getis-Ord General G）及度量空间聚类的局部 G 统计量（Getis-Ord Gi*）等，操作过程相似。

　　要了解空间统计方法的基本原理、适用领域，需要进一步阅读有关教学参考书。

思 考 题

　　1. 如果标准距离以人口数为权重、标准差椭圆以工厂职工数为权重，分析结果可能有什么差异。

　　2. 利用本练习的现有数据，尝试其他空间统计方法，体会不同方法的适用性。

第六篇 三 维 表 面

第 19 章 地表模型生成、显示

- 点状要素产生不规则三角网
- 不规则三角网的其他常用显示方式
- 不规则三角网和反距离权重法插值比较
- 场景显示
- 在地形上叠加影像图
- 本章小结

19.1 点状要素产生不规则三角网

启用\gis_ex10\ex19\ex19.mxd，激活 Data frame1，有两个图层：线状图层"边界"和点状图层"高程点"（图 19-1）。打开图层"高程点"的属性表，可看到字段 HEIGHT，为地形高程采样点的高程值。关闭属性表，借助鼠标右键，进入"Data frame1>数据框属性>常规"选项，确认"地图"和"显示"单位均为"米"，按"确定"键返回。主菜单中选用"地理处理>环境…"，进一步设置：

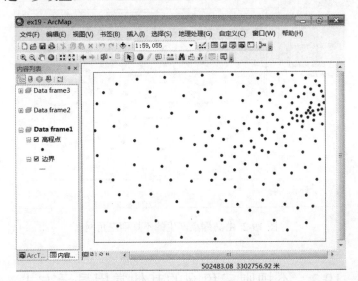

图 19-1 Data frame1 的显示

工作空间>当前工作空间：\gis_ex10\ex19\temp 借助文件夹按钮选择
工作空间>临时工作空间：\gis_ex10\ex19\temp 借助文件夹按钮选择

输出坐标系：与输入相同　　　　　　　　　　　　下拉选择

处理范围：默认　　　　　　　　　　　　　　　　下拉选择

　　按"确定"键返回。主菜单中选择"自定义>扩展模块…"，勾选 3D Analyst，加载该扩展模块许可证，按"关闭"键。如果 ArcToolbox 未加载，在标准工具条中点击 ，展开 ArcToolbox，选用"3D Analyst 工具>数据管理>TIN>创建 TIN"，出现"创建 TIN"的参数设置对话框：

输出 TIN: \gis_ex10\ex19\temp\height_tin　　生成 TIN 的数据项路径及名称

坐标系（可选）　　　　　　　　　　　　　保持空白

输入要素类（可选）：高程点　　　　　　　下拉选择图层名

Input Features	高度字段	SF Type	Tag Field
高程点(已选)	HEIGHT（表中下拉选择）	Mass_Points（默认）	<None>（默认）
☐ 约束型 Delaunay（可选）	不勾选		

　　按"确定"键，软件根据高程采样点产生不规则三角形网络，自动加载，默认显示方式一般是按地表高程分类、渲染。进入"height_tin>图层属性>符号系统"选项，在左侧"显示"框内点击"添加…"按钮，在弹出的"添加渲染器"对话框中选择"具有相同符号的边"，点击"添加"按钮，关闭"添加渲染器"窗口，在"符号系统"对话框左侧"显示"框内，保留"边"的勾选，取消"高程"的勾选，按"确定"键返回，不规则三角形网络以平面线状显示（图 19-2）。

图 19-2　由高程点产生的不规则三角网

19.2　不规则三角网的其他常用显示方式

　　进入"height_tin>图层属性>符号系统"，按左下侧"添加…"按钮，选择"具有分级色带的表面坡度"，按"添加"键后关闭"添加渲染器"，在左侧"显示"框内，仅保留"坡度"

的勾选，取消其他专题的勾选，点击"坡度（度）"，在"色带"下拉表中，选择由浅变深的单色，右侧分类框中可下拉选择 5 类，按"确定"键，关闭图层属性设置对话框。可以观察到，根据 TIN 模型产生的坡度分类图的显示效果（图 19-3），也可以用上述方式改成按坡向分类（图 19-4）。

图 19-3　按坡度分类显示

图 19-4　按坡向分类显示

进入图层名"height_tin>属性>符号系统>添加…"，点击"具有相同符号的等值线"，点击"添加"键后关闭"添加渲染器"。在左侧"显示"框内，仅保留"等值线"的勾选，取消其他专题的勾选，点击"等值线"，再点击右侧的"等值线符号"，选择淡灰实线，"计曲线符号"可选深黑色实线。继续设置：

参考等值线高度：0.0	等高线从高程 0 开始
等值线间距：1.0	键盘输入等高线的间距为 1
计曲线系数：5	下拉选择，相隔 5m 用另一种符号

按"确定"键返回。可观察到软件生成的等高线图形（图 19-5），在上部偏右处，等高线拐弯呈尖角，这是该处采样点太稀疏，不够密集造成的。

图 19-5　从 TIN 产生的等高线

19.3　不规则三角网和反距离权重法插值比较

主菜单中选择"地理处理>环境…"，展开"处理范围"，下拉选择"与图层 边界 相同"，按"确定"键返回。选用主菜单"自定义>扩展模块…"，勾选 Spatial Analyst，加载许可证，按"关闭"键。选用"ArcToolbox>Spatial Analyst 工具>插值分析>反距离权重法"，进一步设置：

输入点要素：高程点	下拉选择，图层"高程点"为插值的数据来源
Z 值字段：HEIGHT	下拉选择，Z 坐标来自 HEIGHT 字段
输出栅格：\gis_ex10\ex19\temp\surface1	栅格数据的路径和名称
输出像元大小（可选）：25	键盘输入
幂（可选）：2	距离的权重为 2 次幂
搜索半径（可选）：变量	按距离相邻计算，不设固定搜寻半径
点数：10	键盘输入，计算每个单元时搜寻相邻 10 个采样点
最大距离：	不设最大搜寻距离，保持空白
输入障碍折线（polyline）要素（可选）	没有障碍物，保持空白

按"确定"键执行，计算结束，自动添加新产生的栅格图层 surface1。再选用"ArcToolbox>Spatial Analyst 工具>表面分析>等值线"，出现对话框：

下拉选择栅格图层名

输入栅格：surface1

输出折线要素:\gis_ex10\ex19\temp\cntour1.shp　　路径和数据名称，shp 为默认

等值线间距：1　　　　　　　　　　　　　　　　键盘输入

起始等值线（可选）：0　　　　　　　　　　　　键盘输入，等高线从高程 0 起算

Z 因子（可选）：1　　　　　　　　　　　　　　Z 方向比例不夸张

　　按"确定"键，生成并自动加载等高线图层 cntour1。读者可分别调整两种方法生成的等高线显示符号，比较它们的形态（图 19-6），一般情况下，不规则三角网生成的等高线比较符合地形特征。用 TIN 模型，可临时生成等高线，不必专门保存就可显示，用栅格模型，生成的等高线必须独立保存后才能显示。

图 19-6　两种方法产生的等高线（浅色对应 TIN，深色对应反距离权重法）

19.4　场　景　显　示

19.4.1　建立场地不规则三角网

　　激活 Data frame2（图 19-7），有一个场地高程点图层，打开该图层属性表，可看到每个点有属性 HGT，其为每个点的地表高程[①]，关闭属性表。鼠标双击 Data frame2，在数据框属性对话框的"常规"选项中，确认"地图"和"显示"单位均为"米"，按"确定"键返回。主菜单中选择"地理处理>环境…"，展开"处理范围"，下拉选择"默认"，按"确定"键返回。启用"ArcToolbox>3D Analyst 工具>数据管理>TIN>创建 TIN"，进一步设置：

_____

① 高程值略有夸张。

图 19-7　Data frame2 显示

输出 TIN: \gis_ex10\ex19\temp\site_tin　　　生成 TIN 的数据项路径及名称

坐标系（可选）　　　　　　　　　　　　　保持空白

输入要素类（可选）：场地高程　　　　　　下拉选择图层名

Input Features	高度字段	SF Type	Tag Field
场地高程(已选)	HGT（表中下拉选择）	Mass_Points（默认）	<None>（默认）

☐ 约束型 Delaunay（可选）　　　　不勾选

按"确定"键，软件产生不规则三角形网络，为场地地表模型（图 19-8）。

图 19-8　高程点产生的地表模型

19.4.2　在场地上添加其他要素

在\gis_ex10\ex19\路径下有 3 个 Shapefile，bldg 是多边形要素类，为建筑物；road 是线要素类，为道路；water 是多边形要素类，为水面。选用 ，将它们加载，通过"图层属性>符号系统"，为它们设定合适的符号（图 19-9）。打开 bldg 的图层属性表，可以看到字段 bd_hgt，其为每个建筑物的相对高度。

图 19-9　地表模型上添加其他要素

19.4.3　显示场景

在 Windows 下选择"开始>所有程序>ArcGIS>ArcScene"，启用 ArcGIS 的三维显示子系统。按提示，选用"新建 Scene>空白 Scene"，按"确定"键。在 ArcScene 中点击 ，添加需要显示的数据项（可借助文件夹连接按钮 ），在\gis_ex10\ex19\路径下，依次添加 bldg.shp、road.shp、water.shp，在\gis_ex10\ex19\temp 路径下添加不规则三角网 site_tin。加载后的图层，也可通过"图层属性>符号系统"设定合适的符号。

在 ArcScene 窗口的内容列表中鼠标双击图层 site_tin（三维地表），在图层属性对话框中选择"基本高度"，继续设置：

从表面获取高程

○ 没有从表面获取高程值　　　　　　　　　　　　　　　　　　　　不选

◉ 在自定义表面上浮动：\gis_ex10\ex19\temp\site_tin　　　　　　下拉选择

从要素获取的高程

用于将图层高程值转换为场景单位的系数：自定义（下拉选择）　1.0　　键盘输入

图层偏移

添加常量高程偏移（使用场景单位）：0　　　　　　　　　　　　　纵向不偏移

按"确定"键返回，在内容列表中鼠标双击图层 bldg（建筑物），在图层属性对话框中选择"基本高度"，继续设置：

从表面获取的高程

　○ 没有从表面获取高程值　　　　　　　　　　　　　　　　　不选

　⊙ 在自定义表面上浮动：\gis_ex10\ex19\temp\site_tin　　　下拉选择

从要素获取的高程

　⊙ 没有基于要素的高度　　　　　　　　　　　　　　　　　　点选

用于将图层高程值转换为场景单位的系数：自定义（下拉选择）1.0　键盘输入

图层偏移

添加常量高程偏移（使用场景单位）：0　　　　　　　　　　　纵向不偏移

　　进入"拉伸"选项，勾选"拉伸图层中的要素…"，在"拉伸值或表达式"文本框右侧点击计算器按钮，选择左侧的字段，输入表达式[bd_hgt] * 1，按"确定"键返回"拉伸"选项对话框。表示建筑物纵向拉伸的值取自要素属性表中的字段，所乘系数为 1，输入表达式后，在"拉伸方式"下拉表中选择"将其添加到各要素的最大高度"，按"确定"键关闭图层属性对话框。进一步对 road（道路）和 water（水面）进行图层属性设置，"基本高度"和 bldg（建筑物）的设置相同，取消"拉伸"选项中"拉伸图层中的要素…"的勾选。

　　读者可再次进入各图层的属性设置对话框，设置符号系统，调整要素的显示颜色。完成各项设置后，可观察到道路、水面、建筑和地表组合在一起的场景显示效果，点击 ⚓（导航），鼠标光标在视图窗口中，拖动左键可旋转视图，拖动右键可缩放视图，还可点击有关按钮，进一步放大、缩小、平移图形，观察地形的起伏（图 19-10）。

图 19-10　地表、建筑、道路、水面的三维场景显示

19.4.4　二维要素类转换成三维多面体要素类

　　在 ArcScene 工具栏中点击 ▣，调出 ArcToolbox 窗口，选用"ArcToolbox>3D Analyst工具>转换>3D 图层转要素类"，进一步设置：

输入要素图层：bldg　　　　　　　　　　　　　下拉选择图层名

输出要素类：\gis_ex10\ex19\temp\bldg3D.shp　生成多面体要素类的路径及名称

分组字段（可选）　　　　　　　　　　　　　保持空白

按"确定"键，计算产生多面体（Multipatch）要素类 bldg3D，自动加载，在内容列表中移除 bldg，保留 bldg3D，可观察到，后者是三维要素，不需要拉伸。

19.5　在地形上叠加影像图

在 ArcMap 的内容列表中激活 Data frame3，有 3 个图层：contour（等高线）、plain（平面范围）和 image19.tif（遥感影像）。前两个图层用于生成 TIN，其高程信息已经存储在要素属性表中。图层 contour 的字段 ELEVATION 和图层 plain 的字段 Height 分别为高程信息，可打开各图层属性表查看。image19.tif 是该地区的遥感影像图，已经配准，与其他要素类的平面坐标基本一致（图 19-11）。启用"ArcToolbox>3D Analyst 工具>数据管理>TIN>创建 TIN"，进一步设置：

图 19-11　Data frame3 的显示

输出 TIN：\gis_ex10\ex19\temp\tin_lake　生成 TIN 的数据项路径及名称

坐标系（可选）　　　　　　　　　　　　　保持空白

输入要素类（可选）：　分两次，分别下拉选择 contour 和 plain 两个图层

Input Features	高度字段	SF Type	Tag Field
contour（已选）	ELEVATION（下拉选择）	Soft_Line（下拉选择）	⟨None⟩（默认）
plain（已选）	Height（下拉选择）	Hard_Clip（下拉选择）	⟨None⟩（默认）

☐ 约束型 Delaunay（可选）　　　　　　　　不勾选

按"确定"键，ArcToolbox 根据两个图层的高程信息，计算产生不规则三角网，为地表模型。原始数据是地形等高线、湖面，与前两个练习所用的高程点相比，产生的 TIN 数据量

明显偏大。再次启用（或切换到）ArcScene，如果前一次练习的图层还存在，可用鼠标右键将它们移除，再用 键添加数据，先选 TIN 数据\gis_ex10\ex19\temp\tin_lake，再选影像数据\gis_ex10\ex19\image19.tif。内容列表窗口中关闭 tin_lake 的显示，进入 image19.tif 的"图层属性>基本高度"选项，继续设置：

从表面获取高程

　○ 没有从表面获取高程值　　　　　　　　　　　　　　　　　　　　　　不选

　◉ 在自定义表面上浮动：\gis_ex10\ex19\temp\tin_lake　　　　　　　　下拉选择

从要素获取的高程

用于将图层高程值转换为场景单位的系数：　自定义（下拉选择）　2.0　　键盘输入

图层偏移

添加常量高程偏移（使用场景单位）：0　　　　　　　　　　　　　　纵向无偏移

按"确定"键返回。因高程值的转换系数为 2.0，等于将高度放大了 1 倍，显示的地形起伏特别明显，获得了夸张效果（图 19-12）。

图 19-12　在三维表面上叠加遥感影像，纵向比例夸张

练习结束，分别选用菜单"文件>退出"，关闭 ArcScene 和 ArcMap，会出现"是否保存对文档的改动"的提示，为了不影响以后及他人的练习，点击"否（No）"。

19.6　本 章 小 结

不规则三角形网络（Triangulated Irregular Network，TIN）常用做地表高程模型。坡度图、坡向图、等高线图可以由 TIN 自动产生，不一定单独保存。在不规则三角网上可以叠加其他要素，如道路、水面、建筑物、遥感影像，同时以三维立体方式显示。除了地形，TIN 还可表示其他自然环境因素，或者运用到社会、经济领域。二维要素类可以以浮动方式加载到 TIN 的表面，还可以靠要素属性值纵向拉伸，实现三维场景显示。

　　直接依靠高程点，是产生 TIN 的最典型途径，数据量小且计算效率高。传统地图因缺乏高程点，不得不依靠等高线生成 TIN，软件先在等高线上采样，再将这些点连成 TIN，往往因采样点较密，得到的 TIN 数据量较大，运行速度也比较慢。如果由多边形产生 TIN，除了在边界上采样，软件也可能在多边形内部自动补点。

　　多面体（Multipatch）是三维要素，可表示立方体、球体等较复杂的几何对象，也可表示三维的建筑物、树木等物体。按二维要素的属性纵向拉伸，可以转换成三维多面体，但是后者能表示更丰富的三维表面，还有其他三维分析功能。

　　ArcScene 是 ArcGIS for Desktop 的组成部分，用于小范围三维场景的显示、分析，与 ArcMap 的地图文档类似，ArcScene 也有文档，文件扩展名为.sxd。

思　考　题

1. 根据经验，除了地形，TIN 还可用在哪些领域。
2. 为何 TIN 能直接产生坡度图、坡向图、等高线图。

第 20 章　工程中的土方、纵坡

- 由等高线产生不规则三角网
- 计算工程填挖方
- 利用二维线要素生成纵剖面
- 临时生成纵剖面线
- 本章小结

20.1　由等高线产生不规则三角网

启用地图文档\gis_ex10\ex20\ex20.mxd，激活 Data frame1，有 3 个图层：现状等高线、设计等高线和场地边界（图 20-1）。打开属性表"现状等高线"，可以看到每条等高线的高程值均在 CONTOUR 字段中，同样的字段也在属性表"设计等高线"中。打开并进入"Data frame1>属性>常规"，确认"地图"和"显示"单位均为"米"，按"确定"键返回。主菜单中选用"地理处理>环境…"，进一步设置：

工作空间>当前工作空间：\gis_ex10\ex20\temp	借助文件夹按钮选择
工作空间>临时工作空间：\gis_ex10\ex20\temp	借助文件夹按钮选择
输出坐标系：与输入相同	下拉选择
处理范围：默认	下拉选择

图 20-1　Data frame1 显示

按"确定"键返回。如果 3D Analyst 许可证未加载，选用菜单"自定义>扩展模块…"，勾选 3D Analyst。选用"ArcToolbox>3D Analyst 工具>数据管理>TIN>创建 TIN"，继续设置：

输出 TIN: \gis_ex10\ex20\temp\tin_presen   TIN 数据集的路径、名称
坐标系（可选）：   保持空白
输入要素类（可选）：   分别选择"现状等高线"和"场地边界"两个图层

Input Features	高程字段	SF Type	Tag Field
现状等高线（已选）	COUNTOUR（下拉选择）	Soft_Line（下拉选择）	<None>（默认）
场地边界 （已选）	<None> （下拉选择）	Soft_Clip（下拉选择）	<None>（默认）

□ 约束型 Delaunay   不选

按"确定"键，产生现状地表模型 tin_presen，并自动加载，一般默认按高程分类显示（图 20-2）。再选用"ArcToolbox>3D Analyst 工具>数据管理>TIN>创建 TIN"，继续设置：

输出 TIN: \gis_ex10\ex20\temp\tin_design   TIN 数据集的路径、名称
坐标系（可选）：   保持空白
输入要素类（可选）：分别选择"设计等高线"和"场地边界"两个图层

Input Features	高程字段	SF Type	Tag Field
设计等高线（已选）	COUNTOUR（下拉选择）	Soft_Line（下拉选择）	<None>（默认）
场地边界 （已选）	<None> （下拉选择）	Soft_Clip（下拉选择）	<None>（默认）

□ 约束型 Delaunay   不选

图 20-2 由现状等高线产生的 TIN

按"确定"键，产生现状地表模型 tin_design，自动加载（图 20-3）。

图 20-3　由设计等高线产生的 TIN，按高程分类显示

20.2　计算工程填挖方

主菜单中选择"地理处理>环境…"，展开"处理范围"，下拉选择"与图层场地边界相同"，按"确定"键返回。启用"ArcToolbox>3D Analyst 工具>转换>由 TIN 转出>TIN 转栅格"，继续设置：

输入 TIN：tin_presen	下拉选择
输出栅格：\gis_ex10\ex20\temp\grd_presen	数据项路径、名称
输出数据类型（可选）：FLOAT	下拉选择
方法（可选）：LINEAR	下拉选择
采样距离（可选）：CELLSIZE 10	下拉选择，并将栅格单元大小调整为 10
Z 因子（可选）：1	键盘输入

按"确定"键，经计算，tin_presen 转成栅格 grd_presen，自动加载（图 20-4）。用上述同样方法将 tin_design 转成栅格 grd_design，即设计的不规则三角网也转成栅格型地表模型，这两组栅格的单元值都是高程。

如果 Spatial Analyst 许可证未加载，选用菜单"自定义>扩展模块…"，勾选 Spatial Analyst。启用"ArcToolbox>Spatial Analyst 工具>地图代数>栅格计算器"，进入栅格计算器对话框，借助鼠标输入：

Int（（"grd_design" −"grd_presen"）* 100）
输出栅格：\gis_ex10\ex20\temp\grd_calcul

图 20-4　现状地形三角网转换成栅格

　　按"确定"键，经计算得到填挖栅格 grd_calcul，自动加载。按一般情况，栅格单元取值大于零的位置有填方，地图上颜色偏淡；小于零的位置有挖方，地图上颜色偏深（图 20-5）。原来高程以米为单位，数据类型为浮点型，乘 100 变为以厘米为单位，数据类型为整数型。整数型栅格有值属性表（Value Attribute Table，VAT），便于进一步计算。内容列表中，鼠标右键点击 grd_calcul，打开栅格值属性表，在表的左上角点击 "▦▾>添加字段…"，进一步设置：

名称：VOL

类型：长整型

精度：6（字段宽度）

图 20-5　计算产生的填挖方栅格

按"确定"键返回，鼠标右键点击字段名 VOL，在弹出的快捷菜单中选用"字段计算器…"，对话框下侧提示："VOL ="，用鼠标点击输入：

[VALUE] * [COUNT]

按"确定"键，实现计算后，再用鼠标右键点击字段名 VOL，选用快捷菜单"统计"，得到像元值的基本统计指标：

计数：582
最小值：-4800
最大值：15200
总和：-32711
平均值：-56.204467
标准差：977.932988
空：0

设计方案的综合土方量为（32711/100）×10×10 = 32711m³（因软件版本不同，结果会有微小差异）。整数型栅格的值属性表中，像元取值 VALUE 相同的记录只出现一次，COUNT 为同值像元累计数，VALUE 和 COUNT 相乘，按单元取值累计总和，保存在字段 VOL 中。VOL 的总和为综合填挖方，除以 100 后高程单位从厘米换算为米，两次乘 10 为像元面积，小于零表示挖方大于填方。关闭属性表。

20.3 利用二维线要素生成纵剖面

激活 Data frame2，可以看到 TIN 图层"地形"和线状矢量图层"道路"（图 20-6），该图层的要素是二维的。进入"Data frame2>数据框属性>常规"选项，"地图"和"显示"单位均为"米"，按"确定"键返回。主菜单中选择"地理处理>环境…"，展开"处理范围"，下拉选择"默认"，按"确定"键返回。

图 20-6 Data frame2 的显示

20.3.1　二维要素转换为三维

选用"ArcToolbox>3D Analyst 工具>功能性表面>插值 Shape",进一步设置:

输入表面: 地形	下拉选择
输入要素类: 道路	下拉选择
输出要素类: \gis_ex10\ex20\temp\3d_road	3D Shapefile 的路径和名称
采样距离(可选):	保持空白
Z 因子(可选): 1	默认为 1
方法(可选): LINEAR	下拉选择
□ 仅插值折点(可选)	不勾选
金字塔等级分辨率(可选)	保持空白

按"确定"键,经计算产生 3d_road,自动加载。从显示看,多了一个图层,形状和原来的"道路"一样,但实际数据是三维要素(3D Feature,Shapefile),高程值由 TIN "地形"决定。

20.3.2　产生纵剖面

关闭图层"道路"的显示,用要素选择工具 ⬚,借助 Shift 键,在地图上点击选择横向的某段道路(3d_road,可以是右侧),使它们自动改变颜色,进入选择集。如果 3D Analyst 工具条未出现,选用主菜单"自定义>工具条>3D Analyst",在 3D Analyst 工具条中的"图层:"下拉表中,选择图层名"地形",再点击右侧的剖面图图标按钮"⌂剖面图",软件生成沿道路的地形剖面线。

产生剖面图后,若需要调整表达方式,鼠标右键点击剖面线显示窗口上部,在弹出的菜单中选择"属性",出现"图表属性"对话框,可进一步调整标题、说明,以及 XY 轴的单位(图 20-7)。

图 20-7　沿道路的地形纵剖面

20.4　临时生成纵剖面线

　　关闭道路纵剖面图形窗口，基本工具条中用 清空选择集。在 3D Analyst 工具条中点击 （插入线），出现十字形光标，在地图上任意点击式输入一条折线，双击鼠标结束，这是三维图形（3D Graphic），假设为临时的道路选线。在 3D Analyst 工具条中的"图层："下拉条中，选择"地形"，再点击 （剖面图），产生沿该路径的地形剖面线（图20-8），下一步可以用鼠标右键点击该窗口上部的名称，在弹出的菜单中选"属性"，出现"图表属性"对话框，对剖面图的表达进行必要调整，具体操作和上次剖面图的设置相同。

　　练习结束，选用菜单"文件>退出"，会出现"是否将更改保存到地图文档"的提示，为了不影响以后及他人的练习，点击"否"。

图 20-8　临时输入剖面线、生成剖面图

20.5　本 章 小 结

　　为了计算工程填挖方，一般先将 TIN 转换成栅格，再计算。将浮点型栅格转换为整数型，就会有值属性表，可直接对属性表进行简单计算、统计（参见第 13 章）。

　　依据 TIN 或 Grid，可生成纵剖面图。先要有"线"，可临时输入三维图形（3D Graphic），也可将已有的二维线要素（Line Feature）转换为三维线要素（3D Feature），在三维图形或三维线要素基础上生成纵剖面图，在专门的图形窗口中显示。根据需要，纵剖面图可进一步放入地图布局（Map Layout），也可用文件方式保存，再利用，或者输出到其他应用软件中显示、打印。

在地图文档中交互式输入的称为 Graphic（图形），有二维的，也有三维的，还有字符，如第 1 章中输入图形查询要素，第 2 章输入图形注记，本章输入剖面线的方向，均是 Graphic。由程序产生的称为 Graph（往往译为图表，有时也称为图形），如本章的剖面图，第 3 章的统计图表，第 5 章的比例尺、图例。

思 考 题

根据自己的经验，说说在工程领域，TIN 还有哪些进一步的应用。

第21章 通视分析

● 输入视线分析通视性
● 基于视点的视域分析
● 基于路径的视域分析
● 根据三维线要素分析通视性
● 天际线与建筑限高
● 本章小结

21.1 输入视线分析通视性

启用地图文档\gis_ex10\ex21\ex21.mxd，激活 Data frame1，该数据框有点状图层"观察点"、线状图层"道路"和 TIN 图层"地形"（图21-1）。鼠标双击 Data frame1，进入"数据框属性>常规"选项，确认"地图"和"显示"的单位均为"米"，按"确定"键返回。选用菜单"自定义>扩展模块…"，加载 3D Analyst 许可证。选用菜单"自定义>工具条>3D Analyst"，弹出 3D Analyst 工具条。在 3D Analyst 工具条中，点击创建视线工具 ，出现"通视分析"对话框：

观察点偏移：1 Z单位　　　输入观察点相对高程
目标偏移：1 Z单位　　　　输入目标点相对高程

图 21-1　Data frame1 的显示

关闭对话框。一旦确定了观察点和目标点的相对高程，就可进行连续视线通视分析。此时，屏幕上出现十字光标，可以在三维表面上指定观察点和目标点。先用鼠标将十字光标移到观察点处，按下左键不放，再把鼠标光标拖动到目标点，松开鼠标，绘制出一条连接线，这条线往往是红绿相间的（图 21-2）。观察点与目标点之间是否通视，可查看左下角状态栏，如果提示"目标可见"，表示观察点和目标点之间通视；如果提示"目标不可见"，表示两点之间不通视，而且在连接线上会有一个蓝色点。从观察点看目标点，视线在蓝点的位置被挡住。视线垂直投影到地表，绿色部分为可见的地表，红色部分为不可见的地表。

临时输入的视线不是要素（Feature），是图形（Graphic），利用基本工具条中的元素选择工具 ，结合键盘中的 Delete 键，可以删除临时视线。点击 ，可再次添加视线，再计算通视性。

图 21-2 两点间的临时视线输入

21.2 基于视点的视域分析

21.2.1 将 TIN 转换为栅格

在 Data frame1 中已有点要素图层"观察点"、线要素图层"道路"和 TIN 图层"地形"。本练习将分析观察点的可视地表范围、沿道路的可视地表范围。主菜单中选用"地理处理>环境…"，进一步设置：

工作空间>当前工作空间：\gis_ex10\ex21\temp	借助文件夹按钮选择
工作空间>临时工作空间：\gis_ex10\ex21\temp	借助文件夹按钮选择
输出坐标系：与输入相同	下拉选择
处理范围：与图层 地形 相同	下拉选择

按"确定"键返回。启用"ArcToolbox>3D Analyst 工具>转换>由 TIN 转出>TIN 转栅格"，继续设置：

输入 TIN：地形   下拉选择

输出栅格：\gis_ex10\ex21\temp\surf1   输出的栅格数据集

输出栅格类型：FLOAT   默认，浮点型

方法：LINEAR   下拉选择，线性插入

采样距离：CELLSIZE 10   下拉选择，并将栅格单元大小调整为 10

Z 因子：1   默认

按"确定"键，不规则三角网"地形"转换为栅格数据集 surf1，自动加载。

21.2.2 分析单个观察点的可视范围

选用"ArcToolbox>3D Analyst 工具>可见性>视域"，继续设置：

输入栅格：surf1   下拉选择三维表面图层名

输入观察点或观察折线要素：观察点   下拉选择

输出栅格：\gis_ex10\ex21\temp\visible1   输入计算结果

输出地平面以上的栅格（可选）：   保持空白，不选

Z 因子（可选）：1   纵向比例不夸张

□ 使用地球曲率校正（可选）   不勾选

折射系数（可选）   保持空白

按"确定"键，产生视域分析结果 visible1，自动加载（图 21-3）并分成两类，"不可见"表示在观察点看不到的范围，默认为红色（插图中较深部分）；"可见"表示在观察点的可见范围，默认为绿色（插图中较浅部分）。

图 21-3 观察点的视域分析结果（不设置观察点的高程）

视域分析由用户指定观察点和目标点的相对高程。视域分析中，需要预先设定部分参数，其中有观察点的高度。如果不进行特别的设置（如前一个练习），默认观察点的高度比所在位置的三维表面高 1 个地图单位。例如，上述练习中，栅格地表模型的栅格单元大小为 10m，

观察点所处的三维表面高程为 78m，观察点的高程即为 79m。可以在"观察点"要素属性表中设置特定的字段：

Spot：设定观察点的绝对高程值。

OffsetA：三维表面高程不变，设定观察点高程的相对偏移值。

OffsetB：观察点高程不变，设定三维表面高程的相对偏移值。

打开观察点要素属性表，选用表选项菜单"⊟▾>添加字段"，继续输入：

名称：Spot

类型：短整型

精度：4

按"确定"键。在标准工具条上点击 ✍，调出编辑器工具条，选择"编辑器>开始编辑"，可能会弹出需要编辑的数据项的窗口，点击"观察点"，关闭窗口。输入 Spot 字段的数值 90（仅一条记录），选用菜单"编辑器>停止编辑"，会出现"是否保存编辑的内容？"的提示，点击"是（Y）"确认，关闭属性表，返回地图显示窗口。选用"ArcToolbox>3D Analyst 工具>可见性>视域"，继续设置：

输入栅格：surf1	下拉选择三维表面
输入观察点或观察折线要素：观察点	下拉选择
输出栅格：\gis_ex10\ex21\temp\visible2	栅格数据名和路径
输出地平面以上的栅格（可选）：	保持空白，不选
Z 因子（可选）：1	纵向比例不夸张
□ 使用地球曲率校正（可选）：	不勾选
折射系数（可选）	保持空白

按"确定"键，计算产生视域分析结果 visible2，自动加载（图 21-4）。

图 21-4　观察点绝对高程为 90m 的视域

21.2.3　两次视域分析结果的比较

前一次不进行任何设置，观察点高程默认比对应的三维表面高 1m，后一次设定了观察点的绝对高程为 90m，计算得到的可视范围要大一些。同样方法也可以在观察点的属性表中增加字段 OffsetA 和 OffsetB，来调整观察点和地形的相互关系。如果几个字段同时出现在属性表中，根据三者之间的相对关系进行计算，得到对应的观察点高度。

21.3　基于路径的视域分析

在 Data frame1 中的图层"道路"是二维线要素，要转化为 3D Shapefile。启用"ArcToolbox>3D Analyst 工具>功能性表面>插值 Shape"，进一步设置：

输入表面: 地形（或 surf1）　　　　　　　　下拉选择
输入要素类: 道路　　　　　　　　　　　　　下拉选择
输出要素类:\gis_ex10\ex21\temp\3D_road　　3D Shape 的路径、名称，shp 为默认
采样距离（可选）:　　　　　　　　　　　　保持空白
Z 因子（可选）: 1　　　　　　　　　　　　纵向比例不夸张
方法（可选）: LINEAR　　　　　　　　　　下拉选择
□ 仅插值折点（可选）　　　　　　　　　　　不勾选

其他选项均为默认，按"确定"键，图层"道路"的数据源转换为 3D_road，自动加载。关闭"道路"图层的显示，利用要素选择工具 ，选择地图中南北走向的那条道路（3D_road），使其进入选择集，启用"ArcToolbox>3D Analyst 工具>可见性>视域"，继续设置：

输入栅格: surf1　　　　　　　　　　　　　下拉选择地表图层
输入观察点或观察折线要素: 3D_road　　　　下拉选择 3D Shapefile
输出栅格: \gis _ex10\ex21\temp\visible3　　计算结果名称、路径
输出地平面以上的栅格（可选）:　　　　　　保持空白，不选
Z 因子（可选）: 1　　　　　　　　　　　　纵向比例不夸张
□ 使用地球曲率校正（可选）　　　　　　　　不勾选
折射系数（可选）　　　　　　　　　　　　　保持空白

按"确定"键执行，计算产生 visible3，结果自动加载（图 21-5）。基于路径的视域分析不仅判断三维表面上的可视范围，也记录了可视范围内每一栅格单元被观察到的次数。计算得到栅格数据，每个单元的取值表示沿着观察路径，该单元可以被看到的次数，观察者沿道路运动，步长等于栅格单元大小，每次移动一个单元，向所有方向观察一次。观察的总次数等于观察路径的总长度除以栅格单元大小。打开 visible3 的属性表，显示如下（软件版本不同，计算结果可能会有微小差异）：

Value（被看到的次数）	Count（取该值的栅格共有几个）
0	2882
1	90
2	57
3	52
⋮	⋮
92	31
93	28
94	16

图 21-5　基于路径的视域分析结果（南北向道路）

读者可以返回 Data frame1，进入图层符号设置对话框，按观察到的次数多少设置分类显示符号。

本练习按路径计算视域是对其中一条道路计算可视性，在选择集中只有一个 3D Shapefile 线要素。如果有多个线要素，计算结果是沿着多条道路观察到的栅格次数的累计相加（如果选择集为空，默认所有道路）。

选用菜单"文件>退出"，关闭地图文档，退出 ArcMap，可按需要决定是否保存对地图文档做过的改动。

21.4　根据三维线要素分析通视性

21.4.1　地形表面上已有视线的通视分析

在 Windows 下启动 ArcScene，打开文档\gis_ex10\ex21\ex21a.sxd，有"公园地形"、"视线"两个图层。"公园地形"是用 TIN 表示的某公园内部的地形，观察点位于公园外部山脚，目标点位于公园内某一山丘顶部。"观视线"是依据已知观察点、目标点的 X、Y、Z 坐标值输入的一条 3D Shapefile 线要素。本练习计算该条视线的通视性，以判断山脚下的观察点与山顶目标点之间是否可视。主菜单中选择"地理处理>环境…"，进一步设置：

工作空间>当前工作空间：\gis_ex10\ex21\temp　　　　借助文件夹按钮选择

工作空间>临时工作空间：\gis_ex10\ex21\temp　　　　借助文件夹按钮选择

输出坐标系：与图层"公园地形"相同　　　　　　　下拉选择

处理范围：默认　　　　　　　　　　　　　　　　下拉选择

　按"确定"键返回。启用"ArcToolbox>3D Analyst 工具>可见性>通视分析"，继续设置：

输入表面：公园地形　　　　　下拉选择

输入线要素：视线　　　　　　下拉选择

输入要素（可选）：　　　　　暂时不选，没有其他要素参与通视分析

输出要素类：\gis_ex10\ex21\temp\los1.shp　　计算结果路径、名称，shp 为默认

输出障碍点要素类：\gis_ex10\ex21\temp\obs1.shp　　计算结果路径、名称

其他设置均默认，按"确定"键，计算生成线要素类 los1，点要素类 obs1，自动加载。打开 los1 的图层属性表，可以看到字段 TarIsVis，如果取值为 1，表示通视；如果取值为 0，表示不通视。本次计算，两条记录的 TarIsVis 都是 1，说明仅考虑公园山体地形，观察点与目标点之间的视线不受遮挡，关闭属性表。点要素类 obs1 是空的，遮挡视线的障碍点不存在（图 21-6）。

图 21-6　仅考虑公园内山体地形遮挡的通视分析

21.4.2　多面体要素参与通视分析

公园外部拟建设一组建筑物，建成后是否影响原有的通视性，需要经计算判断。选用工具 ⬆，在\gis_ex10\ex21\路径下加载多边形要素类 buildings.shp，该数据项是二维的。进入"buildings>图层属性>基本高度"选项，继续设置：

○ 没有从表面获取高程值　　　　　　　　　　　　　　不选

　　⊙ 在自定义表面上浮动：\gis_ex10\ex21\hillbase3　　　　　下拉选择地形

　　⊙ 没有基于要素的高度　　　　　　　　　　　　　　　　　点选

　　图层偏移

　　添加常量高程偏移（使用场景单位）：0　　　　　　　　　　纵向不偏移

　　进入"拉伸"选项，勾选"拉伸图层中的要素。…"，在"拉伸值或表达式"文本框右侧点击计算器按钮，选择左侧字段，输入表达式[height] * 1，Shapefile buildings 的属性字段 height 用于建筑物纵向拉伸，所乘系数为 1，按"确定"键返回"拉伸"选项对话框。在"拉伸方式"下拉表中选择"将其添加到各要素的最大高度"。按"确定"键关闭"图层属性"对话框，拟建建筑在地表模型上以三维方式显示。启用"ArcToolbox>3D Analyst 工具>转换>3D 图层转要素类"，继续设置：

　　输入要素图层：buildings　　　　　　　　　　下拉选择图层名

　　输出要素类：\gis_ex10\ex21\temp\bldg3D　　　生成多面体要素类的路径及名称

　　分类字段（可选）　　　　　　　　　　　　　保持空白

　　按"确定"键，产生多面体要素类 bldg3D，自动加载，到内容列表中移除 buildings（图 21-7）。启用"ArcToolbox>3D Analyst 工具>可见性>通视分析"，继续设置：

　　输入表面：公园地形　　　　　　　　　　　　　　　下拉选择

　　输入线要素：视线　　　　　　　　　　　　　　　　下拉选择

　　输入要素：bldg3D　　　　　　　　　　　　　　　　下拉选择参与通视分析的多面体要素类

　　输出要素类：\gis_ex10\ex21\temp\los2.shp　　　结果路径、数据名，shp 为默认

　　输出障碍点要素类：\gis_ex10\ex21\temp\obs2.shp　结果路径、数据名

图 21-7　多边形转换为多面体

　　其他选项均默认，按"确定"键执行，产生线要素类 los2，点要素类 obs2，自动加载。关闭"视线"、los1、obs1 的显示，打开 los2 的图层属性表，字段 TarIsVis 的值均为 0，说明观察点和目标点之间不通视，该组建筑群建成后，预定的视线将受遮挡。点要素 obs2 是从

观察点出发，产生遮挡的第一点，在建筑物外墙（图 21-8）。如果 obs2 的显示符号太小，内容列表中鼠标双击 obs2 下的符号，调出"符号选择器"，在右侧"大小"栏中，将尺寸调大，颜色调深，按"确定"键返回。

图 21-8   多面体要素参与三维表面通视分析

21.5   天际线与建筑限高

21.5.1   基于天际线的三维障碍面

在 ArcScene 中选用主菜单"文件>打开"，在\gis_ex10\ex21\路径下，选择 ex21b.sxd，同时关闭 ex21a.sxd，不保存。ex21b.sxd 的图层和场景如图 21-9 所示。观察点周边可能出现建筑物，按当地景观规划要求，从观察点看山体，新建建筑物不得遮挡天际线，为此限制建筑物高度。选用主菜单"地理处理>环境..."，进一步设置：

工作空间>当前工作空间：\gis_ex10\ex21\temp   借助文件夹按钮选择、添加
工作空间>临时工作空间：\gis_ex10\ex21\temp   借助文件夹按钮选择、添加
输出坐标系：与输入相同   下拉选择
处理范围：与图层 公园地形 相同   下拉选择

按"确定"键返回。启用"ArcToolbox>3D Analyst 工具>可见性>天际线"，继续设置：

输入观察点要素：观察点   下拉选择图层名
输入表面：公园地形   下拉选择图层名
虚拟表面半径：0   米   键盘输入
虚拟表面高程：0   米   键盘输入
输入要素（可选）：   不选，保持空白
要素细节层次（可选）：FULL_DETAIL   下拉选择，要求精细
输出要素类：\gis_ex10\ex21\temp\Skyline.shp   天际线数据的路径、名称

图 21-9 观察点和地形

其他选项均为默认或不设置，按"确定"键，产生 3D Shapefile Skyline，自动加载，这是从观察点环视一圈，看到的三维天际线（图 21-10）。启用"ArcToolbox>3D Analyst 工具>可见性>天际线障碍"，继续设置：

输入观察点要素：观察点	下拉选择图层名
输入要素：Skyline	下拉选择图层名
输出要素类：\gis_ex10\ex21\temp\SkBarr.shp	天际线障碍要素的路径、名称
最小半径（可选） ⊙ 线性单位　0 米	
最大半径（可选） ⊙ 线性单位　0 米	
□ 闭合（可选）	不勾选
基础高程（可选） ⊙ 线性单位　0 米	
□ 投影到平面（可选）	不勾选

按"确定"键，产生多面体（Multipatch）SkBarr.shp，由天际线和观察点组合而成，自动加载（图 21-11）。如果某建筑物高于该多面体，就会对观察点看到的天际线产生遮挡。

21.5.2 获得位于障碍面表面的网格点

选用"ArcToolbox>3D Analyst 工具>转换>由 TIN 转出>TIN 转栅格"，继续设置：

输入 TIN：公园地形	下拉选择
输出栅格：\gis_ex10\ex21\temp\HllGrd	数据项路径、名称
输出数据类型（可选）：FLOAT	下拉选择
方法（可选）：LINEAR	下拉选择
采样距离（可选）：CELLSIZE 10	下拉选择，栅格单元大小调整为 10
Z 因子（可选）：1	键盘输入

图 21-10　三维天际线

图 21-11　天际线障碍面

按"确定"键,"公园地形"转换成栅格 HllGrd。选用"ArcToolbox>转换工具>由栅格转出>栅格转点",继续设置:

输入栅格: HllGrd　　　　　　　　　　　　下拉选择
字段: Value　　　　　　　　　　　　　　下拉选择
输出点要素: \gis_ex10\ex21\temp\grdpnt.shp　供下一步计算使用的网格点要素

按"确定"键,产生 Shapefile grdpnt,自动加载(图 21-12)。切换到内容列表,进入 grdpnt 的"图层属性>拉伸"选项,继续设置:

☑ 拉伸图层中的要素　　　　　　　　　　勾选

拉伸值或表达式：120　　　　　　　　　　　　在文本框内键盘输入

拉伸方式：将其添加到各要素的基本高度　　　下拉选择

图 21-12　产生网格点

按"确定"键返回，显示结果如图 21-13 所示。选用"ArcToolbox>3D Analyst 工具>转换>3D 图层转要素"，进一步设置：

输入要素图层：grdpnt　　　　　　　　　　　下拉选择图层名

输出要素类：\gis_ex10\ex21\temp\3Dline.shp　三维线要素类的路径、数据名称

分组字段（可选）：　　　　　　　　　　　　不选，保持空白

图 21-13　网格点拉伸结果

按"确定"键，网格点变为三维线（显示结果和拉伸一样）。选用"ArcToolbox>3D Analyst 工具>3D 要素>3D 线与多面体相交"，进一步设置：

输入线要素：3Dline　　　　　　　　　　　下拉选择图层名

输入多面体要素：SkBarr　　　　　　　　　下拉选择图层名

连接属性：IDS_ONLY　　　　　　　　　　下拉选择

输出点（可选）：gis_ex10\ex21\temp\Brr3Dpnt.shp　　三维点要素类路径、名称

输出线（可选）：　　　　　　　　　　　　不选，保持空白

按"确定"键，计算三维线和障碍多面体相交的时间稍长，生成 Shapefile Brr3Dpnt，这些点均在三维障碍面的表面（图 21-14）。

图 21-14　位于障碍面表面的网格点

21.5.3　产生限制建筑相对高度的栅格

启用"ArcToolbox>转换工具>转为栅格>点转栅格"，继续设置：

输入要素：Brr3Dpnt　　　　　　　　　　下拉选择图层名

值字段：Shape.Z　　　　　　　　　　　下拉选择字段名，点要素的 Z 坐标

输出栅格数据集：gis_ex10\ex21\temp\BrrGrd　　栅格数据的路径、名称

像元分配类型：MEAN　　　　　　　　　　下拉选择

优先级字段（可选）：NONE　　　　　　　下拉选择

像元大小（可选）：gis_ex10\ex21\temp\hllgrd　　下拉选择，与地形栅格相同

按"确定"键继续，障碍面上的三维点转换成栅格 BrrGrd。启用"ArcToolbox>3D Analyst 工具>栅格计算>减"，继续设置：

输入栅格数据或常量值 1：BrrGrd　　　　下拉选择

输入栅格数据或常量值 2：HllGrd　　　　下拉选择

输出栅格：\gis_ex10\ex21\temp\BldgHgt　　数据项路径、名称

按"确定"键，视线障碍栅格和公园地形栅格相减，得到结果栅格 BldgHgt，其单元值为

相对于地形，对建筑物高度的限制（图 21-15），最低应该为零（出现负值是计算误差，负值处靠近天际线、观察点，没有坡度的视线方向），最高约 18.4m。选用主菜单"视图>视图设置"，点选"正射投影（2D 视图）"，关闭对话框，在内容列表中突出 BldgHgt 的显示，可看出该栅格的二维显示效果（图 21-16），可利用主菜单中的要素识别工具 ，点击查询某个栅格点，显示该位置的建筑相对高程。有兴趣的读者可以利用栅格生成建筑相对高度的等高线。

选择主菜单"文件>退出"，关闭该文档，退出 ArcScene，可按需要决定是否保存对文档做过的改动。

图 21-15　计算得到建筑限高栅格

图 21-16　限制建筑高度栅格的二维显示

21.5.4　本练习小结

本练习的目的是得到限制建筑物的相对高度栅格，初始条件是观察点和地形之间可形成三维天际线，天际线和观察点进一步组成障碍面，为三维多面体（Multipatch），如果建筑物高于该障碍面，就在观察点和天际线之间形成了遮挡。将障碍面转换成高度栅格，地形也转换成高度栅格，两者相减，就得到了限制建筑物相对高度的栅格。多面体是真三维，栅格是二维，前者难以直接转换成后者，只能绕一圈。先将地形 TIN 转为地形栅格，该栅格转为网格点，网格点转为三维垂直线，与障碍面相交，得到三维点，这些点位于障碍面上，用这组点产生栅格，单元值为障碍面的高度，再和地形栅格相减，得到限制建筑物相对高度栅格。

21.6　本　章　小　结

通视分析可以判断三维空间内两点之间有无遮挡物，可依托 TIN，也可依托栅格表面计算。临时输入视线，输入的是图形（Graphic），计算结果也是图形。观察点和目标点在三维表面上，可通过对话框输入观察点和目标点相对于三维表面的高程。还可借用生成纵剖面的方法，沿着临时视线产生纵剖面图，观察起点和终点之间的视线遮挡状况。如何产生纵剖面，第 20 章已有练习，本章不再重复。

视域分析比通视分析稍复杂，只能依托栅格表面，如果只有 TIN，应先将其转换为栅格。视域分析有观察点和观察路径两种方法。如果是观察点，应是矢量点要素，有高程属性。如果是观察路径，应是三维线要素（3D Shapefile），其高程可以沿路径而变化。进行视域分析前，应在观察点的要素属性表中添加字段，输入观察点高程值，否则，默认观察点高程比所在位置的地表高一个坐标单位。视域分析得到的结果都是栅格数据，每一栅格单元的取值表示该点被观察到的次数。如果是观察点，产生的栅格只有 0 或 1 两种取值，表示不可见或可见。如果是路径，表示观察者沿着路径上每前进一步（相当于移动一个栅格单元），进行一次全方位观察，走完全部路径，每个栅格单元被观察到的次数累计相加，因此，路径视域分析是多个单点分析的叠合、累加，计算时间较长。

将视线表示为三维线要素，也可进行通视分析，计算、判断的结果保存在线要素属性表中。如果视线被遮挡，还可以计算出沿视线被遮挡的第一个点，保存为三维点要素。

多面体要素可参与通视分析，如判断建筑物、树木是否遮挡视线，也可参与三维天际线、天际线障碍等其他三维分析。有兴趣的读者可自行尝试拟建建筑物对天际线的影响。

本章练习中某些分析功能针对三维要素，为此在分析之前，需要将二维要素转换成三维，才能使后续处理正常。

完成本章练习，会改变 Data frame1 中图层"观察点"的数据源，将\gis_ex10\Back\ex21\路径下的原始文件覆盖至\gis_ex10\ex21\，就可使数据源恢复到练习之前的状态。

思　考　题

1. 建筑限制高度栅格上部靠近天际线附近多数栅格的取值接近零，另有一部分取值较大，附近的天际线近似直线，能否解释其原因。

2. 关于天际线障碍面，如果用 TIN 代替 Multipatch，会有什么局限？

3. 根据经验，通视分析还有什么用途？

4. 如果使用 10.2 以上版本，借助工具"ArcToolbox > 转换工具 > 转为栅格 > 多面体转栅格"，将天际线障碍面直接转为栅格，和公园地形栅格相减，得到限制建筑高度栅格。这比本章基于 10.1 版本的操作步骤简单。

第七篇 网 络 分 析

第22章 最佳路径、最近设施、服务区

- 建立网络数据集
- 产生最佳路径
- 查找最近设施
- 产生服务区
- 本章小结

22.1 建立网络数据集

在 Windows 操作系统下选择"开始>所有程序>ArcGIS>ArcCatalog",启动 ArcCatalog,操作界面和 Windows 的资源管理器相似。选用菜单"自定义>扩展模块...",勾选 Network Analyst,按"关闭"键返回,网络分析许可证被加载。

ArcCatalog 左侧为"目录树"窗口(如果不出现,可到主菜单"窗口"中选择),在目录树中展开\gis_ex10\ex22\(如果找不到,可以借助"连接到文件夹"按钮 ⬛ 查找),可看到一系列数据项,点击 road.shp,再到右侧窗口中点击"内容"选项,可看到 road 的数据格式是 Shapefile,线要素类,点击"预览"选项,可看到某城市局部道路网的图形(图 22-1),在下方下拉菜单"预览"中选择"表",可看到要素属性表中有字段 CLASS(道路等级)、SPEED(平均车速)及 Length(线要素几何长度)等。到左侧"目录树"中鼠标右键点击 road,选用快捷菜单"新建网络数据集...",出现提示:

输入网络数据集的名称:road_ND

road_ND 为默认,按"下一步(N)>"键,提示:

是否要在此网络中构建转弯模型? ⊙ 否　　暂不考虑

按"下一步(N)>"键,再点击按钮"连通性...",显示:

源	连通性策略	1
road	端点	☑

按"确定"键返回,按"下一步(N)>"键,再提示:

如何对网络要素的高程进行建模? ⊙ 无(N)

按"下一步(N)>"键,可以看到"为网络数据集指定属性"如下:

名称	用法	单位	数据类型
长度	成本	米	双精度

图 22-1　用 ArcCatalog 简单显示要素类 road

正常情况下，要素属性表中字段 Length 被自动识别为成本，中文软件翻译成"长度"。如果"长度"的左侧出现感叹号，说明软件未识别出默认字段，应借助右侧"移除"键删除带感叹号的记录。

如果上述提示内容为空白，按"下一步（N）>"键，会出现"缺少成本属性，是否要添加"的提示，点击"是"，然后按"<上一步（B）"返回，核实上述提示。

如果"长度"（或 Length）左侧未出现感叹号，按"下一步（N）>"键继续：

是否要为此网络数据集建立行驶方向设置？　　◉ 否

按"下一步（N）>"键继续，出现"摘要"显示框，概要显示已经做过的各项设置，按"完成"键，再提示：

新网络数据集已创建。是否立即构建？

点击"是（Y）"，网络数据集完成初始设定。在右侧数据项窗口中按"内容"选项，可以看到，与 road Shapefile 同一路径下，增加了 road_ND.nd Shapefile 网络数据集和 road_ND_Junctions Shapefile 两个数据项，road 网络数据集已建立，退出 ArcCatalog。

22.2　产生最佳路径

22.2.1　有关初始设置

启动 ArcMap，打开地图文档\gis_ex10\ex22\ex22.mxd，激活 Data frame1，该数据框有两个图层：点状要素图层"经停站"和线状要素图层"道路"（图 22-2）。本练习将选择一条公共交通的线路，起点站是 A，要求经过各个"经停站"，产生距离最短的行驶路径。进入"Data

frame1>数据框属性>常规"选项，核实 "地图"和"显示"单位都已选为"米"，按"确定"
键返回。主菜单中选用"地理处理>环境..."，进一步设置：

工作空间>当前工作空间：\gis_ex10\ex22\temp　　借助文件夹按钮选择

工作空间>临时工作空间：\gis_ex10\ex22\temp　　借助文件夹按钮选择

输出坐标系：与输入相同　　　　　　　　　　下拉选择

处理范围：默认　　　　　　　　　　　　　　下拉选择

图 22-2　Data frame1 的显示

按"确定"键返回。选用菜单"自定义>扩展模块..."，勾选 Network Analyst，按"关
闭"键返回，网络分析扩展许可证被加载。再选用"自定义>工具条>Network Analyst"，弹
出网络分析菜单条，该菜单条中点击图标 ，弹出网络分析窗口，可将该窗口移动到内容
列表下方，双击该窗口的横条，与内容列表窗口重合。点击添加数据图标 ，在
\gis_ex10\ex22 路径下选择 road_ND. nd（ND 为网络数据集，Network Dataset），按"添加"
键，提示：

是否还要将参与到"road_ND"中的所有要素类添加到地图？

点击"是"。在内容列表中可看到，被加载的数据有 road_ND 为网络数据集，显示取名
为"边"；road_ND_Junctions 为网路边和边的交汇点；road 是产生网络的原始要素类，它和
图层"道路"是重复的。点击鼠标右键添加快捷菜单，将 road 和 road_ND_Junctions 分别移
除，只保留 road_ND。网络分析菜单条中下拉选择"Network Analyst>新建路径"，内容列表
中出现一个特殊图层组（Group Layer）："路径"，内有 5 个独立图层，可成组打开、关闭，
展开、收缩。网络分析窗口（Network Analyst）中也出现 5 个相同的目录：停靠点（0）、路
径（0）、点障碍（0）、线障碍（0）、面障碍（0）。

22.2.2　输入站点、障碍，产生路径

在网络分析窗口中点击"停靠点（0）"，在网络分析菜单条中点击 （创建网络位置

工具），光标变成一个带十字的小旗子（不是单纯的小旗子），在地图窗口中下端的 A 点附近输入一个停靠点（顺序为 1，不一定要对准 A 点），在上侧 E 点附近输入另一个停靠点（顺序为 2，不一定要对准 E），在网络分析窗口可以看到，"停靠点（0）"变成了"停靠点（2）"，点击"+"号展开，有两个停靠点："图形选择 1"和"图形选择 2"，在网络分析菜单条中点击 ▦（求解），软件产生从①（A 附近）到②（E 附近）的最佳路径（图 22-3）。

图 22-3　两个站点间的最佳路径

再到网络分析窗口中点击"点障碍（0）"，点击 ⚑，在已有路径中输入一个障碍点（参考图 22-4，位置应在路段上，不宜在路口），意思是此处道路正在维修，禁止通行，网络分析窗口的"点障碍（0）"变成"点障碍（1）"，出现"禁止型（1）"、"图形选择 3"，再点击网络分析菜单条中的 ▦（求解），为了绕开障碍点，路径有所改变（图 22-4）。

图 22-4　绕开障碍点，改变路径

临时输入站点、障碍点可能有误差，在网络分析工具条中用选择工具 ⬚ （选择/移动网络位置），出现的光标仅是一个小旗，不带小十字，可用于选择移动停靠点、障碍点，使它们的位置更精确。读者可将障碍点移动到改变后的路径上，靠近停靠起点，再按"求解"按钮，观察最佳路径是否绕开修改后障碍。

22.2.3　加载站点要素，产生路径

鼠标右键点击菜单选择"删除"，分别将"图形选择 1"、"图形选择 2"、"图形选择 3" 3 个临时站点、障碍点删除，可在地图上操作，也可在网络分析窗口中操作。鼠标右键点击"停靠点（0）"，选择"加载位置…"，继续设置：

加载自：经停站	下拉选择图层名
☑ 仅显示点图层	勾选
位置分析属性	该框内容取默认值，不设置
位置定位	
⦿ 使用几何	点选
搜索容差：100 米	键盘输入 100，下拉选择单位为米
○ 使用网络位置字段	不选

按"确定"键。上述设置中，"搜索容差"表示点要素离开网络的距离，如果设置得太大，离开网络较远，不应该纳入分析计算的点可能被纳入，如果设置得太小，离网络不远，应该纳入分析计算的点可能被排除。因此，当原始点要素输入的位置误差较大，偏离网络的点要素较多时，"搜索容差"值变得相对重要。在网络分析窗口中，可以看到"停靠点（0）"变为"停靠点（6）"，即 6 个点要素被加载，在地图显示窗口中可看到分析用的"停靠点"空间位置和图层"经停站"是完全重合的，站点的编号并不一定表示停靠的先后次序。点击网络分析菜单条中的求解按钮 ▦，产生路径，从直观角度，很可能不符合常规行车习惯。切换到内容列表，在 Dara frame1 中，鼠标右键点击"路径"选择"属性…"，再进入"分析设置"选项：

阻抗：长度（米）	下拉选择
☐ 使用开始时间	不勾选
☑ 重新排序停靠点以查找最佳路径	勾选，调整站点顺序，优化路径
☑ 保留第一个停靠点	勾选，保留既定的第一个站点
☐ 保留最后一个停靠点	取消，不规定最后一个站点
交汇点的 U 形转弯：不允许	下拉选择，不允许调头
输出 Shape 类型：实际形状	下拉选择
☑ 忽略无效位置	勾选

按"确定"键返回，再点击求解按钮 ▦，软件自动调整站点的顺序，经过每个"经停站"的路径调整为 A、D、C、B、E、F（图 22-5）。在网络分析窗口，展开"停靠点（6）"，可以看到调整后的站点顺序如下：

① 位置 1
② 位置 3
③ 位置 2
④ 位置 6
⑤ 位置 4
⑥ 位置 5

图 22-5　6 个站点顺序优化的路径

　　在网络分析窗口中，鼠标右键选择"删除"菜单，分别删除"位置 3"（D）和"位置 4"（E），剩下 A、B、C、F 4 个停靠点，再点击求解按钮 ▦，可看到 4 个停靠站点的路径和原来 6 个明显不同，走向为 A、F、B、C（图 22-6）。

图 22-6　停靠 4 个点的优化路径

网络分析窗口中鼠标右键点击"停靠点（4）"，选择"打开属性表"，拉动窗口的左右滚动条，点击字段名 Sequence，该列被选择，改变颜色，该列的属性值是网络分析路径经过站点的顺序编号，右键点击字段名 Sequence，选择"升序排列"，属性表的记录按站点编号从小到大重新排序，再拉动属性表窗口的左右滚动条，出现字段名"Cumul_长度"，可以看到分析路径经过各站点的累计长度（相当于累计交通成本）：

Name	Sequence	Cumul_长度
位置 1	1	0
位置 5	2	4082.242106
位置 6	3	6345.794470
位置 2	4	8356.719027

路径分析中出现过的 3 种停靠站的名称、编号，作用各不相同。

（1）路径分析开始之前地图上就有的英文字母，是图层属性标注（第 2 章已练习过），来自"经停站"属性表中的字段 STOP_Name，是人工起的站名，可以是字符型，也可以是整数型。

（2）每次产生新的路径后，地图上重新显示的编号，表示停靠点的先后顺序，在计算过程中由软件自动产生，对应"停靠点"属性表中的字段 Sequence 的取值。

（3）另一个编号："位置 1"、"位置 2"…，它们由原始点要素输入的先后顺序决定，不是路径选择得到的顺序，该编号的值比要素"经停站"的内部标识（要素属性表中字段 FID）的值大 1，也是由软件自动产生。

22.3　查找最近设施

22.3.1　设置网络数据集

关闭属性表，激活 Data frame2，进入"Data frame2>数据框属>常规"，确认"地图"和"显示"单位均为"米"，按"确定"键返回。该数据框有两个图层：点状图层"设施/事件"，线状图层"道路"（图 22-7）。观察线状图层"道路"，有 A、B、C 三种类型，打开要素属性表"道路"，可以看到该图层有 CLASS（类型）、SPEED（车速）等属性，CLASS 分 A、B、C 三种，对应的 SPEED 为 30、25、20，这表示 A 类道路的平均车速为 30km/h，B 类道路的平均车速为 25km/h，C 类道路的平均车速为 20km/h，为了计算消防车到达事件现场的时间、路径，需要为道路属性表增加一个字段。点击属性表左上角表选项菜单" ▦ ▾>添加字段…"，进行设置：

名称：Mint
类型：浮点型
精度：5（字段长度）
小数位数：3（保留小数点后位数）

图 22-7 Data frame2 的显示

按"确定"键返回。鼠标右键点击字段名 Mint，选择快捷菜单"字段计算器…"，对话框中部出现提示："Mint ="，借助鼠标、键盘输入计算式：

[Length] / 1000 / [SPEED] * 60

按"确定"键返回。增加的字段 Mint 表示每条路段车辆行驶所消耗的时间，字段 Length 是每个路段的几何长度，单位为米，字段 SPEED 是路段的车速，单位为千米/小时，两者相除得到的是行驶时间，但是计算单位不同，除以 1000，使长度单位变为千米，乘以 60，时间单位从小时换算成分钟，观察字段 Mint 的取值，可知道换算的结果，关闭属性表。本属性表、要素类和 Data frame1 使用的数据源一致，网络数据集也是 road_ND.nd。

在标准工具条中点击"目录窗口"按钮 （相当于调用 ArcCatalog），在右侧"目录"窗口中，展开路径\gis_ex10\ex22\，鼠标右键点击网络数据集 road_ND.nd，选择快捷菜单中"属性"，对话框中再进入"属性"选项，点击右侧按钮"添加…"，定义字段：

名称：Mint　　　　　键盘输入（大小写和"道路"属性表中的字段名一致）

使用类型：成本　　　下拉选择

单位：分钟　　　　　下拉选择

数据类型：双精度　　下拉选择

☐ 默认情况下使用　不勾选

按"确定"键返回，可以看到属性框有如下内容：

名称	用法	单位	数据类型
长度	成本	米	双精度
Mint	成本	分钟	双精度

按"确定"键结束。鼠标右键再次点击网络数据集 road_ND.nd，选择快捷菜单"构建"，

Network Analyst 重构网络数据集的内部结构，处理结果是增加了考虑车速并以分钟为单位的成本属性。运行结束，关闭右侧的"目录"窗口。

22.3.2　基于距离最短的最近设施

本练习在两个事件（Incident）"名人故居"、"博物馆"和 4 个设施（Facility）"消防站"之间选择最佳路径。进入"Data frame2>数据框属性>常规"选项，确定"地图"和"显示"单位均为"米"，按"确定"键返回。点击"添加数据"图标 ⬇，在\gis_ex10\ex22\下选择 road_ND.nd，按"添加"键，提示：

是否还要将参与到"road_ND"中的所有要素类添加到地图？

点击"否（N）"继续，网络数据集加载，自动取名为"边"。在网络分析菜单条中选择"Network Analyst>新建最近设施点"，可以看到内容列表中出现一个特殊的图层组合"最近设施点"。网络分析窗口中也出现 6 个目录：设施点（0）、事件点（0）、路径（0）、点障碍（0）、线障碍（0）、及面障碍（0）。切换到内容列表，鼠标右键点击图层组合名"最近设施点"，选择"属性"，在"图层属性"对话框中进入"分析设置"选项：

阻抗：长度（米）	下拉选择
☐ 使用时间	不勾选
默认中断值〈无〉	默认
要查找的设施点：1	键盘输入，每次仅查找一个设施
行驶自：◉ 设施点到事件点	点选，运行方向为设施到事件
交汇点的 U 形转弯：允许	下拉选择，允许任何位置调头
输出 Shape 类型：实际形状	下拉选择
☑ 忽略无效位置	勾选

按"确定"键返回。进入网络分析窗口，鼠标右键点击"设施点（0）>加载位置…"，出现对话框：

加载自：设施/事件	下拉选择图层名
☑ 仅显示点图层	勾选
位置分析属性	该框内容取默认值，不设置
位置定位	
◉ 使用几何	点选
搜索容差：100 米	键盘输入 100，下拉选择单位为米
○ 使用网络位置字段	不选

按"确定"键返回，可以看到 6 个点要素被加载，"博物馆"和"名人故居"不是设施，展开"设施点（6）"，用鼠标右键点击并在快捷菜单中选择"删除"，将"博物馆"和"名人故居"删除，"设施点（6）"变为"设施点（4）"。

再用鼠标右键点击"事件（0）"选择"加载位置…"，出现对话框，有关设置和上述加载设施点一样，按"确定"键返回，可以看到 6 个点要素被加载，4 个"消防站"不是事件，展开"事件点（6）"，用鼠标右键点击并在快捷菜单中选择"删除"，将 4 个消防站删除，"事件点（6）"，变为"事件点（2）"。

点击 ⊞（求解），可以看到，实际的有效路径有两条："消防站"A 到"博物馆"，"消防站"C 到"名人故居"（图 22-8）。在网络分析窗口中，展开"路径（2）"，用鼠标右键分别点击路径名称，选用"属性…"，打开路径属性表，可以看到"消防站"A 到"博物馆"的路径长度（Total_长度）为 2613.897965（m），"消防站"C 到"名人故居"的路径长度（Total_长度）为 2772.589309（m）。由于上下行交通条件、车速一致，路径起点和终点即使相反，交通成本也一样。

图 22-8　为两个事件分别查找各自的最近设施

在网络分析窗口展开"事件点（2）"，用鼠标右键点击并在快捷菜单中选择"删除"，将"名人故居"删除，"事件点（2）"变为"事件点（1）"，切换到内容列表，鼠标右键选择图层名"最近设施点>属性>分析设置"，修改设置如下：

要查找的设施点：4　　　　　　键盘输入，一次查找四个设施

其他设置不修改，按"确定"键返回，再点击 ⊞（求解），可以看到软件产生 4 个消防站（设施）分别到达"博物馆"（事件）的各自网络路径（图 22-9）。在网络分析窗口，鼠标右键点击"路径（4）"，打开属性表，拉动视窗滑动条，可以看到按距离最短产生 4 条路径的交通成本：

Name	Total_长度
消防站 A－博物馆	2613.897965
消防站 B－博物馆	2757.989441
消防站 C－博物馆	2772.651891
消防站 D－博物馆	4588.767061

22.3.3　基于时间最省的最近设施

关闭属性表，到内容列表中鼠标右键点击图层名"最近设施点"，选择快捷菜单"属性"，

进入"分析设置"选项，在"阻抗"项中下拉选择"Mint（分钟）"，表示将交通时耗作为网络阻抗，计算单位为分钟，其他设置不变，按"确定"键返回。在网络分析工具条中点击 ▦（求解），Network Analyst 产生新的最佳路径，4 个"消防站"（设施）分别到达"博物馆"（事件）的路径走向（图 22-10），与图 22-9 相比，从"消防站"D 和"消防站"C 到"博物馆"的路径明显不同，原因显然是 A、B、C 三类道路车速不同。在网络分析窗口中，鼠标右键点击"路径（4）"，打开属性表，可以看到最省时间路径的交通成本：

Name	Total_Mint
消防站 A – 博物馆	7.842708
消防站 B – 博物馆	8.194714
消防站 C – 博物馆	7.245953
消防站 D – 博物馆	11.168899

图 22-9　一个事件和多个设施之间的最短路径

图 22-10　按时间最省产生四个消防站到博物馆的路径

22.4　产生服务区

关闭属性表，激活 Data frame3，该数据框有两个图层：点状图层"公园"和线状图层"道路"（图 22-11）。本练习要求产生离开公园 500m 和 1000m 的服务范围。鼠标右键点击进入"Data frame3>数据框属性>常规"选项，确认"地图"和"显示"单位均为"米"，按"确定"键返回。点击"添加数据"图标 ，在\gis_ex10\ex22\下选择 road_ND. nd，按"添加"键，会出现"是否还要将参与到'road_ND'中的所有要素类添加到地图？"的提示，点击"否（N）"继续，网络数据集加载，自动取名为"边"。在网络分析菜单条中选择"Network Analyst>新建服务区"，可以看到内容列表中出现一个图层组合"服务区"。鼠标右键点击图层名"服务区"，选择"属性"，进入网络分析图层属性对话框，再进入"分析设置"选项：

阻抗：长度（米）	下拉选择
默认中断值：500 1000	键盘输入两项服务区范围值，用空格分开
☐ 使用时间	不勾选
方向：⊙ 离开设施点	点选
交汇点的 U 形转弯：允许	下拉选择，允许任何位置调头
☑ 忽略无效位置	勾选

图 22-11　Data frame3 的显示

进入"面生成"选项，进一步设置：

☑ 生成面	勾选
面类型	
⊙ 详细	点选，产生详细的多边形
☐ 修剪面	取消勾选
排除的源 ☐ road	不选
多个设施点选项	

⊙ 按中断值合并　　　　　　　　分离的多边形合并

叠置类型

⊙ 环　　　　　　　　　　　　多重服务区呈环状

按"确定"键返回。在网络分析窗口，鼠标右键点击"设施点（0）"，选择"加载位置…"，
出现对话框：

加载自：公园　　　　　　　　　下拉选择图层名

☑ 仅显示点图层　　　　　　　　勾选

位置分析属性　　　　　　　　　该框内容取默认值，不设置

位置定位

⊙ 使用几何　　　　　　　点选

搜索容差：100 米　　　　　　　键盘输入 100，下拉选择单位为米

○ 使用网络位置字段　　　　　不选

　按"确定"键返回，9 个点要素被加载。点击图标 ▦（求解），产生距离 9 个公园的服
务区多边形，分别对应 500m、1000m 两种交通成本（图 22-12）。

图 22-12　离开公园 500m 和 1000m 的服务区和 1000m 缓冲区的比较

　　在标准工具条中点击 ▦，出现 ArcToolbox 窗口，启用"ArcToolbox>分析工具>邻域分
析>缓冲区"，出现对话框：

输入要素：公园　　　　　　　　　　　　下拉选择数据项名

输出要素类：\gis_ex10\ex22\temp\buffer1.shp　　鼠标加键盘输入

⊙ 线性单位　　　　　　　　　　　　　　点选

1000　　米　　　　　　　　　　　　　键盘输入 1000，下拉选择距离单位为米

融合类型（可选）：ALL　　　　　　　　下拉选择，重叠的多边形相互合并

其他内容均为默认,按"确定"键继续,产生离开公园1000m的同心圆式的缓冲区buffer1,自动加载。调整图层的符号、显示顺序,可以看到,同样是1000m,同心圆式的缓冲区比基于网络的服务区要大一些(图22-12)。

练习结束,选用菜单"文件>退出",会出现"是否将更改保存到地图文档"的提示,为了不影响以后及他人的练习,点击"否"。

22.5　本 章 小 结

本章出现了很多专用词汇,解释如下。

路径(Route)是网络分析的结果,必须经过有关停靠点(Stop),绕开障碍(Barrier),以交通成本最低为走向。停靠点、障碍可以是手工输入图形(Graphic),也可来自现成的要素(Feature)。可以人为指定停靠点的顺序,也可自动调整停靠点的顺序,经优化计算,产生最佳路径。

最近设施(Closest Facility)是在设施点(Facility)和事件点(Incident)之间产生路径,相当于两组既定的停靠点。可以为每个事件查找单个最近设施,也可以同时查找多个设施,在一个事件和多个设施之间产生路径。

服务区(Service Area)是路径分析的扩展,给定交通成本,产生离开服务点所有方向的路径,将每条路径的端点连接起来,形成最大范围,即服务区,与第12章的缓冲区(Buffer Zone)相比,前者的范围较小,后者的较大。

交通成本(Cost)最低是路径的优化目标,阻抗(Impedance)是计算成本的基础。最简单、最常用的是将线要素的几何长度作为阻抗,累计长度所表示的距离为交通成本,如果考虑车行、步行的速度,单位时耗为阻抗,累计时耗为交通成本。

障碍(Barrier)对交通有阻碍作用。例如,很短的一段路因交通事故,暂时禁止通行,可用障碍点表示;较长的某段路维修,可用障碍线表示;对某个范围进行交通管制,用障碍面(多边形)表示,生成路径时必须绕开障碍。读者练习最近设施、服务区时,可以自己尝试添加障碍点、障碍线、障碍面,进一步体会障碍如何影响到设施和事件之间的路径,以及服务区的形状。

U 形转弯(U-Turn)的意思是半路调头。这种方式常用于货物运输、步行或自行车交通,客运公共交通往往限制随意调头。是否允许调头,会影响到交通成本和路径走向。

网络分析产生一个图层组(Group Layer,参见6.9节),内含若干特殊图层,可以按需要调整显示符号,方法和普通图层一样。

网络数据集(Network Dataset)表示交通设施,如道路网、铁路网,由线状要素经处理而形成,一个线要素(Line),转换到网路中成为边(Edge),线的结点(Node)也称为端点(End,Endpoint)。网络数据集内部为拓扑结构,对一般用户来说,呈"黑箱"状态,不需要知道内部细节,但是数据源的质量很重要(如线要素在交叉处应断开、汇合),一般靠拓扑规则对线状要素进行验证,避免悬挂点、伪结点、重复线,才能使网络数据集符合现实。与分析有关的点要素(停靠点、设施点、事件点)的位置应尽量靠近网络,与道路重合,小于搜索容差,可利用拓扑规则验证。数据质量不可靠,路径相关的计算结果就会有差错。线要素的 Length 字段一般被默认为交通成本,点要素的 Name 字段往往被默认为停靠点、设施点、事件点的名称。

ArcGIS 的交通网络还可扩展到建筑物内部的三维空间（3D Network），有兴趣的读者也可自己尝试。

几何网络（Geometric Network）是 ArcGIS 的另一种数据集，常用于表示管线类事物，适用于公用事业、市政设施（Utility），如给水、排水、燃气、电力，也可延伸至河道中的水流分析。几何网络的侧重点和交通网络不同，有其特有的分析功能，本教材未涉及。

完成本章练习，会改变练习数据内容，将\gis_ex10\Back\ex22\路径下的原始文件覆盖至\gis_ex10\ex22\，数据内容就恢复到练习之前的状态。

思 考 题

1. 防火单位和消防站的联系，改用近邻分析，有无意义？有何差异？
2. 根据自己的经验，说说最佳路径、最近设施、服务区还能适用于哪些现实问题。
3. 思考距离最短、时间最省的差异在日常交通中如何体现。

第 23 章　上下行、交叉口互通

- 道路单向行驶
- 上下行车速不同
- 交叉口互通
- 本章小结

23.1　道路单向行驶

23.1.1　设置单向行驶属性

启用地图文档\gis_ex10\ex23\ex23.mxd，激活 Data frame1，该数据框有 3 个图层：点状图层"经停站"、线状图层"方向"和线状图层"道路"，与已经做过的练习相比，多了一个图层"方向"，表示"碧云路"和"锦绣路"要素数字化的方向（箭头是符号）。本练习将考虑道路单向行驶对网络路径的影响。

进入"Data frame1>数据框属性>常规"，确认"地图"和"显示"单位均为"米"，按"确定"键返回。主菜单中选用"地理处理>环境…"，继续设置：

工作空间>当前工作空间：\gis_ex10\ex23\temp		借助文件夹按钮选择
工作空间>临时工作空间：\gis_ex10\ex23\temp		借助文件夹按钮选择
输出坐标系：与输入相同		下拉选择
处理范围：默认		下拉选择

图 23-1　Data frame1 局部放大显示

按"确定"键返回。适当放大地图显示比例,以便更清楚地看到"锦绣路"、"碧云路"的显示符号都是由南向北的箭头(图 23-1),表示线要素输入(数字化,digitizing)方向是由下向上。根据交通管理要求,"锦绣路"为由南向北单行,与要素数字化的方向一致,"碧云路"为由北向南单行,与要素数字化方向相反。

Network Analyst 规定,可以为道路对应的要素设置一个字段,Oneway 为默认名称,当单行方向和要素数字化方向一致时,属性值应该是"FT"(含义是 From-To,对应"锦绣路",由南向北单行),当单行方向和要素数字化方向相反时,属性值应该是"TF"(含义是 To-From,对应"碧云路",由北向南单行),如果禁止双向通行,属性值应该是"N"(本练习暂不考虑),其他属性值对单行、禁行不起作用。打开图层"方向"的图层属性表,可以看到该图层的所有路段均有路名"锦绣路"或"碧云路"。选用属性表左上角的表选项菜单"▤▾>添加字段",继续设置:

> 名称: Oneway　(Network Analyst 约定)
> 类型: 文本
> 长度: 3

按"确定"键返回,再选用表选项菜单"▤▾>按属性选择…",在对话框的顶部"方法"栏下拉选择"创建新选择内容",输入查询条件:

> "RD_NAME" LIKE '碧云路'

按"应用"键,可以看到,路名为"碧云路"的记录均进入选择集,在属性表窗口,鼠标右键点击字段名 Oneway,选择快捷菜单中"字段计算器…",在"Oneway ="的引导下,借助键盘在文本框内输"TF"(要带英文双引号),按"确定"键后可以看到,字段 RD_NAME 的属性值为"碧云路"的记录,对应的 Oneway 属性值均赋值为 TF,表示行驶方向和要素数字化的方向相反。再到"按属性选择"对话框,修改查询条件:

> "RD_NAME" LIKE '锦绣路'

按"应用"键,可以看到,路名为"锦绣路"的记录均进入选择集,用鼠标右键点击字段名进入"Oneway>字段计算器…",再输入"FT"(带英文双引号),字段 RD_NAME 的属性值为"锦绣路"的记录,对应的 Oneway 属性值均赋值为 FT,表示行驶方向和要素数字化的方向一致。关闭"字段计算器…",清空选择集,关闭属性表。

23.1.2　设置网络数据集

如果 Network Analyst 未加载,选用菜单"自定义>扩展模块…",勾选 Network Analyst,按"关闭"键返回。标准工具条中点击"目录"窗口图标按钮 🗐,目录窗口中展开\gis_ex10\ex23,road1 既是图层"道路"的数据源,也是图层"方向"的数据源(显然"方向"图层中的要素是 road1 的子集),刚才增加了字段 Oneway。鼠标右键选择 road1.shp,选用菜单"新建网络数据集…",显示:

> 输入网络数据集的名称: road1_ND　　　　　默认

按"下一步（N）>"键，会出现"是否要在此网络中构建转弯模型？"的提示，点击"否"，表示暂时不考虑，按"下一步（N）>"键，再点击按钮"连通性…"，显示：

源	连通性策略	1
Road1	端点	☑

按"确定"键返回，按"下一步（N）>"键，显示：

如何对网络要素的高程进行建模？　◉　无

按"下一步（N）>"键继续，可以看到属性框内有如下内容：

名称	用法	单位	数据类型
Oneway	限制	未知	布尔型
长度	成本	米	双精度

确认两条记录前均无感叹号，按"下一步（N）>"键继续，显示：

是否要为此网络数据集建立行驶方向设置？　◉　否　　　点选，暂不考虑

按"下一步（N）>"键继续，出现"摘要"显示框，概要显示已经做过的各项设置，按"完成"键继续，会出现"新的网络数据集已创建，是否立即构建？"的提示，点击"是"，数据处理完毕。会出现"是否还要将参与到 road1_ND 中的所有要素添加到地图？"的提示，点击"是"。在内容列表中可以看到，增加了 road1_ND_Junctions、road1、road1_ND 三个图层，鼠标右键分别点击 road1_ND_Junctions 和 road1，选择"移除"，只保留 road1_ND。关闭右侧"目录"窗口。

23.1.3　产生最佳路径

在主菜单中选择"自定义>工具条>Network Analyst"，在网络分析菜单条中点击 ⊞，出现网络分析窗口，在网络分析菜单条中选择"Network Analyst>新建路径"，内容列表中出现一个特殊图层组"路径"，网络分析窗口中出现 5 个目录：停靠点（0）、路径（0）、点障碍（0）、线障碍（0）、面障碍（0）。网络分析窗口中鼠标右键点击"停靠点（0）"，选择"加载位置…"，继续设置：

加载自：经停站	下拉选择图层名
☑ 仅显示点图层	勾选
位置分析属性	该框内容取默认值，不设置

位置定位	
◉ 使用几何	点选
搜索容差：100　米	键盘输入100，下拉选择单位为米
○ 使用网络位置字段	不选

按"确定"键，6 个点要素（来自图层"经停站"）被加载到"停靠点"，Network Analyst 窗口内，"停靠点（0）"变为停靠点"（6）"。切换到内容列表，鼠标右键点击图层名"路径"，

选择"属性",再进入"分析设置"选项:

阻抗:长度(米)　　　　　　　　　下拉选择

☐ 使用开始时间　　　　　　　　　不勾选

☑ 重新排序停靠点以查找最佳路径　勾选,调整停靠点顺序,优化路径

　　☑ 保留第一个停靠点　　　　　勾选,保留既定的第一个停靠点

　　☐ 保留最后一个停靠点　　　　取消,不考虑最后一个停靠点

交汇点的 U 形转弯:不允许　　　　下拉选择,不允许调头

输出 Shape 类型:实际形状　　　　下拉选择

☑ 忽略无效位置　　　　　　　　　勾选

限制
☐ Oneway　　　　　　　　　　　取消勾选,暂不考虑单向行驶

　　按"确定"键返回。点击求解按钮 ⊞,可以看到,软件自动调整"停靠点"的顺序,从南到北,产生停靠每个点的行车最佳路径(图 23-2),在网络分析窗口中展开"路径(1)",鼠标右键点击"位置 1-位置 5",选择"属性…",可以看到,路径的交通成本"Total_长度"为 6729.0643,按"确定"键返回。

　　切换到内容列表,鼠标右键点击图层名"路径",选择"属性",进入"分析设置"选项,在右侧"限制"框内勾选字段名 Oneway,按"确定"键返回,其他设置不改,这次将考虑单向行驶,再点击求解按钮 ⊞,可以看到,计算得到的路径和前次计算有区别(图 23-3)。不太明显的是从 1 号出发后先向下走,再向右、向上经过 2 号,再向上,明显的区别是从 4 号到 5 号的走向不一致(比较图 23-2 和图 23-3),在网络分析窗口中展开"路径(1)",鼠标右键点击"位置 1-位置 5",选择"属性…",可以看到,考虑单向行驶的路径交通成本"Total_长度"为 7075.9029,交通成本也比没有单向行驶限制时增加,按"确定"键返回。

图 23-2　不受单向行驶限制的路径

图 23-3　受单向行驶限制的路径

23.2　上下行车速不同

23.2.1　设置上下行时间消耗属性字段

激活 Data frame2，有两个图层：点状图层"经停站"和线状图层"道路"（图 23-4），进入"Data frame2>数据框属性>常规"，确认"地图"和"显示"单位均为"米"，按"确定"键返回。

图 23-4　Data frame2 的显示

按 Network Analyst 约定，线要素类的字段名 FT_Minutes 和 TF_Minutes 可定义为上下行交通时耗，与要素的数字化方向对应，FT_Minutes 代表与数字化方向一致的交通时间消耗，TF_Minutes 代表与数字化方向相反的交通时间消耗，默认时间单位为分钟（Minutes）。打开"道路"的图层属性表，选用表选项菜单"⊟▾>添加字段"：

> 名称：FT_Minutes（约定的字段名称）
> 类型：浮点型
> 精度：6（字段宽度）
> 小数位数：3

按"确定"键返回，再添加字段：

> 名称：TF_Minutes（约定的字段名称）
> 类型：浮点型
> 精度：6（字段宽度）
> 小数位数：3

按"确定"键返回。在属性表窗口，鼠标右键点击字段名 FT_Minutes，选择菜单"字段计算器…"，随即出现对话框，借助鼠标和键盘输入：

[Length] / 1000 / [SPEED] * 60

按"确定"键返回。上述过程使字段 FT_Minutes 具有按路段车速的交通时间消耗属性值，用同样方法为字段 TF_Minutes 赋予同样的属性值。

本练习假设，因受上班时间交通量不均衡影响，碧云路由北向南的车速比正常车速慢，时间消耗为正常的 1.5 倍。按本章前面的练习，碧云路图形要素的数字化方向是由南向北，为此必须将碧云路由北向南的时耗字段 TF_Minutes 的属性值乘 1.5。选用属性表左上角的表选项菜单"⊟▾>按属性选择…"，在对话框的顶部"方法"栏下拉选择"创建新选择内容"，利用鼠标和键盘，输入查询条件：

″RD_NAME″ LIKE ′碧云路′

按"应用"键可以看到，路名为"碧云路"的记录均进入选择集，鼠标右键点击字段名 TF_Minutes，选择快捷菜单中"字段计算器…"，在属性计算器对话框内出现提示："TF_Minutes] ="，利用鼠标和键盘，在文本框中输入：

[FT_Minutes] * 1.5

按"确定"键返回，路名为"碧云路"的线段 TF_Minutes 属性值变为原来的 1.5 倍，其他记录的属性值不变。清空选择集，关闭属性表。

23.2.2　建立网络数据集

在标准工具条中点击 ▥，调出"目录"窗口，右侧目录树中展开\gis_ex10\ex23，图层"道路"的数据源 road2 的要素属性表中已经添加了字段 FT_Minutes 和 TF_Minutes，鼠标右键选择 road2.shp，选用菜单"新建网络数据集…"，显示：

输入网络数据集的名称：road2_ND　　　　　默认

按"下一步（N）>"键，会出现"是否要在此网络中构建转弯模型？"的提示，点击"否"，暂时不考虑，按"下一步（N）>"键，再点击按钮"连通性…"，显示：

源	连通性策略	1
Road2	端点	☑　勾选

按"确定"键返回，按"下一步（N）>"键，显示：

如何对网络要素的高程进行建模？　　◉ 无　　点选

按"下一步（N）>"键继续，显示："为网络数据集指定属性："

名称	用法	单位	数据类型
Minutes	成本	分钟	双精度
长度	成本	米	双精度

选择记录 Minutes，按右侧"赋值器…"按钮，进一步输入或检验：

属性：Minutes　　下拉选择

属性值/源值　　进入该选项

源	方向	元素	类型	值	
road2	自-至	边	字段	FT_Minutes	默认或下拉选择
road2	至-自	边	字段	TF_Minutes	默认或下拉选择

按"确定"键返回，"Minutes"和"长度"左侧均无感叹号，按"下一步（N）>"键继续，会出现"是否要为此网络数据集建立行驶方向设置？"的提示，点击"否"，暂不考虑。按"下一步（N）>"键，出现"摘要"显示框，按"完成"键继续，会出现"新的网络数据集已创建。是否立即构建？"的提示，点击"是"，数据处理完毕，会出现"是否还要将参与到 road2_ND 中的所有要素添加到地图？"的提示，点击"否"。在内容列表中可以看到，road2_ND（边）被加载，road2_ND_Junctions 和 road2 未加载，关闭右侧"目录"窗口。

23.2.3　产生最佳路径

如果未出现网络分析窗口，在 Network Analyst 菜单条中点击 ▣。在网络分析菜单条中选择"Network Analyst>新建路径"，内容列表中出现特殊图层组"路径"，网络分析窗口中出现五个目录。鼠标右键点击"停靠点（0）"，选择"加载位置…"，继续设置：

加载自：经停站	下拉选择图层名
☑ 仅显示点图层	勾选
位置分析属性	该框内容取默认值，不设置
位置定位	
◉ 使用几何	点选
搜索容差：100　米	键盘输入 100，下拉选择单位为米
○ 使用网络位置字段	不选

按"确定"键返回。4 个"经停站"要素被加载，展开"停靠点（4）"，鼠标右键点击并选择"删除"键，删除其中两个"经停站"（位置 3 和位置 4），只剩最下和最上的两个"经停站"：位置 1 和位置 2。切换到内容列表，鼠标右键点击图层名"路径"，选择"属性"，再进入"分析设置"选项：

阻抗：Minutes（分钟）　　　　　　　　下拉选择

☐ 使用时间窗口　　　　　　　　　　　取消，不考虑

☑ 重新排序停靠点以查找最佳路径　　　勾选，调整停靠点顺序，优化路径

　　☑ 保留第一个停靠点　　　　　　　勾选，保留既定的第一个停靠点

　　☐ 保留最后一个停靠点　　　　　　取消，不考虑最后一个停靠点

交汇点的 U 形转弯：不允许　　　　　　下拉选择，不允许调头

输出 Shape 类型：实际形状　　　　　　下拉选择

☑ 忽略无效位置　　　　　　　　　　　勾选

按"确定"键返回。网络分析菜单条中点击 ▦（求解），产生从位置 1 到位置 2 的最佳路径（图 23-5）。在网络分析窗口中展开"路径（1）"，鼠标右键点击"位置 1-位置 2〉属性…"，可以看到，从南到北的交通成本 Total_Minutes 为 7.226354（min），按"确定"键关闭窗口。

图 23-5　按时间最省从南到北的路径

到网络分析窗口中展开目录"停靠点（2）"，目前是"位置 1"在上，"位置 2"在下，用鼠标拖动，对换起、终点位置，使"位置 2"在上，"位置 1"在下，再点击 ▦（求解），软件产生从北到南的最佳路径（图 23-6）。展开"路径（1）"，鼠标右键选"位置 2-位置 1〉属性"，可以看到从北到南的交通成本 Total_Minutes 为 8.245874（min），按"确定"键关闭窗口。比较图 23-5 和图 23-6，可以看到，同样是两个停靠点，起点终点对换，因路段上下行车速不同，路径的走向不同，交通成本也不同。

图 23-6　按时间最省从北到南的路径

23.3　交叉口互通

23.3.1　显示路段编号、定义高程字段

激活 Data frame3，有两个图层：点状图层"经停站"和线状图层"道路"。进入"Data frame3>数据框属性>常规"，确认"地图"和"显示"单位均为"米"，按"确定"键返回。再用鼠标右键点击图层名"道路"，进入"图层属性>标注"选项，勾选"标注此图层中的要素"，"方法"下拉条中选用"以相同方式为所有要素加标注"，在"标注字段"下拉条中选择 road3_ID，在"文本符号"框内右侧下拉选择字体大小为 12，按"确定"键返回，路段编号显示在地图上（图 23-7）。打开"道路"图层属性表，选用表选项菜单"⊞ ▾ >添加字段…"，进一步设置：

　　　名称：F_Elev
　　　类型：短整型
　　　精度：2

按"确定"键返回，再添加字段：

　　　名称：T_Elev
　　　类型：短整型
　　　精度：2

按"确定"键返回，关闭属性表。

图 23-7　Data frame3 的显示

23.3.2　建立网络数据集

标准工具条中点击 ，在右侧"目录"窗口中展开\gis_ex10\ex23，图层"道路"的数据源 road3 要素属性表中已经添加了字段 F_Elev，T_Elev，鼠标右键选择 road3.shp，选用菜单"新建网络数据集…"显示：

输入网络数据集的名称：road3_ND　　　　默认

按"下一步（N）>"键，会出现"是否要在此网络中构建转弯模型？"的提示：

⦿ 是　　　　　　　　　　　　　　点选
转弯源：　☑〈通用转弯〉　　　　　默认

按"下一步（N）>"键，点击按钮"连通性…"，显示：

源	连通性策略	1
road3	端点	☑

按"确定"键返回，按"下一步（N）>"键，会出现"如何对网络要素的高程进行建模？"的提示：

⦿ 使用高程字段　　　　点选

源	端点	字段
road3	从端点	F_Elev
road3	到端点	T_Elev

F_Elev 和 T_Elev 是在 road3 的属性表中设定的，目前成为判断网络边是否相互连接的属性，核对无误后，按"下一步（N）>"键，显示："为网络数据集指定属性："

名称	用法	单位	数据类型
长度	成本	米	双精度

确定上述记录左侧无感叹号，按"下一步（N）>"键继续，会出现"是否要为此网络数据集建立行驶方向设置？"的提示，点击"否"，暂不考虑。按"下一步（N）>"键，出现"摘要"显示框，概要显示已经做过的各项设置，按"完成"键，会出现"新的网络数据集已创建，是否立即构建？"的提示，点击"是"，数据处理完毕，会出现"是否还要将参与到 road3_ND 中的所有要素添加到地图？"的提示，点击"否"。在内容列表中可以看到，road3_ND（边）被加载，road3_ND_Junctions 和 road3 未加载，关闭右侧"目录"窗口。

23.3.3　产生路径

Network Analyst 菜单条中点击 （显示网络分析窗口），在网络分析菜单条中选择"Network Analyst>新建路径"，内容列表中出现图层组"路径"，网络分析窗口中出现 5 个目录。鼠标右键点击"停靠点（0）"，选择"加载位置…"，继续设置：

加载自：经停站	下拉选择图层名
☑ 仅显示点图层	勾选
位置分析属性	该框内容取默认值，不设置
位置定位	
◉ 使用几何	点选
搜索容差：50　米	键盘输入 50，下拉选择单位为米
○ 使用网络位置字段	不选

按"确定"键返回。展开目录"停靠点（4）"，鼠标右键点击并选择"删除"键，删除北侧的"位置 2"和西侧的"位置 3"，剩下南侧"位置 1"和东侧"位置 4"，在网络分析菜单条中点击求解按钮 ，软件产生"位置 1"到"位置 4"的最佳路径（图 23-8）。展开"路径(1)"，鼠标右键点击"位置 1-位置 4>属性"，可以看到交通成本"Total_长度"：1035.94186，按"确定"键关闭属性窗口。

图 23-8　道路互通时从经停站 1 到经停站 4 的路径

23.3.4 设置道路互通属性

进入内容列表，打开"道路"的图层属性表，在标准工具条中点击 ，弹出编辑器工具条，选择菜单"编辑器>开始编辑"，在随后弹出的对话中选择"道路"，按"确定"键返回，该表进入编辑状态，可以看出表的字段名颜色从灰变白，可以用键盘在表记录的单元中修改二个属性值：road3_ID 为 102 的记录，T_Elev 改成 1，road3_ID 为 103 的记录，F_Elev 改成 1，其他记录的 F_Elev、T_Elev 字段属性值均为 0（表 23-1），数据修改完毕，选用菜单"编辑器>停止编辑"，会出现"是否保存编辑内容？"的提示，点击"是"，编辑状态结束。清空选择集，关闭属性表（注意：不宜出现"空"值）。

表 23-1 高程字段取值表

Road3_ID	F_Elev	T_Elev
101	0	0
102	0	1
103	1	0
201	0	0
202	0	0
⋮	⋮	⋮

Network Analyst 对网络互通互联（Connectivity）的描述由线段（Edge）的属性 F_Elev 和 T_Elev 实现。不同线段在几何上相交时，如果 F_Elev 或 T_Elev 取值相同，就可互通；如果取值不同，就不互通。F_Elev 代表线段的起点，T_Elev 代表线段的终点，起点与终点由线段数字化（原始图形的输入顺序）决定。图 23-9 为本练习的交叉口逻辑定义，该交叉口只允许直行，不允许转弯，既可表示为非互通的立体交叉，也可表示为交通管理上的限制。从属性值可看出，路段 102 和 103 是相通的，因为路段 102 的 T_Elev 和 103 的 F_Elev 都取值 1，路段 201 和 202 也是相通的。路段 102、103 和

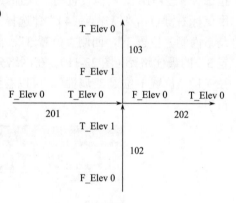

图 23-9 交叉口是否互通的逻辑定义

段 201、202 不相通，因为一旦要转弯，必然遇到前后属性值不相等。如果将路段 102 的 T_Elev 改成 0，路段 102、201、202 三条线都可以互通，路段 103 则和任何一条线都不通。定义线段在相交点是否相通，必须和线要素的数字化方向对应，否则计算结果就可能不符合原意。

在网络分析菜单条的右端击按钮 ，重构网络数据集，再次点击网络求解按钮 ，产生"位置 1"到"位置 4"的最佳路径（图 23-10），新的路径走向发生了变化，从起点开始，经过路段 101、301、401、203 到达终点，第二次路径和第一次的差异是由于路段 102、103 和路段 201、202 之间不互通造成的，不能从路段 102 右转进入路段 202。在网络分析目录

窗口中展开"路径（1）"，鼠标右键点击"路径（1）>位置 1-位置 4>属性"，可以看到交通成本"Total_长度"为 1195.46908，按"确定"键关闭属性窗口。

图 23-10 道路交叉口不互通对路径的影响

在网络分析目录窗口中展开"停靠点（2）"，鼠标右键点击"停靠点（2）"并选择"全部删除"，再用鼠标右键点击"停靠点（0）"，选择"加载位置..."，在对话框的第一行，下拉选择"经停站"，其他设置与上次加载一样，按"确定"键返回。展开目录"停靠点（4）"，用鼠标右键点击"停靠点（4）"并选择"删除"，删除北侧的"位置 2"和东侧的"位置 4"，剩下南侧"位置 1"，西侧"位置 3"，再点击网络计算求解按钮 ，产生"位置 1"到"位置 3"的最佳路径（图 23-11）。在网络分析目录窗口中展开"路径（1）"，鼠标右键点击"路径（1）>位置 1-位置 3>属性"，可以看到交通成本"Total_长度"为 1711.677017，关闭属性窗口。

图 23-11 道路交叉口不互通条件下由南向西的行驶路径

读者可以进一步尝试：从东侧经停站"位置 4"到北侧经停站"位置 2"的路径应该怎样。

练习结束，选用菜单"文件>退出"，会出现"是否将更改保存到地图文档"的提示，为了不影响以后及他人的练习，点击"否"。

23.4 本 章 小 结

按成本最低产生路径是网络分析的基础，往往以几何长度、交通速度为阻抗，按线性单位计算。本章增加了单向行驶、上下行车速不同、交叉口限制转弯等因素。虽然以最简单的路径分析为例，但是对最近设施、服务区、选址与配置等问题，同样适用。

定义道路单向行驶，需要在网络线段要素属性表中增加一个方向字段（Oneway 为默认名），路段（要素）的数字化方向（原始图形输入顺序）和交通行驶方向一致，方向字段取值为 FT，路段（要素）数字化方向和交通行驶方向相反，取值为 TF，双向禁止通行，取值为 N。为了便于辨认，线要素的显示符号可选用带箭头的线型。

在网络线段要素属性表中增加 FT_Minutes 和 TF_Minutes 两个字段，用于定义道路上下行不同车速，属性的取值代表边（路段）的时间消耗，FT_Minutes 代表要素数字化方向和交通行驶方向一致的时间消耗，TF_Minutes 代表要素数字化方向和交通行驶方向相反的时间消耗。软件会自动按上下行不同车速计算交通成本，产生路径。

定义道路交叉口相通有两个条件，首先是路段（要素）在交叉口断开、交汇，其次，如果有表示互通的字段，取值应相同。空间上不交汇，属性值不相同，有一个条件不符，路段就不互通。练习中，表示端点互通的字段名为 F_Elev 和 T_Elev，与线要素的原始数字化方向对应，即 F_Elev 对应从端点（From End，起始端点），T_Elev 对应到端点（To End，到达端点），字段名、属性值都不能弄错。本章最后一个练习仅对十字型交叉口设置了互通属性，没对其他 3 个丁字型交叉口设置互通属性，而它们的路段在空间上相互交汇，默认互通。

针对交通系统的网络数据集由边（Edge）、端点（End）、交汇点（Junction）组成。每条边必定有从端点（From End）到端点（To End），方向由要素的初始输入顺序（数字化方向）决定，不同端点相交，自动形成交汇点（Junction）。本教材关于道路交通的网络计算均基于上述数据结构，针对更复杂的交通状况，还有转弯要素（Turn Feature），用于表示交叉口不同转向的时间延误，多模式交通的相互转换，有兴趣的读者可进一步自学。

完成本章练习，会改变练习数据内容，将\gis_ex10\Back\ex23\路径下的原始文件覆盖至\gis_ex10\ex23\，数据内容就恢复到练习之前的状态。

思 考 题

针对自己所熟悉的城市，单向行驶、上下行车速不同、交叉口禁止转弯或不能互通，给现实交通带来什么影响。

第24章 选址与配置

- 概述
- 初始设置、建立网络数据集
- 需求和供给的初始设定
- 交通总成本最低的小学选址、学生配置
- 覆盖范围最大的选址与配置
- 设施数量最少的选址与配置
- 有容量限制的最大覆盖范围
- 本章小结

24.1 概　　述

某农村地区，地方政府将对现有小学进行撤并、改造，在减少学校数量的同时，扩大规模、增加设施、改善办学条件，同时兼顾学生通勤，距离不能太远。

启用地图文档\gis_ex10\ex24\ex24.mxd，有数据框 Data frame1（图 24-1），图层行政边界是多边形，不参与分析，道路分县道、乡道、村道 3 级，居民点是自然村和集镇，有居住人口、学生数属性，备选点是该地区可布置小学的位置，与主要居民点重合，已初步分为 3 类：

（1）候选。有 18 个点，为一般选址对象，可能入选，也可能不入选。

（2）必选。有 3 个点，现有小学设施较好，所在居民点的其他设施也较好，原则上保留。

（3）不选。有 11 个点，各类设施较差，居住人口偏少，原则上不选。

图 24-1　Data frame1 的显示

学生数为设施需求方，按居住人口等比例折算，学校为设施供应方，根据经验，6~8 所小学可满足需求总量，道路交通为实现供需的条件，通勤成本为学校布局的优化目标。

24.2 初始设置、建立网络数据集

进入"Data frame1>数据框属性>常规"，确认"地图"和"显示"单位均为"米"，按"确定"键返回。主菜单中选用"地理处理>环境…"，继续设置：

工作空间>当前工作空间：\gis_ex10\ex24\temp   借助文件夹按钮选择
工作空间>临时工作空间：\gis_ex10\ex24\temp   借助文件夹按钮选择
输出坐标系：与输入相同   下拉选择
处理范围：默认   下拉选择

按"确定"键返回。鼠标右键点击图层名"道路"，选择"打开属性表"，点击属性表左上角表选项菜单"⊞ ▾>添加字段…"，进一步设置：

名称：Mint
类型：浮点型
精度：6（字段长度）
小数位数：3

按"确定"键返回。道路路段有属性 class，表示道路等级，选用表选项菜单"⊞ ▾>按属性选择"，"方法"下拉条中选择"创建新选择内容"，借助鼠标和键盘，在下部文本框内输入："class" = 3，按"应用"键，等级为县道的路段进入选择集，鼠标右键点击字段名 Mint，选择快捷菜单中"字段计算器"，借助鼠标和键盘，在文本框内输入：[Length] / 1000 / 20 * 60，按"确定"键执行。本语句的意思为县道的公共汽车平均运营速度为 20km/h（含候车时间），路段长度折算成时间消耗，以分钟计算，赋值给字段 Mint。按上述操作，再将乡道（"class" = 4）纳入选择集，公共汽车平均运营速度为 15km/h，折算成时间消耗，赋值到字段 Mint，村道（"class" = 5）暂不行驶公共汽车，步行速度 4.5km/h，折算成时间消耗，赋值到字段 Mint。清空选择集，关闭图层属性表"道路"。

选用菜单"自定义>扩展模块…"，勾选 Network Analyst，加载网络分析许可证，按"关闭"键返回。在标准工具条中点击 ▦，调出"目录"窗口，展开\gis_ex10\ex24\，鼠标右键点击 road01.shp，选用快捷菜单中"新建网络数据集…"，显示：

输入网络数据集的名称：road01_ND   默认

按"下一步（N）>"键，提示：

是否要在此网络中构建转弯模型？ ⊙ 否   暂时不考虑

按"下一步（N）>"键，再点击按钮"连通性…"，提示：

源	连通性策略	1
road01	端点	☑

按"确定"键返回，按"下一步（N）>"键，提示：

如何对网络要素的高程进行建模？   ⊙ 无（N）

按"下一步（N）>"键，会出现"为网络数据集指定属性"的提示，点击右上侧按钮"添加"，继续操作：

名称：Mint	键盘输入，大小写应和道路属性表的字段名一致
使用类型：成本	下拉选择
单位：分钟	下拉选择
数据类型：双精度	下拉选择

按"确定"键，可看到属性框内有如下内容：

名称	用法	单位	数据类型
长度	成本	米	双精度
Mint	成本	分钟	双精度

名称左侧未出现感叹号，按"下一步（N）>"键继续，提示：

是否要为此网络数据集建立行驶方向设置？   ⊙ 否

按"下一步（N）>"键继续，出现"摘要"显示框，按"完成"键，提示：

新网络数据集已创建，是否立即构建？

点击"是（Y）"，网络数据集完成初始设定，自动加载 road01_ND，提示：

是否还要将参与到'road01_ND'中的所有要素类添加到地图？

点击"否（N）"，网络数据集中仅 road01_ND 的边被加载，关闭右侧"目录"窗口。

24.3 需求和供给的初始设定

主菜单中选用"自定义>工具条>Network Analyst"，弹出网络分析菜单条，该菜单条中点击 ⊞，弹出网络分析窗口，调整位置，双击上方横条，可使该窗口和内容列表重合。网络分析菜单条中选择"Network Analyst>新建位置分配"，内容列表中出现一个特殊图层组："位置分配"，网络分析窗口中也出现 6 个目录：设施点（0）、请求点（0）、线（0）、点障碍（0）、线障碍（0）、面障碍（0）。

在网络分析窗口中鼠标右键点击"设施点（0）"，选择快捷菜单中"加载位置…"，在随即出现的对话框中，第一行"加载自："，下拉表中选择图层"备选点"，勾选"仅显示点图层"，"位置分析属性"框内，属性 Name 右侧，下拉表中选择字段名 TS_Name，其他内容暂不设置，在"位置定位"框中点选"使用几何"，"搜索容差"项中输入 150，"单位"项下拉表中选择"米"，按"确定"键返回。网络分析窗口中，可以在看到"设施点（0）"变为"设施点（32）"。

在网络分析窗口中鼠标右键点击"请求点（0）"，选择快捷菜单中"加载位置..."，在随即出现的对话框中，第一行"加载自："下拉选择图层"居民点"，勾选"仅显示点图层"，"位置分析属性"框内进行如下设置：

属性	字段	默认值
Name	VLG_ID （下拉选择，村庄编号）	〈保持空白〉
Weight	Stdt （下拉选择，学生数）	1

其他内容保持默认或空白。在"位置定位"框中点选"使用几何"，"搜索容差"项中输入 150，单位下拉表中选择"米"，按"确定"键返回。网络分析窗口中，可以在看到"请求点（0）"变为"请求点（94）"。

经上述设置，需求点（即请求点）有 94 个，学生数为权重，供给点（即设施点）有 32 个。

24.4　交通总成本最低的小学选址、学生配置

24.4.1　总距离最短的选址与配置

网络分析窗口右上角点击 ▣，出现"图层属性"对话框，进入"分析设置"选项：

阻抗：长度（米）	下拉选择，此处阻抗的含义为交通成本
☐ 使用开始时间	不选，保持空白
行驶自 ⦿ 请求点到设施点	点选
交汇点的 U 形转弯：允许	下拉选择
输出 Shape 类型：直线	下拉选择，配置结果显示为直线
☐ 应用等级	不选，保持空白
☑ 忽略无效位置	勾选

进入"高级设置"选项：

问题类型：最小化阻抗	下拉选择，以交通成本最低为目标
要选择的设施点：7	键盘输入，小学总量为 7 所
阻抗中断：〈无〉	
阻抗变换：线性函数	

进入"累积"选项，"Mint"和"长度"均勾选。按"确定"键，完成属性设置。网络分析菜单条中点击 ▦（求解），在 32 个点中选出 7 所小学的位置，同时为每个居民点配置就近上学的学校（图 24-2）。

图 24-2　按交通距离最短产生 7 所小学的选址与配置

24.4.2　计算结果汇总

在网络分析窗口中，鼠标右键点击"设施点（32）"，选择快捷菜单中"打开属性表"，选用左上角表选项菜单"　">按属性选择"，"方法"下拉条中选择"创建新选择内容"，下部文本框内输入："FacilityType" = 3，按"应用"键，32 条记录中有 7 条入选，按"关闭"键，返回属性表窗口。属性表窗口下侧点击"仅显示入选记录"按钮，进一步察看分析结果（表 24-1）[①]。

表 24-1　按学生到校距离最近而选址的 7 所小学和分配的学生数

名称 Name	分配的居民点 DemandCount	分配的学生数 DemandWeight	人·距离总量 TotalWeighted_长度
吴庙	22	1141	1249759.25
大李村	18	1220	1449026.50
双王坡	10	679	829102.98
黄润	8	444	473141.78
龚顺阁	11	660	797487.68
木流吕	15	975	1409354.62
陈庄	10	72	637479.84

---

① 因采用启发式近似算法，结果不一定精确，但是汇总后的总量不会有明显差异。

FacilityType 等于 3 的意思是这些点经计算而入选。本次分析将"最小化阻抗"作为计算目标，按交通距离最短产生 7 所小学的选址，同时配置所有学生，表 24-1 中，"TotalWeight_长度"是人・距离总量。由于将学生数作为权重，阻抗最小化即人・距离值总量最小，等价于人均到校路程最短。鼠标右键点击字段名"TotalWeighted_长度"，快捷菜单中选择"统计"，可以看出人・距离总量为 6845352.64（单位应是人・米），再下拉选择 DemandWeight，学生总量为 5845 人，折算成人均距离为 1171.1m。关闭属性表。

24.4.3　预选设施条件下的选址与配置

每个被加载的设施点都有属性 FacilityType，取值有如下 4 种。

候选（0）。经计算，该点有可能成为入选者，也可能为不选。

必选（1）。计算前既定的入选者。

竞争者（2）。本练习不考虑竞争问题，竞争者等于既定的不选者。

已选（3）。经计算，候选者变为入选者。

本章曾预设，32 个备选点中，有 3 个必选，11 个不选，18 个候选，虽然专题图层已显示，但前次计算未考虑预设，等于默认 32 个点均是候选。例如，杨园应该是必选，却没入选，双王坡和吴庙是不选，却被入选。在内容列表中，鼠标右键点击图层名"备选点"，打开图层属性表，可以看到，字段 Ex_Faci 的取值有 3 种：0、1 和 2，已经考虑了候选、必选和不选，本次计算将该因素纳入。

网络分析窗口中，鼠标右键点击"设施点（32）"，选择"全部删除"，再用右键点击，选用"加载位置…"，进一步设置：

加载自：备选点　　　　　　　下拉选择

☑ 仅显示点图层　　　　　　勾选

属性	字段	默认值
Name	TS_Name（下拉选择）	〈保持空白〉
FacilityType	Ex_Faci（下拉选择）	已选项（下拉选择）
Weight	〈保持空白〉	1
Capacity	〈保持空白〉	〈保持空白〉
CurbApproach	〈保持空白〉	车辆的任意一侧（下拉选择）

◉ 使用几何

搜索容差　　　　　　150（键盘输入）　　　　米（下拉选择）

按"确定"键返回。网络分析窗口中，可以在看到"设施点（0）"再次变为"设施点（32）"。切换至内容列表，"位置分配"图层中，候选项显示符号为空白，必选项显示符号为白色五角星，不选项（竞争项）的符号带斜叉。清空选择集，网络分析菜单条中点击 ▦（求解），计算过程中，可能出现消息窗口，提示竞争者（不选点）被排除，按"关闭"键继续，得到计算结果也是 7 所小学的选址、所有学生的配置（图 24-3），必选点为 3 个，带白框；入选点为 4 个，带黑框。

图 24-3　设施预选条件下 7 所小学的选址与配置

24.4.4　汇总计算结果

　　网络分析窗口中，鼠标右键点击"设施点（32）"，选择快捷菜单中"打开属性表"，点击左上角表选项菜单" 🔳▾ >按属性选择"，"方法"下拉条中选择"创建新选择内容"，在下部文本框内输入："FacilityType" = 1 OR "FacilityType" = 3，按"应用"键，必选点、入选点均进入选择集，再按"关闭"键返回属性表窗口。属性表窗口下侧点击"显示所选记录"按钮，进一步察看分析结果（表 24-2）。

表 24-2　预设条件下的选址配置结果

名称 Name	设施类型 FacilityType	分配的居民点 DemandCount	分配的学生数 DemandWeight	人·距离总量 TotalWeighted_长度
雷家庄	已选项	7	552	443363.13
杨园	必选项	18	1035	1174351.46
大李村	必选项	19	1276	1552683.81
水车梁	已选项	12	707	919638.68
席赵阁	已选项	11	510	576916.22
小谌湾	已选项	11	640	808364.88
陈庄	必选项	16	1125	1501880.88

　　按软件默认，FacilityType 等于 1 表示这些点未经计算就入选，它们是杨园、大李村和陈庄，FacilityType 等于 3 表示这些点经计算才入选，它们是雷家庄、水车梁、席赵阁和小谌湾。鼠标右键点击字段名"TotalWeighted_长度"，选择快捷菜单中"统计"，可以看出人·距离总量为 6977199.06，读者可进一步计算得到人均通勤距离为 1193.7m，比前次计算略高。将表 24-2 和表 24-1 进行比较，入选点有明显变化，双王坡被排斥，分配到大李村、陈庄的学生数明显偏多，

杨园也较多，可间接说明，人为预设的 3 个必选点周围村民密集，交通相对方便。关闭属性表。

24.4.5　时间最省的选址与配置

点击网络分析窗口右上角的 ，出现"图层属性"对话框，进入"分析设置"选项，用下拉菜单，将"阻抗"的设置从长度（米）改为 Mint（分钟），按"确定"键返回。标准工具条中点击 ，清空选择集，点击网络分析图标 （求解），再次产生 7 所小学的选址、所有学生的配置，可以看出，按时间最省和按距离最短得到的结果不同（图 24-4）。

图 24-4　按交通时间最省产生 7 所小学的选址与配置

网络分析窗口中，鼠标右键点击"设施点（32）"，选择快捷菜单中"打开属性表"，点击表选项菜单" >按属性选择"，"方法"下拉条中选择"创建新选择内容"，在下部文本框内输入："FacilityType" = 1 OR "FacilityType" = 3，按"应用"键，再按"关闭"键，返回属性表窗口，下侧点击"仅显示入选记录"按钮，进一步察看分析结果（表 24-3）。各学校所配置的学生数不如前次的计算结果均匀，说明了时间比距离更敏感，有较多村民的居住地点离开可通行公共交通的道路较远，虽然平均通勤时间为 8.94min。关闭属性表。

表 24-3　按学生到校时间最省而产生的选址配置结果

名称 Name	设施类型 FacilityType	分配的居民点 DemandCount	分配的学生数 DemandWeight	人·分钟总量 TotalWeighted_Mint
雷家庄	已选项	11	730	6095.20
杨园	必选项	20	1059	9483.47
大李村	必选项	10	761	7020.40
水车梁	已选项	11	628	5706.97
赵家阁	已选项	4	463	2936.83
席赵阁	已选项	10	490	3745.25
陈庄	必选项	28	1714	17248.95

24.5　覆盖范围最大的选址与配置

点击网络分析窗口右上角的 ▦，进入"图层属性>分析设置"选项，"阻抗"依然设置为 Mint（分钟）。进入"高级设置"选项，将"问题类型"从"最小化阻抗"改为"最大化覆盖范围"，"要选择的设施点"依然是 7。"阻抗中断"项中键盘输入 20，意思是 20min 交通时间为选址配置的上限，"阻抗变换"依然是"线性函数"，按"确定"键返回。标准工具条中点击 ▧，清空选择集，点击网络分析图标 ▦（求解），再次产生 7 所小学的选址和学生的配置（图 24-5 和表 24-4）。可以看出，在行政边界的东北角，小谌湾上侧，有两个居民点没有配置。在网络分析窗口中，鼠标右键点击"请求点（94）"，打开属性表，可以看出，居民点 6322 和 6323 的学生数（Weight）分别是 5 和 12，设施标识号（FacilityID）和配置学生数（AllocatedWeigh）均为<空>。鼠标右键加快捷菜单"统计"，可得出配置学生数合计为 5828（总学生数为 5845），有 17 人未配置。平均通勤时间（9.52min）比前次计算略长，但是不会出现大于 20min 的学生。覆盖范围最大，等价于超出上限的学生数最少。关闭属性表。

图 24-5　交通时间上限 20min，最大覆盖范围的选址与配置

表 24-4　交通时间 20min、7 所小学、最大覆盖范围的选址与配置

名称 Name	设施类型 FacilityType	分配的居民点 DemandCount	分配的学生数 DemandWeight	人·分钟总量 TotalWeighted_Mint
杨园	必选项	20	1433	15751.24
大李村	必选项	6	519	3628.82
水车梁	已选项	10	620	5567.25
何阁	已选项	3	151	321.00
双刘庄	已选项	13	461	4535.71
木流吕	已选项	15	892	7465.18
陈庄	必选项	25	1752	18208.44

24.6　设施数量最少的选址与配置

　　点击网络分析窗口右上角的 ，进入"图层属性>分析设置"选项，将"阻抗"的设置从"Mint（分钟）"改为"长度（米）"，进入"高级设置"选项，将"问题类型"从"最大化覆盖范围"改为"最小化设施点数"，在"阻抗中断"项，键盘输入2500，按"确定"键返回。点击，清空选择集，再点击网络分析求解图标，结果如图24-6和表24-5所示。为了保证通勤距离不超过2500m，至少要配置8所小学，平均通勤距离为1166.4m。

图 24-6　满足 2500m 通勤距离，最少设施的选址与配置

表 24-5　满足 2500m 通勤距离，最少设施的选址与配置

名称 Name	设施类型 FacilityType	分配的居民点 DemandCount	分配的学生数 DemandWeight	人·距离总量 TotalWeighted_长度
雷家庄	已选项	7	552	443363.13
谢村	已选项	13	709	1036656.42
杨园	必选项	18	1038	1162873.61
大李村	必选项	18	1271	1539272.11
席赵阁	已选项	11	510	579616.22
小谌湾	已选项	9	547	633818.22
吕顺村	已选项	5	281	284650.10
陈庄	必选项	13	937	1140153.10

24.7　有容量限制的最大覆盖范围

　　前述的各项练习未考虑每所小学的招生量。在内容列表中，鼠标右键点击图层名"备选点"，打开图层属性表，有字段 Capa_Faci，为候选点和必选点预设的招生容量，取值分

别有 4 种：0（不选）、700（候选）、950（候选）、1200（必选）。本次计算将考虑容量限制，各所小学配置到的学生数不得超过预设限值。关闭属性表，网络分析窗口中，鼠标右键点击"设施点（32）"，选择"全部删除"，再用右键点击，选用"加载位置…"，进一步设置：

加载自：备选点

☑ 仅显示点图层　勾选

属性	字段	默认值
Name	TS_Name（下拉选择）	〈保持空白〉
FacilityType	Ex_Faci（下拉选择）	已选项
Weight	〈保持空白〉	1
Capacity	Capa_Faci（下拉选择）	〈保持空白〉
CurbApproach	〈保持空白〉	车辆的任意一侧（下拉选择）

⊙ 使用几何

搜索容差　　　　　150　　　米

按"确定"键。在网络分析窗口，可看到"设施点（0）"再次变为"设施点（32）"，点击网络分析窗口右上角的 ▦，进入"分析设置"选项，"阻抗"项依然是"长度（米）"，进入"高级设置"选项，将"问题类型"从"最小化设施点数"改为"最大化有容量限制的覆盖范围"，"要选择的设施点"改为8，"阻抗中断"依然为2500，其他设置均为默认，按"确定"键返回。清空选择集，点击求解图标 ▦，获得结果如图24-7和表24-6所示。每所学校分配到的学生数均未超出预设值，也没出现通勤距离大于 2500m 的学生，平均通勤距离为1087.9m，在东北部，有 1 个居民点（北郭庄）达不到要求，未配置的学生数有 110 人。本次计算目标是覆盖范围最大，但有交通成本、设施容量两个制约条件，各校分配到的学生数比前 5 次相对均匀。表 24-7 为各次分析结果的比较。

图 24-7　有容量限制的最大覆盖范围，8 所小学的选址与配置

表 24-6 有容量限制的最大覆盖范围，8 所小学的选址与配置

名称 Name	设施类型 FacilityType	限制容量 Capacity	分配的学生数 DemandWeight	人·距离总量 TotalWeighted_长度
雷家庄	已选项	950	552	44363.13
谢村	已选项	700	694	1002737.37
杨园	必选项	1200	906	934730.84
大李村	必选项	1200	789	818001.11
赵家阁	已选项	700	629	426768.04
席赵阁	已选项	700	510	576916.22
黄润	已选项	700	508	540865.91
陈庄	必选项	1200	1147	1495900.16

24-7 各次分析结果比较

优化目标	设施预设	制约条件	人均通勤成本	其他结果
总距离最短	无预设	7 所	1171.1m	无
总距离最短	有预设	7 所	1193.7m	无
总时间最省	有预设	7 所	8.94min	无
覆盖范围最大	有预设	20min, 7 所	9.52min	17 人未满足
提供设施最少	有预设	2500m	1166.4m	8 所即满足
覆盖范围最大	有容量限制	2500m, 8 所	1087.9m	110 人未满足

练习结束，选用菜单"文件>退出"，会出现"是否保存对当前地图文档的更改"的提示，为了不影响以后及他人的练习，点击"否"。

24.8 本章小结

选址与配置（Location-Allocation，LA，软件界面称其为位置分配）依靠优化计算方法而实现，设施选址（如小学的位置）和需求配置（如为学生分配学校）互为因果，同步完成，在各行各业有广泛的应用价值。总距离最短或平均距离最近是选址配置模型的基础，早期理论研究称为 p-median 问题，在此基础上，扩展出覆盖范围最大，设施数量最少，市场份额占有最大等其他优化目标，还可将交通成本、设施容量纳入边界条件。

供需双方均是点状要素，靠交通网络联系起来。在解决供需关系时，设施方可以预设为候选点、必选点、竞争点。经计算，从候选点中得出已选点，与必选点一起，共同构成供应方。需求方可设权重，一般和该点的需求量对应。借助网络分析功能，任何供需点之间的交通联系均符合最佳路径。

计算结果除了显示为专题地图，还可得到每个设施点分配到的需求点、需求量，每个需求点所配置的设施点，到达设施点的交通成本等其他指标。

　　除了交通距离最短、覆盖范围最大、设施数量最少，ArcGIS 还提供人流量最大、市场份额最大、满足目标市场份额等其他问题类型，本教材未涉及。交通成本需要考虑网络阻抗，本教材按线性方式计算，ArcGIS 还允许按非线性阻抗考虑交通成本（如时间或距离的幂函数、指数函数），有兴趣的读者可自行尝试。

　　完成本章练习，会改变练习数据内容，将\gis_ex10\Back\ex24\路径下的原始文件覆盖至\gis_ex10\ex24\，数据内容就恢复到练习之前的状态。

思 考 题

　　1. 对本章各次计算结果的差异进行进一步比较，简单解释产生差异的原因。

　　2. 针对已经完成的练习，任选某个优化结果，打开"备选点"的图层属性表，如果将某条记录的 Ex_Faci 属性值从 0 改为 2，优化结果将有实质性的改变，能否凭经验预判结果趋势？

　　3. 根据自己的经验，选址与配置模型还可用于哪些领域？

第八篇 数据源、注记、制图综合

第 25 章 坐标系、数据源、元数据

- 坐标系的设定和变换
- 关于坐标系的讨论
- 基本数据源
- 新建地理数据库
- 数据项的预览
- 数据项的搜索
- 查看、维护元数据
- 关于数据源、数据库、元数据的小结

25.1 坐标系的设定和变换

25.1.1 全球经纬格网的显示

启用\gis_ex10\ex25\ex25.mxd，激活 Data frame1，可以看到图层 world_grid 显示的是一个覆盖全球范围的坐标格网（图 25-1），经线、纬线都是直线，经线呈垂直方向，纬线呈水平方向，到南北两极各有一条纬线，与赤道平行、等长。鼠标在地图上移动，视窗底部状态栏中显示坐标值，单位是度、分、秒，网格的横坐标的最小值是西经 180°，最大值是东经 180°，纵坐标的最小值是南纬 90°，最大值是北纬 90°。

图 25-1 坐标系变换前的经纬线走向

　　鼠标双击图层名 world_grid，进入"图层属性>源"对话框，可看到图层数据源是地理坐标系 GCS_WGS_1984（Geographic Coordinate Systems World Grid System 1984）。关闭"图层属性"对话框，鼠标双击 Data frame1，出现"数据框属性"对话框，进入"坐标系"选项，本数据框的当前坐标系也是 WGS_1984，数据框和图层数据源的设定一致。在上侧，展开"投影坐标系"，选择"Gauss Kruger>Xian 1980 3 Degree GK CM 120E"，按"确定"键，软件会出现"数据框坐标系和数据源不一致"的警告，点击"是"。可以看出地图中经纬线网格发生明显变化（图 25-2），最左侧的经线为东经 75°，中央经线为东经 120°，最右侧的经线为东经 165°。各条经线分别在南极点和北极点交汇，在赤道位置，纬线呈水平状，越靠近南北极，纬线长度越短，形状越弯曲，到了两极，纬线长度为零，而图 25-1 中南北极的纬线和赤道等长。

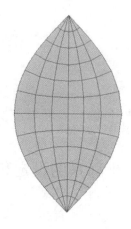

图 25-2　坐标系变换后的经纬线走向

25.1.2　为数据源设定坐标系

　　激活 Data frame2，这是一个空的数据框。鼠标右键选择"Data frame2>属性"，进入"坐标系"选项，可以看到该数据框还没坐标系，按"确定"键返回。点击添加数据按钮 ⬇，在\gis_ex10\ex25\路径下，选择 CN_rail.shp，按"添加"键，ArcMap 警告数据源未设定坐标系，按"确定"键继续。地图显示出 20 世纪末中国大陆的主要铁路走向，图层名默认为 CN_rail（图 25-3）。在内容列表中鼠标右键点击图层名 CN_rail，选快捷菜单中"移除"。再点击"添加数据"按钮 ⬇，在\gis_ex10\ex25\路径下，选择 CN_prv.shp，按"添加"键（还会出现相同的警告），地图显示出 20 世纪末中国省级行政区划，图层名默认为 CN_prv，比较图 25-3 和 CN_prv，可初步察觉，中国陆域的形状明显不同。在内容列表中鼠标右键点击图层名 CN_prv，选快捷菜单中"移除"。

　　工具条中点击 🔲，右侧出现"目录"窗口，在\gis_ex10\ex25\路径下，鼠标右键点击 Shapefile 数据项 CN_rail 的图标，选择快捷菜单中"属性..."，进入数据源 Shapefile 属性对话框，进入"XY 坐标系"选项，可以看到该数据源当前坐标系为〈未知〉，展开上部的"投影坐标系"，再展开、选择并双击"Continental>Asia>Asia Lambert Conformal Conic"（如果单击，不能修改参数），输入或修改参数值：

名称：Rail_prj　　　　　　　　　　　　　键盘输入

投影

名称：Lambert_conformal_Conic　　　　　默认

参数	值	
False_Easting	0.00	默认
False_Northing	0.00	默认
Central_Meridian	106.00	键盘输入
Standard_Parallel_1	25.00	键盘输入
Standard_Parallel_2	47.00	键盘输入
Latitude_Of_Origin	0.00	默认

线性单位

名称：Meter　　　　　　　　　　　　　　下拉选择

每单位米数：1　　　　　　　　　　　　　默认

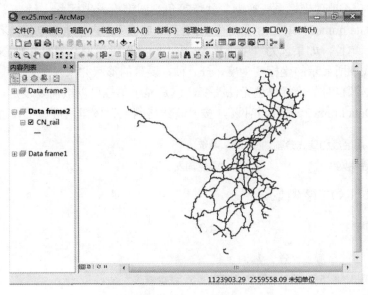

图 25-3　CN_rail 的显示

　　上述设置的意思是 Shapefile CN_rail 的投影坐标系在亚洲地区，为兰勃特等角割圆锥投影坐标系，中央经线 106°，两条标准纬线分别为 25°和 47°，起始纬度为 0°，线性单位为米。下侧还有"地理坐标系"参数框，按右下侧"更改…"键，进一步选择"地理坐标系>Asia>Beijing 1954"，按"确定"键返回，意思是 Shapefile CN_rail 的地理坐标系为北京 1954 地理坐标系，可看到"地理坐标系"参数框内的相关默认参数，按"确定"键返回，可以看到"XY 坐标系"选项上半部出现了自定义坐标系名称为 Rail_prj，下半部为 Rail_prj 对应的通用坐标系名称、有关参数、取值，按"确定"键，数据源 CN_rail 的坐标系设置完成。

　　继续在目录窗口中，\gis_ex10\ex25\路径下，鼠标右键点击数据项 Shapefile CN_prv 的图标，选择快捷菜单"属性…"，进入"XY 坐标系"选项，该数据源坐标系也是<未知>，展开并选择"地理坐标系>Asia>Beijing 1954"，按"确定"键，Shapefile CN_prv 的地理坐标系设置完成，投影坐标系不设置。

　　以上针对 CN_rail 和 CN_prv 的设置是关于数据源是什么坐标系的说明，数据源中要素坐标值未发生任何改动。

25.1.3　为数据框设定坐标系

　　关闭"目录"窗口。Data frame2 已激活。点击添加数据按钮 ⬇，在\gis_ex10\ex25\路径下，选择 CN_rail.shp，按"添加"键，再点击 ⬇，选择 CN_prv.shp，按"添加"键。CN_rail 和 CN_prv 的坐标系不一致，因为 CN_rail 是先加载，造成 CN_prv 暂时不能正常显示，内容和图 25-3 一致。

　　鼠标右键选择"Data frame2>属性"，进入"坐标系"选项，可以看到该数据框的坐标系依然未定义，展开"图层"，可以看到被加载图层的坐标系名称，选择 Rail_prj>CN_rial，有关名称、参数出现在"当前坐标系"文本框内，本操作的意思是为数据框选择坐标系，与图层数据源 CN_rail 相一致，按"确定"键返回。点击基本工具条中的全图按钮 ◉，可以看出，行政区划能正常显示，与铁路线相匹配，但和 CN_prv 不一致，显然行政区划图发生了投影变换，从北京 1954 地理坐标系变换为兰勃特等角割圆锥投影坐标系。

　　再进入"Data frame2>属性…>常规"，可看到"单位"框内，地图单位"米"是默认的，无法改变，显示单位，如果选为"度分秒"，按"确定"键返回。鼠标在地图上随意滑动，可以看到窗口底部所显示的坐标变为度、分、秒，要素的形状并未发生任何变化。本项操作的意思是，数据源自身的坐标单位无法改变，但是显示单位可以按需要设定。

　　再进入"Data Frame2>属性>格网"，按"新建格网…"按钮，进一步设置：

⦿ 经纬网：用经线和纬线分割地图　　　　　点选
格网名称"经纬网"　　　　　　　　　　　　键盘输入

按"下一步（N）"键继续：

⦿ 经纬网和标注　　　　　　　　　　　点选

	度	分	秒		
放置纬线间隔	5	0	0	纬度	键盘修改
放置经线间隔	5	0	0	经度	键盘修改

按"下一步（N）"键继续：

☑ 长度主刻度　　　　　　　　　　　　勾选，线样式用默认的
☑ 短轴主刻度　　　　　　　　　　　　勾选，线样式用默认的
每个长轴主刻度的刻度数：0　　　　　　下拉选择
标注　文本样式　　　　　　　　　　　默认，不改

按"下一步（N）"键继续：

⦿ 在经纬网边缘放置简单边框　　　　　点选，线型不改
☐　在格网外部放置边框　　　　　　　不勾选
⦿ 存储为随数据框变化而更新的固定格网　点选

　　按"完成"键返回，可以看到提示："只能在布局视图中的数据框上绘制参考格网"，勾选"经纬网"，再按"确定"键关闭对话框。在主菜单中选择"视图>布局视图"，因地图文档中有多个数据框，它们可能会全都加入到地图布局中，相互重叠在一起，为了突出 Data frame2，可以在地图布局窗口中用鼠标将不需要的布局拖动到页面之外并缩小，布局中央仅显示 Data frame2，适当放大地图布局的显示，地图内自动产生经线、纬线，可以看到兰勃特等角割圆锥投影坐标系的经线间距是上小下大，纬线呈两侧向上翘起的弧形（图 25-4）。

图 25-4　按兰勃特等角割圆锥投影坐标系显示的地图

25.1.4　改变数据框坐标系

　　再进入"Data frame2>属性…>坐标系"，展开并点击"图层>GCS_Beijing_1954>CN_prv"，按"确定"返回，这次操作，将数据框的坐标系和另一个图层数据源保持一致。观察地图布局，可以看到，铁路和行政区划也能相互匹配，但中国陆域的形状比原来扁一些。显然铁路图发生了投影变换，从兰勃特等角割圆锥投影坐标系变换为北京 1954 地理坐标系。鼠标在地图上滑动，可以看到视窗底部左侧，光标位置的坐标显示为度、分、秒。切换到"布局视图"状态，可看到经纬线呈横平竖直（图 25-5）。

　　依然在"布局视图"状态，进入"Data frame2>属性…>常规"，将显示单位改为"千米"，按"确定"键返回。鼠标在地图上滑动，再到视窗底部比较显示光标位置的坐标，左下侧坐标值和提示单位从度、分、秒改为了千米，右下侧的地图页面坐标值和提示单位不变。可以尝试，沿某条经线从上往下移动光标，南北方向的坐标值从大变小，东西方向的坐标值保持不变，沿某条纬线从左向右移动光标，东西方向的坐标值从小变大，南北方向的坐标值保持不变。

　　再进入"Data frame2>属性…>坐标系"，展开点击"图层>Rail_prj>CN_rail"，数据框的坐标系改成铁路数据源的说明（兰勃特等角割圆锥投影坐标系），按"确定"键返回。再尝试，如果在新疆、西藏范围内，沿着某条经线斜向从下向上移动光标，南北方向的坐标值从小变大，东西方向的坐标值也由小变大，在地图上纬度较高的北部，沿着某条纬线从左向右移动光标，东西方向的坐标值从小变大，南北方向的坐标值也按弧形方向发生变化。在数据框属性对话框内，再将显示单位改成度、分、秒，鼠标光标沿经线、纬线移动时，所显示的坐标值和地图上的经纬线一致。

图 25-5　按地理坐标系显示的地图

25.1.5　数据源坐标系的持久变换

主菜单中选用"地理处理>环境..."，进一步设置：

工作空间>当前工作空间：\gis_ex10\ex25\temp　　　　　　借助文件夹按钮选择
工作空间>临时工作空间：\gis_ex10\ex25\temp　　　　　　借助文件夹按钮选择
处理范围：默认　　　　　　　　　　　　　　　　　　　　　下拉选择

按"确定"键返回。选用"ArcToolbox>数据管理工具>投影和变换>要素>投影"（注：如果是 10.2 或以后版本，"要素"不出现），继续操作：

输入数据集或要素类：CN_prv　　　　　　　　　　　　　下拉选择
输入坐标系（可选）：GCS_Beijing_1954　　　　　　　　默认
输出数据集或要素类：\gis_ex10\ex25\temp\CN_prv01　　路径和名称
输出坐标系：　　　　　　　　　　　　　　　　　　　　点击右侧图标

出现"空间参考属性"对话框，进入"XY 坐标系"选项，展开"投影坐标系>Continental>Asia"，双击"Asia Lambert Conformal Conic"（不能单击），修改参数值：

名称：Prv_prj　　　　　　　　　　　　键盘输入
投影
名称：Lambert_conformal_Conic　　　　默认
参数　　　　　　　　值
False_Easting　　　　0.00　　　　　　默认
False_Northing　　　 0.00　　　　　　默认

Central_Meridian	106.00	键盘输入
Standard_Parallel_1	25.00	键盘输入
Standard_Parallel_2	47.00	键盘输入
Latitude_Of_Origin	0.00	默认

线性单位

名称：Meter		下拉选择
每单位米数：1		默认

下侧还有"地理坐标系"参数框，按右下侧"更改…"键，进一步选择"地理坐标系>Asia>Beijing 1954"，按"确定"键。可以看出投影坐标系和地理坐标系的设置和 CN_rail 的数据源说明一致，按"确定"键，可以看出自定义的坐标系名称为 Prv_prj，再按"确定"键返回"投影"对话框，继续操作：

输出坐标系：Prv_prj	已设定
地理（坐标）变换（可选）：	保持空白，不选

按"确定"键，经 ArcToolbox 处理，\gis_ex10\ex25\temp\路径下产生 Shapefile CN_prv01，不会自动加载。再选用"ArcToolbox>数据管理工具>投影和变换>要素>投影"，继续操作：

输入数据集或要素类：CN_rail	下拉选择
输入坐标系（可选）：Rail_prj	默认
输出数据集或要素类：\gis_ex10\ex25\temp\CN_rail01	路径和名称
输出坐标系：	点击右侧图标

进入"空间参考属性"对话框，进入"XY 坐标系"选项，展开并选择"地理坐标系>Asia>Beijing 1954"，按"确定"键返回"投影"对话框：

输出坐标系：GCS_Beijing_1954	已设定
地理（坐标）变换（可选）：	保持空白，不选

按"确定"键，经 ArcToolbox 处理，\gis_ex10\ex25\temp\路径下产生 Shapefile CN_rail01，不会自动加载。进入内容列表，选主菜单中"插入>数据框"，产生一个新的数据框，更名为 Data frame4，不要为数据框设置坐标系，点击 ，加载\gis_ex10\ex25\temp\CN_prv01，可看出该要素类的显示和图 25-4 一致，行政区划图从北京 1954 地理坐标系变换为兰勃特等角割圆锥投影坐标系，借助鼠标右键移除图层 CN_prv01。

加载 CN_rail01，可发现该要素类也是按兰勃特等角割圆锥投影坐标系显示的，没有按北京 1954 地理坐标系显示，进入"Data frame4>数据框属性>坐标系"，可看到数据框的坐标系是 Prv_prj，展开并选择"图层>GCS_Beijing_1954>CN_rail01"，即选用图层数据源 CN_rail01 自己的坐标系，按"确定"键返回。可以看出该要素类的显示和图 25-5 一致，从兰勃特等角割圆锥投影坐标系变换为北京 1954 地理坐标系。

本练习借助 ArcToolbox，对数据源的坐标值实施持久变换，从一种坐标系变换到另一种。选用菜单"文件>退出"，会出现"是否将更改保存到地图文档"的提示，点击"否"。

25.2　关于坐标系的讨论

25.2.1　基本坐标系

坐标系是最常用、最基本的空间参考。

（1）地理坐标系（Geographic Coordinate Systems），用经纬度表示地物的空间位置（对照图 25-1、CN_prv 和图 25-5）。国内较常用的有 Beijing 1954、Xian 1980、China Geodetic Coordinate System 2000（CGCS 2000）及 WGS 1984。

（2）投影坐标系（Projected Coordinate Systems），用二维平面直角坐标表示地物的空间位置（对照图 25-2、CN_prv 和图 25-4）。国内较常用的有 Gauss Kruger Beijing 1954、Gauss Kruger Xian 1980 和 Asia Lambert Conformal Conic。

（3）垂直坐标系（Vertical Coordinate Systems），地物离开地心的距离或相对于标准海平面的高程。较常用的有 Yellow Sea 1956、Yellow Sea 1985 及 WGS 1984。在 ArcMap 或 ArcCatalog 中，往往以 Z 坐标出现，本练习未涉及。

数据源是用坐标值来表示地物的位置的，有了共同的坐标系，不同途径获得的要素、栅格就可相互参照，如果坐标系不同，就会相互错位。

在操作 ArcGIS 过程中，往往出现空间参考、坐标系的提示、警告，其含义就是坐标系尚未设置或相互不一致。

25.2.2　数据源、图层、数据框三者的相互关系

ArcGIS 将各国、各地区常用的、标准化的坐标系名称、对应参数汇集起来，供用户选择，提供相互转换功能。本章练习通过 ArcCatalog（或 ArcMap 的"目录"窗口）选择坐标系的名称、设置参数，其结果是对数据源说明，改变说明，暂时不会改变数据源中要素的坐标值。

数据源加载后成为图层，若干图层组合成数据框，要为数据框设定坐标系，大致有如下5 种方式：

（1）不同图层的数据源坐标系一致，数据框的设定和数据源的说明也一致。这是最常用的，ArcMap 就不对数据源的坐标值进行任何变换处理。

（2）不同图层的数据源坐标系一致，数据框对坐标系的设置和数据源自身的说明也一致，但是显示的坐标单位有特殊要求。例如，数据源的坐标单位是米，显示单位要用经纬度；或者数据源的坐标单位是经纬度，显示单位要用千米。对于上述类似的情况，要素的位置、形状不发生变换，视窗底部显示的坐标值按需要变换，数据源内部坐标值和底部显示坐标值是两种不同的单位，由计算机临时变换解决。

（3）不同图层的数据源坐标系一致，数据框对坐标系的设定和数据源不一致。这是为了某种制图或显示的需要，ArcMap 对要素（或栅格）进行变换计算，按数据框的坐标系显示出来，还可以进一步输出、打印（图 25-2）。这时，要素的位置、形状发生临时变化。

（4）不同图层的数据源坐标系不一致，数据框的坐标系设定和其中一项数据源的说明一致。本练习刚开始使用的铁路数据源是投影坐标系（兰勃特等角割圆锥投影坐标系，中央经

线为 106°，两条标准纬线为 25° 和 47°，起始纬度为 0°，线性单位为米，行政区划数据源是北京 1954 地理坐标系，坐标单位为度。如果数据框的坐标系设定和铁路一致，ArcMap 对行政区划进行变换处理，铁路数据不变换，地图显示结果为图 25-4，铁路、行政区划在地图中相互匹配，可相互参照。如果数据框的坐标系设定和行政区划一致，铁路线发生变换，行政区划不变换，地图显示结果为图 25-5，铁路线、行政区划在地图中的位置也匹配，可相互参照。当然，数据框的坐标系还可设定为第三种，铁路、行政区划各自按不同的计算方法都进行变换，也能实现相互匹配、相互参照。

（5）如果不同图层的数据源坐标系都没有说明，对数据框也不设置，ArcMap 不会对要素的坐标值进行变换，但是在不同图层之间进行某些查询、处理时，软件可能会报错，或处理结果出现反常（这是软件本身处理方法引起的）。

只要对数据源所做的说明符合它自身的坐标系，而且符合标准，有关参数也是已知的，借助计算机，就可将该项数据源变换成另一种通用坐标系，使坐标系不一致的多种数据源用到一起时，要素的位置、形状相互匹配、相互参照。

25.2.3　投影和坐标系的关系

要素定位靠坐标系，制图靠投影。传统制图，数据源坐标系服从制图投影，用计算机显示、制图，两者可以不一致，但能即时转换，相互匹配，以适应不同需要。某种投影坐标系先要转成地理坐标系，才能转换成另一种投影坐标系，因此地理坐标系是转换的基础，以经度、纬度为坐标值。使用地理坐标系的数据源（或者投影坐标系数据源临时变换为地理坐标系）显示、制图，通常使用简单圆柱投影，也称经纬度投影，经纬线都是直线，经纬度等间距，格网呈正方形，大小相同（参见图 25-1，图 25-5）。

25.2.4　改变坐标系，对数据源坐标值的影响

（1）坐标系不变，仅变换显示单位。满足这种需要，进入"数据框属性>常规"选项，设置显示单位，简单易行。这种设置，既不改变数据源的坐标值，也不影响地图显示效果，仅依靠计算改变了提示的坐标单位，当然也可进一步将转换后的单位用于属性处理（如计算面积，量算距离、方位）。

（2）数据源的坐标值不变，变换所显示的地图。满足这种需要，数据源的说明必须正确，在"数据框属性>坐标系"选项中进一步设置。最常见的是多种来源、不同坐标系的数据源在一起，要求相互匹配，或者为了满足应用的要求，使地图按某种特定的坐标系显示、打印，如果数据源的坐标系说明和数据框的设定不一致，每个地理要素的坐标值均要临时变换。其优点是一类数据满足多种用途；缺点是当空间数据量很大时，实时变换需消耗计算时间，设定数据框的坐标系，有一定工作量，也可能出现人为差错。

（3）数据源的坐标值持久变换。运用 ArcToolbox 的投影变换工具，或者用 ArcCatalog 的导入、导出菜单，对数据源实施坐标系变换，持久保存。持久变换的好处是反复使用时不需要临时变换（如显示地图，计算面积，量算距离、方位），数据分析时，计算过程可靠，数据框的坐标系设定简单；缺点是相同数据源要按不同坐标系分别保存，产生冗余，一旦更新、维护，同类数据相互之间可能会不一致。

（4）修改数据源的坐标系说明。通过 ArcCatalog（或者 ArcMap 的"目录"窗口）修改数据源的坐标系。出现这种需求，往往是前次坐标系设错了，不得不重新设定，这种修改仅

使说明发生变化，并不改变数据源内部的坐标值。如果数据框没有特定的坐标系，计算机所显示的图形，不会有任何变换。如果数据框中的坐标系已经设定，与数据源修改后的说明不一致，ArcMap 自动将数据源的坐标值从数据源的说明坐标系临时变换为数据框所设定的坐标系。当然，也可以修改数据框的坐标系，与数据源保持一致，这样 ArcMap 就不对坐标值进行变换。

（5）变换坐标系对距离、面积、方位的影响。坐标系变换会影响距离、面积、方位，投影方式不同，地理位置不同，影响程度不同。使用 ArcMap 计算距离、面积、方位时，软件会提示，是采用数据源还是数据框的坐标系，还会提示，计算单位是否为米、千米、英尺、英亩等。对数据源实施持久的坐标变换，Shapefile 中有关面积、长度的属性值不会自动变化，若不重新计算，属性值和坐标值就会不一致，Geodatabase 中的默认字段，如 Shape_Length、Shape_Area，会自动按数据源的坐标值重算，更替属性值。

地理坐标系的坐标值是经纬度，应转换成投影坐标系后才能计算长度、面积。

本章练习对 Shapefile CN_rail 和 CN_prv 的设定可看成数据源初次说明，实现变换有临时变换，也有持久变换。

25.3　基本数据源

25.3.1　数据模型

本教材所涉及的 ArcGIS 可直接处理的数据源可分为矢量、栅格、不规则三角网、属性表 4 大类。

（1）矢量型（Vector）。可进一步分为 8 种要素类（Feature Class）：点（Point）、线（Line，也称 Polyline，折线）、面（Polygon，也称多边形）、注记（Annotation）、尺寸（Dimension）、多点（Multipoint）、转弯（Turn）及多面体（Multipatch），注记、尺寸不参与查询、分析。

（2）栅格型（Raster）。可分为格网（Grid）和影像（Image）两种，格网主要用于分析，影像主要用于显示，一个独立的格网、独立的影像当成一个要素类。

（3）不规则三角网（Triangulated Irregular Network，TIN）。一个完整的 TIN 可当成一个要素类。

（4）属性表（Table，Attribute Table）。与地理要素相对应的是要素属性表（Feature Attribute Table），还有独立属性表，可以与要素属性表相连接。

上述 4 种基本模型还有若干扩展，本教材仅涉及一部分，如用于数据质量检验的拓扑关系，针对交通分析的网络数据集属矢量模型的扩展，金字塔索引属栅格模型的扩展等。

25.3.2　数据源主要存储格式

（1）矢量型 Shapefile。Shapefile 没有 Annotation（注记）和 Dimension（尺寸）要素类。

（2）矢量为主的地理数据库（Geodatabase）。本教材涉及文件地理数据库（File Geodatabase）、个人地理数据库（Personal Geodatabase）两种，前者由专门的文件、路径组成，后者利用 MS Access 的存储格式。本教材未涉及 ArcSDE Geodatabase。地理数据库虽然以矢量要素类和属性表为主，也可以管理栅格、不规则三角网。

（3）矢量型 Coverage。ESRI 公司早期基于 ARC/INFO（现称 ArcInfo）的空间数据集，本教材基本不涉及。

（4）关系型属性表。包括 dBASE 格式的 DBF 表（与 Shapefile 对应）、地理数据库中的属性表 Table、INFO 数据库的属性表 Table。

（5）格网数据也称栅格数据集，由特殊的文件集组成（Grid），也可放入地理数据库。

（6）不规则三角网（TIN）由特殊的文件集组成，也可放入地理数据库。

（7）遥感影像（Image）、扫描图像属特殊文件，有多种格式，本教材仅用到 TIFF 和 JPEG，其他格式未涉及。通用影像文件也可放入地理数据库。

（8）CAD（Computer Aided Design and Drafting）图形文件属矢量型，本教材仅涉及 DWG 格式，未涉及 DXF、DGN 格式。

25.3.3　空间参照与坐标系

空间参照有多种途径，坐标系是最常用，也是最基础的。软件操作中，ArcGIS 常会提示要求设置空间参照（Spatial Reference），一般意思就是设置坐标系，内容有投影类型，坐标系名称、分类，大地测量基准，相关参数。如果选用了常规的坐标系，大地测量基准和其他参数往往以通用标准为默认。

25.3.4　辅助数据

图形（Graphic）由元素（Element）组成，常用在地图布局和地图注记上。经软件处理产生的统计图、剖面图、图例也称图形或图表（Graph），保存在地图文档内部。这两类图形主要用于表达，也可辅助分析。

应用中的定义性、描述性数据。主要有地图文档（Map Document）、场景文档（Scene Document），图层定义文件（Layer File）等，以独立文件存在。

元数据（Metadata）是对数据源、地图文档、处理工具的说明、描述，为搜索、识别提供途径，将有进一步练习。

25.3.5　数据源、要素类、数据框、图层、属性表的相互关系

数据源（Data Source）是 ArcGIS 直接处理的空间、属性数据的统称，不包括辅助数据。数据源主要以要素类和属性表体现出来，在数据框中，要素类是图层的数据源，图层是要素类的表现形式，一个图层的数据源只能来自一个要素类（往往是该要素类的子集），一个要素类（或其子集）可出现在多个图层中，因此，图层和要素类呈多对一的关系。

数据源（或地图文档文件、场景文档文件）的存储路径发生变化时，可能引起图层和要素类不对应。打开地图文档，图层无法正常显示。这时，可进入"图层属性>源"选项，点击"设置数据源"按钮，设定数据源路径。

矢量型要素类对应要素属性表（Feature Attribute Table），到了数据框中，要素类加载为图层，要素属性表就改称图层属性表（Layer Attribute Table）。整数型栅格（Grid）对应值属性表（Value Attribute Table，VAT），加载为图层后也可称图层属性表。

打开地图文档\gis_ex10\ex25\ex25.mxd，激活数据框 Data frame3（图 25-6），共有 10 个图层、1 个独立属性表，打开图层属性设置对话框，进入"源"选项，可以看到数据源的存放路径、格式：遥感影像（TIFF 文件，cs_image.tif），乡镇（Personal Geodatabase Feature

Class，Township，面），湖泊水库（Personal Geodatabase Feature Class，Lake，面），河流（Personal Geodatabase Feature Class，Stream，线），铁路（CAD Polyline Feature Class，Railway.dwg，线），城区街道（CAD Polyline Feature Class，Street.dwg，线），公路（Personal Geodatabase Feature Class，Highway，线），县域边界（Shapefile Feature Class，County.shp，线），村镇（Personal Geodatabase Feature Class，Village，点），集镇地名（Personal Geodatabase Feature Class，Town_name，注记），人口经济（独立表，popu，dBase 表），如果内容列表中不显示表名，可点击 。放大缩小地图，关闭、打开图层，可以观察地理要素的几何形状、空间位置。

退出 ArcMap，使地图文档保持原来状态。

图 25-6　Data frame3 的显示

25.4　新建地理数据库

25.4.1　地理数据库、要素数据集的初始设置

启动 ArcCatalog，左侧为目录树窗口，如果"文件夹连接"中不出现\gis_ex10\ex25，点击标准工具条中的 ，弹出操作系统下的路径选择窗口，找出\gis_ex10\ex25，按"确定"键返回。在\gis_ex10\ex25 文件夹内，鼠标右键点击 temp，选择"新建>文件地理数据库"，在 temp 路径下产生一个地理数据库（Geodatabase）图标，改名为 DB_ex.gdb，按回车键结束，一个新的、空的文件地理数据库（File Geodatabase）建立。

鼠标右键点击 DB_ex，选择"新建>要素数据集…"，出现"新建要素数据集"对话框，在"名称"栏目中输入 Dataset1，按"下一步（N）"键继续。新建的要素数据集（Feature Dataset）必须设定坐标系，展开选择"投影坐标系>Gauss Kruger>Xian 1980>Xian 1980 3 Degree GK CM 120E"，意思是选用投影坐标系，高斯-克吕格投影，西安 80 坐标，3 度带，中央经线为东经 120º，按"下一步（N）"键继续。再出现垂直坐标系的提示，可以按"无坐标系"对待，按"下一步（N）"键，按提示输入有关参数：

XY 容差　0.01 Meter

Z　容差　0.01

M　容差　0.01 未知单位

☐ 接受默认分辨率和属性域范围　　　　取消勾选

容差（Tolerance）发生在计算过程中，要素之间的距离小于容差值，就近似为零距离处理，选用的坐标系单位为米时，ArcCatalog 默认 XY 容差值为 0.001m（1mm），本练习设置为 0.01m（1cm）。输入、编辑要素，建立拓扑关系时，还要按应用的需要设置容差值，一般是大于数据集的设置，反过来，如果应用中对容差值的设置小于数据集的设置值，软件自然按数据集的容差值处理，应用中的临时设置失去意义。Z 为高程，M 的容差值暂不考虑。取消"接受默认分辨率和属性域范围"的勾选，按"下一步（N）"键继续：

XY 分辨率：0.001 Meter

Z 分辨率：0.001

最小值 -100000　　　　最大值：(默认值)

M 分辨率：　0.001 Unknown Units

最小值 -100000　　　　最大值：(默认值)

"分辨率"一般用于栅格图像，对应基本单元（或像元）的大小。虽然矢量模型的坐标分辨率可以靠计算机字长来控制，但是浮点运算的精度太高，反而使几何判断复杂化，也不稳定。参考栅格模型，Geodatabase 对矢量数据也设定分辨率，要素进入数据库时，有关坐标值都被捕捉到以分辨率为单元的网格点上，在保证计算精度的同时，存储的坐标相对稳定。选米为坐标单位，ArcCatalog 默认 XY 分辨率为 0.0001m（0.1mm），本练习设置为 0.001m（1mm）。高程 Z、M 值暂不考虑。按经验，应用中的容差值大约是数据集（或要素类）容差值的 5～50 倍，数据集（或要素类）容差值大约是坐标分辨率的 5～50 倍。坐标最小值和最大值的意思是数据库不接受超出该范围的数据，防止坐标值异常的数据进入。按"完成"键，要素数据集（Feature Dataset）的初始设置结束。

鼠标右键点击 Dataset1，选择"属性"，出现"要素数据集属性"对话框，依次进入"常规"、"XY 坐标系"、"Z 坐标系"、"属性域、"辨率和容差"，可查看该数据集的初始设置。按"确定"键关闭对话框。

25.4.2　添加要素类

有了要素数据集（Feature Dataset）可添加要素类（Feature Class），本练习预定在要素集 Dataset1 中新建 4 个不同的要素类：

County（乡镇行政区）：面要素类（Polygon）

Road（公路）：线要素类（Line）

Town（集镇）：点要素类（Point）

Town_name（集镇名称）：注记要素类（Annotation）

在目录树中鼠标右键点击\DB_ex.gdb\Dataset1，选择"新建>要素类..."，出现"新建要素类"对话框。在名称栏中输入要素类的名称 County，别名暂时不输入。在"类型"栏有 8 种要素类可下拉选择：

面　要素（Polygon）

线　要素（Line）

点　要素（Point）

多点　要素（Multipoint）

多面体　要素（Multipatch）

转弯　要素（Turn）

尺寸注记　要素（Dimension）

注记　要素（Annotation）

County 为多边形，下拉选择"面　要素"。还有"几何属性"可选择，本练习暂不考虑，取消勾选。按"下一步（N）"键继续，软件提示配置关键字，本练习暂不考虑，点选"默认"，按"下一步（N）"键继续，出现要素属性表的默认字段，系统预定义的有：

字段名（Field Name）	数据类型（Data Type）	
OBJECTID	对象 ID	内部标识
SHAPE	几何	要素的几何类型

按"完成"键，多边形要素类 County 建立，要素还是空的。用上述同样方法可以新建另外两个要素类 Road（线要素），Town（点要素），操作步骤同上。

要素属性表中的字段可分为系统预定义和用户自定义两种，以线要素类为例，预定义的字段有 OBJECTID、SHAPE 及 SHAPE_Length，其中，OBJECTID 为内部标识也称对象标识，具有空间数据和属性记录之间的连接作用，在同一个要素类中自动保证唯一性；SHAPE 代表几何类型（如 Polyline）；SHAPE_Length 存储每个线要素的几何长度。预定义的字段名、数据类型、属性值均自动产生、自动更新，不可编辑。

注记要素类（Annotaion）、尺寸注记要素类（Dimension）的设置要求和一般要素类不同，第 26 章会有进一步的练习。

一个地理数据库中可以有多个要素数据集，每个要素数据集中可以有多个要素类。借助 ArcCatolog，可以进一步对地理数据库、要素数据集、要素类进行复制（Copy）、粘贴（Paste）、删除（Delete）、重命名（Rename）以及数据加载、导入、导出等操作。要素（Feature）的交互式输入、编辑、查询、表达通过 ArcMap 操作，复杂的数据转换通过 ArcToolbox 实现。

25.4.3　地理数据库的存储格式

（1）ArcSDE 地理数据库，由 ESRI 提供的中间件和第三方数据库管理系统组成，形成管理平台，复杂性较高，适合大数据量、多用户。

（2）文件地理数据库，适合中等数据量，允许一个用户写，几个用户同时读，管理平台为 ArcGIS 自身，单用户查询、显示效率较高。

（3）个人地理数据库，适合一般数据量，允许一个用户写，几个用户同时读，管理平台为 Microsoft Access 的核心，其他软件直接打开并读写属性表比较方便（如 MS Access、Excel）。

与 Shapefile 相比，地理数据库虽然复杂，但是承受的用户数多、数据量大，提供的数据类型、处理功能丰富，数据管理的集成度高。

25.5　数据项的预览

在 Windows 操作系统下启动 ArcCatalog，它的操作界面和 Windows 的资源管理器（Resource Manager）相似（图 25-7），左侧窗口称为"目录树"（Catalog Tree），如果在 ArcMap 中点击 ，会在右侧出现"目录表"（Catalog），与"目录树"相似，为 ArcCatalog 的简要形式。目录树窗口内有如下图标，可进一步展开：

　　文件夹连接。连接到本计算机或局域网上的操作系统目录、路径。

　　工具箱。展开后有"我的工具箱"和"系统工具箱"，后者相当于 ArcToolbox，前者为用户自己开发的程序。

图 25-7　ArcCatalog 操作界面

还有其他连接，本教材未涉及：数据库服务器（Database Server），与网络上的数据库服务器相连接；数据库连接（Database Connections），与网络上的数据库相连接；GIS 服务器（GIS Server），通过网络提供远程功能服务、数据服务；还有 ArcGIS Online 的连接以及互操作连接（Interoperability Connections）。

如果目录树中文件夹连接太多，用鼠标右键点击已经发生连接的文件夹名，选择快捷菜单"断开文件夹连接"，可使目录树中的内容得到精简。如果需要的文件夹未出现在目录树中，鼠标右键点击"文件夹连接"图标，选择快捷菜单"连接文件夹"（相当于点击标准工具条中的 ），弹出操作系统下的路径选择窗口，查找、点击所需路径，按"确定"键返回，该路径就添加为连接文件夹。读者可尝试断开多余的连接，然后连接到\gis_ex10\ex25\，再精简目录树中的内容。

点击\gis_ex10\ex25\，到 ArcCatalog 右侧窗口进入"内容"选项，在基本工具条上点击 ，有关数据项的显示如图 25-7 所示。基本工具条上依次点击 、 、 、 ，可以看到数据项以不同方式显示出来（图 25-8）。所谓数据项，除了数据源，还包括独立的辅助性数据文件、与 ArcGIS 无关的文件，文件集不是数据项，不会出现在右侧窗口中。地理数据库的多项内容可以缩略图形式集中显示（图 25-9）。左侧目录树中展开点击 Geo_DB25.mdb\ex _dataset \Township，在右侧数据项窗口上方点击"预览"选项，底部有"预览"下拉表，可分别选择"地理视图"和"表"（图 25-10），实现预览。遥感影像数据 cs_image 有 3 个波段，可以组合预览或分波段预览。如果用 Windows 的资源管理器浏览数据项所在的文件夹，显示结果和 ArcCatalog 明显不同，例如：

Shapefile 由一组前缀名相同的文件组成，后缀名分别为 dbf、sbn、sbx、shp、shx、prj 等。

Personal Geodatabase（个人地理数据库）是以 mdb 为后缀的文件，与 MS Access 数据库文件一致。

File Geodatabase（文件地理数据库）在专用文件夹下有一组特殊文件，文件夹的名称和数据库相同，后缀为 gdb。

图 25-8　以图标形式显示数据项

图 25-9　要素类显示为缩略图

图 25-10　数据项 Township 的地理预览（左）和表预览（右）

因此，数据库、数据集、要素类的名称不一定和操作系统文件名完全一致，有的和文件夹名称对应，有的靠一组文件体现，相互之间有连带关系。用 ArcCatalog 处理某个数据项，可能对应一个文件（如影像图，独立的 DBF 表，DWG 文件，XLS 文件，地图文档），也可能对应一组文件（如 Shapefile），或者专用文件夹内的若干特殊文件（如 Grid、TIN、File Geodatabase），还可能对应一个、一组文件内的若干记录（如 Geodatabase 中的要素类）。初学者不要轻易用 Windows 的资源管理器或其他工具对 ArcGIS 的数据项进行更名、删除等维护性操作，尽量通过 ArcCatalog 完成。

在目录树窗口或数据项窗口内，鼠标右键点击某数据项的名称，选择快捷菜单"属性"，会弹出该数据项属性对话框，针对不同的数据项，有各种选项，获得比预览更详细的数据项特征、属性信息（Property）[①]。根据需要，进一步修改（包括坐标系的重新设置）。读者可自行尝试，点击若干要素类、属性表、遥感影像、AutoCAD DWG 文件，查看数据项属性，也可尝试性地修改某些设置。

与 Windows 的操作类似，借助鼠标右键，ArcCatalog 还可对文件夹、数据项进行管理、维护，如复制（Copy）、粘贴（Paste）、删除（Delete）、重命名（Rename）、新建（New），还可用左键拖动，改变数据项的存储位置。

ArcCatalog 不会显示和 ArcGIS 无直接关系的文件、文件集、数据库。

25.6　数据项的搜索

25.6.1　设置搜索路径

退出 ArcCatalog，启用 ArcMap，打开地图文档\gis_ex10\ex25\ex25.mxd，激活 Data frame3。在标准工具条上点击搜索工具 ▣（Search），弹出搜索窗口，一般停靠在屏幕右侧（图 25-11）。在搜索窗口右上角的下拉条中选择"本地搜索"。再点击上部按钮 ▤，弹出"搜索选项"对

---

① Attribute 和 Property 均被译为属性，前者对应数据源中的记录、字段，后者泛指数据框、图层、数据项的某些特征。

话框，进入"索引"选项，"注册文件夹和服务器连接"框内如果已存在链接地址，可以点击该地址，按右侧的"移除"键移除，再按"添加"键，弹出文件夹浏览窗口，找到并点击\gis_ex10\ex25，按"选择"键返回（不要展开 ex25，若有必要可借助文件夹连接按钮 ），使路径\gis_ex10\ex25 为"注册文件夹和服务器连接"文本框内唯一内容。

图 25-11　搜索窗口停靠在右侧

25.6.2　更新索引

在"索引建立选项"框内，有若干默认设置，可不更新。

如果本操作系统用户曾经做过搜索，一般就有默认的索引，按下方"删除索引"按钮，软件会警告，是否删除索引，点击"是"，再点击右下方按钮"为新项目建立索引"，大约要40s 计算时间，"索引建立状态"框会有如下提示：

已建立索引的项目：33

索引建立状态：活动

上次建立索引的起始时间：（操作系统的当前时间）

上次建立索引的持续时间：（大约 50s）

下一次建立索引的起始时间：（大约 1h 后，一般由默认设置决定）

按"确定"键关闭"索引选项"对话框。虽然建立或更新索引需消耗计算时间，但是有了索引，可以提高搜索的效率。改变注册的文件夹、数据库，搜索的对象就发生变化，应更新索引，防止差错。

25.6.3　按数据项的名称、类型搜索

在搜索窗口上侧点击"数据"选项，字体从蓝色变为加重黑色，出现可搜索的所有数据类型图标，在搜索文本条中输入 Street，点击右侧按钮 🔍，经搜索，提示"返回的搜索结果6 项"，除了提示"县城道路，线"，还显示该数据项的名称、类型、路径、缩略图（图 25-12）。

图 25-12　输入 Street 的搜索结果

在搜索本文框内输入 County，按搜索按钮 🔍，得到两项结果，为 Shapefile 和文件地理数据库的要素类。在搜索本文框内输入 dwg，点击 🔍，得到两项结果：Railway 和 Street。本章练习新建地理数据库中的要素类没有元数据，很可能搜索不到。

25.6.4　按关键字搜索

搜索文本框内输入"水系"两字（不含引号），按搜索按钮 🔍，有两个数据项被搜索到，它们是 GeoDB_DB25.mdb 中的 Lake 和 Stream，它们的元数据中用了词汇"水系"，被搜索到。

搜索文本框内输入"交通"两字，点击按钮 🔍，有 13 项被搜索到，实际内容是 Railway（DWG，规划铁路走向）、Street（DWG，县城道路）及 Highway（Geodatabase，县域公路）。

按关键字"练习"搜索，得到 21 项结果。在搜索窗口内，光标移动到某个数据项名称上（如 Railway），Data frame3 的地图窗口内立刻显示出该数据项的大致空间范围（图 25-13）。

图 25-13　Railway 的空间位置

25.6.5　搜索结果的显示

（1）排序。点击搜索窗口右上角的"排序方式"下拉箭头，可以进一步按升序、降序、相关度、空间相关性、标题、类型、空间参考及日期排序。

（2）过滤。按关键字"练习"搜索，得到了 21 项结果，点击搜索结果提示："返回的搜索结果 21 项"右侧的下拉箭头，弹出菜单，勾选"CAD 折线要素类: 2"，点击"应用过滤器"，搜索结果减少为两项。再下拉选择"移除过滤器"，则恢复到 21 项。注意搜索文本框，可以体会到，增加或取消过滤，等于收窄或放宽了搜索条件。

25.6.6　按地图显示范围搜索

调整地图的显示，使一段铁路大致充满显示窗口（图 25-14），在搜索窗口左上侧点击下拉箭头，将"任何范围"改为"在当前范围内"。可看出，搜索到的结果减少为 12 项，为 DWG 文件"铁路走向"、"县城街道"的要素类。本项功能是将搜索对象限定在当前地图显示的范围内，也可理解为基于空间位置的搜索。

图 25-14　在当前显示范围内搜索数据项

25.7　查看、维护元数据

退出 ArcMap，不保存对地图文档的更改，启用 ArcCatalog，选用主菜单"自定义>ArcCatalog 选项"，进入"元数据"选项，在"元数据样式"框中下拉选择 Item Description，是对数据项的简单描述，按"确定"键返回。在目录树中，展开\gis_ex10\ex25\，点击某个数据项，如 ex25>Railway>Polyline，在数据项窗口中部点击选项卡"描述"，出现该数据项元数据（Metadata）的内容（图 25-15）：

图 25-15　数据项 Railway 的元数据

（1）名称。一般默认和数据项自身的名称一致，实际运用中，可以另取别名。

（2）数据类型。即存储格式，如 Shapefile，AutoCAD 工程图文件等。

（3）缩略图。在名称下方，可以添加、删除或更新。

（4）标签。比名称更简练、更容易理解的提示。

（5）摘要。对数据项进行简要说明，在搜索结果中将完整显示。

（6）描述。比摘要详细，或者有特别需要的补充说明，如属性表中的字段名、含义、计量单位（参见属性表 popu 的元数据）。

（7）制作者名单。除了数据项的制作者，还可包括联系方式。

（8）使用限制。对数据项使用限定的说明，如不允许外传、出售。

（9）范围。坐标范围。

（10）比例范围。该项数据适合使用的比例尺上下限。

上述 10 项元数据中，除缩略图，其他 9 项均是文字描述，在"描述"选项对话框内上方，点击"编辑"按钮，可输入、修改元数据的内容，另有"保存"、"退出"按钮。

要向元数据添加缩略图并不复杂。退出元数据的编辑状态，点击"预览"选项，出现数据源的预览图形，如 Railway.dwg Polyline 是简单的线要素。在地理工具条（相当于 ArcMap 的基本工具条）中点击创建缩略图按钮 ，再返回到"描述"选项。可以看到，预览图变成了元数据的缩略图。读者可以尝试对 COUNTY，cs_image 的元数据中添加缩略图（如果已经存在，可以进入元数据的编辑状态，删除缩略图，保存元数据，退出后再添加，图 25-16）。

在现实中，元数据和数据源的存放位置可以分离，数据源的需求者先搜索、后阅读元数据，初步判断是否有用，再预览、查看数据项属性，进一步判断是否有用，然后和数据源的发布者取得联系，局部试用或正式使用数据源。

图 25-16　浏览 cs_image 得到的缩略图加入元数据

　　通过对 ArcCatalog 选项的设置，本练习仅出现最简单的元数据描述格式，若选择了其他格式（如美国联邦地理数据委员会、国际标准化组织推荐的标准），内容会变得详细，有兴趣的读者可自行尝试。文件型的数据项自动以 XML（eXtensible Markup Language）格式保存元数据，这是一种通用格式，适合通过互联网向外发布、传输、被搜索。地理数据库中数据项的元数据可保存在数据库内部，也可以按 XML 格式保存在外部，两者还可相互转换。

25.8　关于数据源、数据库、元数据的小结

　　本教材涉及的数据源（Data Source）有矢量、栅格、不规则三角网、多面体、属性表 5 大类，5 大类下还可以进一步细分，如按要素的几何类型分，按存储格式分。除了数据源，还有辅助数据，往往以独立文件方式存储，或保存在地图文档中。数据源和独立的辅助性数据合起来称数据项（Data Item）。

　　数据库（Database）是存储、管理数据源的有效方式，本教材涉及文件地理数据库（File Geodatabase）和个人地理数据库（Personal Geodatabase）两种格式。地理数据库中的要素类需设置坐标系、容差值、分辨率，坐标系设错了可修改，容差值、分辨率一旦设定，不能修改。应用中还需要临时设置容差值，应用中的临时容差值>数据库中要素类容差值>要素类坐标分辨率，每两个参数之间大约是 5～50 倍的关系。

　　一个地理数据库中往往有很多要素类，将不同的要素类集中保存为要素数据集（Feature Dataset），就可统一设置坐标系、容差值、分辨率，不但减轻设置、维护工作量，也会给应用带来一些方便。

　　针对数据库中的要素类，还可设定子类型（Subtype）、属性域（Domain），针对属性表，可设定关系类（Relationship），本教材未涉及。

　　元数据（Metadata）是对数据源、数据项的概要说明。随着数据项种类的增加，保存时间的延长，外界用户的增多，了解数据项、共享数据项会有一定难度，元数据是促进数据共享的一个重要途径，说明和被搜索是元数据的主要用途。

　　本章所练习的搜索依靠元数据，主要针对数据源，也可进一步扩展到辅助数据（如 Map Document）、软件工具（如 Toolbox）。ArcGIS 还提供近义词搜索，有兴趣的读者可自行尝试。

　　ArcCatalog 是数据项的管理工具，除了与 Windows 资源管理器类似的基本操作，还有多种特殊的维护功能，如数据项的预览，数据项特征属性（Property）的查看、修改，数据源的初始设置，地理数据库的维护，基于元数据的搜索，元数据的输入、编辑等。ArcCatalog 既可独立运行，也可将它的重要功能以目录窗口、搜索窗口的形式出现在 ArcMap 中。

　　完成本章练习，会改变练习数据内容，删除 \gis_ex10\ex25\ 目录中的文件，将 \gis_ex10\Back\ex25\ 路径下的原始文件覆盖至 \gis_ex10\ex25\，数据内容（包括地图文档）就恢复到练习之前的状态。

思 考 题

　　1. 比较地理坐标系和兰勃特投影坐标系在方位、距离上的差异，经纬线形状、走向的差异。

　　2. 为何用地理坐标系的数据源不能直接计算要素的长度、面积。

　　3. 根据自己的经历，在其他场合接触到的地理信息较多使用什么坐标系。

　　4. 比较 Shapefile 和 Geodatabase 的差异，对应用带来什么影响。

　　5. 依靠 ArcCatalog 预览数据项和查看数据项属性（Property）有什么区别。

　　6. 观察自己的日常生活，在 GIS 领域之外，有无元数据（或元信息），以什么形式出现，发挥什么作用。

　　7. 进入"自定义>ArcCatalog 选项>元数据"选项，在"元数据样式"框中下拉选择 ISO 19139 Metadata Implementation Specification，按"确定"键退出。再查看各项元数据的描述，展开详细内容，体验 ISO 19139 和 Item Description 的差异。

第26章 地 图 注 记

- 文档注记
- 注记要素
- 尺寸注记
- 属性标注
- 本章小结

26.1 文 档 注 记

26.1.1 字符输入

启用地图文档\gis_ex10\ex26\ex26.mxd，激活 Data frame1。如果绘图工具条（Drawing Tool Bar）不出现(往往在窗口底部)，选用并勾选主菜单"自定义>工具条>绘图"。在绘图工具条中点击 **A** 旁的下拉箭头，出现菜单，选择"**A** 文本"，光标变成"＋A"，在地图的左上方点击光标，默认的文字（如"文本"两字）被注记到地图上，可以用键盘修改注记内容，按回车键确认（图 26-1）。

图 26-1　文字注记到地图上（左上角）

26.1.2 修改注记的文字内容、移动位置、旋转角度

一般情况下，默认的文字内容是"文本"。在绘图工具条用"选择元素"工具 ▶，鼠标单击需要编辑的文档注记，该元素的外框改变颜色，进入选择集，再次双击，弹出图形文字

属性设置对话框，进入"文本"选项，在"文本"框内，可将默认的字符"文本"改成"至银州"（不需要引号），按"确认"键返回，可以看到，地图上的注记文字改变了内容（图26-1，左上侧）。

利用元素选择工具 🔍，可以拖动文档注记，调整到合适的位置。利用旋转工具 🔄，可围绕左下角旋转输入的文档注记。

26.1.3 调整注记的符号、排列方向

鼠标右键点击注记，选择快捷菜单中"属性"（或双击该注记），进入图形属性设置对话框，再进入"文本"选项。点击右下角按钮"更改符号"，进入"符号选择器"对话框，右侧为"当前符号"栏，与一般文字处理器相似，在"颜色："下拉条内可调整字符的颜色，"字体"下拉框内可调整字体（如宋体、黑体、楷体）；在"大小："下拉条内，可调整字型的大小；在"样式"右侧有加粗、倾斜、加下划线及加删除线的图标式按钮。

勾选"CJK 字符方向"，表示文字从横排变为竖排，按"确定"键返回到上一级图形属性设置对话框，再按"确认"键关闭。借助旋转工具 🔄、选择工具 🔍，实现竖排（不旋转没意义，图 26-2）。当然，取消符号选择对话框内"CJK 字符方向"的勾选，可恢复到原来的横排状态。

图 26-2　字符横排变竖排

26.1.4 注记的删除、复制

利用工具 🔍 选择元素，按键盘 Delete 键，或鼠标右键点击元素后选择快捷菜单中"删除"，可以删除元素。鼠标右键点击元素，选择快捷菜单"复制"，再到另一个位置，鼠标右键点击选择"粘贴"，实现复制粘贴，可进一步将粘贴后的元素拖动到合适的位置。

26.1.5 注记的大小随地图的比例缩放

放大、缩小地图的显示，可以看到，注记字符的大小可能不随地图一起缩放。进入"Data frame1>数据框属性>常规"选项，确认"地图"和"显示"单位均为"米"，按"确定"键

返回。鼠标右键点击数据框名称，在快捷菜单中选择"参考比例>设置参考比例"，再放大、缩小地图的显示，可以看出注记字的大小随比例一起缩放。鼠标右键点击数据框名称，快捷菜单中选择"参考比例>清除参考比例"，再缩放地图显示，可以看出注记字的大小不随比例缩放，与显示器分辨率保持一致。

26.1.6　牵引式注记

在绘图工具条中，点击 **A** 旁的下拉箭头，在 7 种文字注记方式中选择"🗨 注释"，光标形状立刻发生变化，在某个合适位置点击光标，出现默认字符"文本"，马上改成"此路正在施工"（不含引号），按回车键。再用选择元素工具 **↖**，拖动已输入的字符框，实现牵引式注记（图 26-3）。如果对牵引式注记的摆放位置不满意，再次拖动注记框，也可以调整注记的指向位置。

图 26-3　牵引式注记

鼠标右键点击牵引注记，选择快捷菜单"属性"，出现属性设置对话框，进入"大小和位置"选项，在右上方"大小"框内，可键盘输入牵引框的宽度、高度。例如，将当前的默认值改得大一些，按"确定"键返回，可看到原来的注记变大。

再进入注记元素属性对话框，进入"文本"选项，除了可改变注记的文字内容，点击按钮"更改符号…"，出现"符号选择器"对话框，可改变注记的字体，点击"编辑符号…"按钮，出现下一层次的"编辑器"对话框，进入"高级文本"选项，有"文本填充模式"和"文本背景"可供勾选。如果勾选了"文本背景"，点击下方的"属性…"按钮，出现牵引框编辑器，可调整不同的符号，如牵引样式，填充色，轮廓线的宽度、颜色，牵引的线型等。由于牵引式注记自身是由多种元素组成的，因此，调整符号靠层层嵌套的方式来实现编辑、调整，再层层退出。读者可以自己尝试输入更多的元素，调整样式、符号、背景，获得不同的效果。

通过绘图工具条输入注记均是图形元素（Element），不是要素（Feature），数据保存在地图文档中，未进入数据源。

26.2　注　记　要　素

26.2.1　新建要素类

基本工具条中点击 ，在随即出现的"目录"窗口中，展开 \gis_ex10\ex26\GeoDB_Anno.gdb，鼠标右键点击要素数据集 Dataset1，选快捷菜单中的"新建>要素类"，输入名称 Anno_1，别名暂不需要，要素类型下拉选择"注记要素"，其他内容均不选，按"下一步"键继续，输入参考比例为 1∶5000，地图单位为"米"，编辑行为不选，按"下一步"键，继续操作：

注记类：注记类 1	可用默认符号名称
文本符号：宋体　　　20	下拉选择
⦿ 在任何比例范围内均显示注记	点选

按"下一步"键继续，会出现提示："配置关键字"，点选"默认"，按"下一步"键，显示属性表中的默认字段，按"完成"键，注记要素类 Anno_1 出现在 Dataset1 内，也被加载到当前的数据框。

鼠标右键再次点击 Dataset1，选快捷菜单中的"新建>要素类"，输入名称 Dim_1，别名不输入，要素类型下拉选择"尺寸注记要素"，其他内容为均不选，按"下一步"键继续。输入参考比例为 1∶2000，地图单位为"米"，"默认样式"框内点选"为我创建一个样式"，按"下一步"键继续。会出现提示："配置关键字"，点选"默认"，按"下一步"键，显示属性表中的默认字段，按"完成"键，尺寸注记要素类 Dim_1 出现在 Dataset1 内，也被加载到当前的数据框。关闭"目录"窗口。

26.2.2　注记要素的输入

数据框 Data frame1 已激活，如果注记要素类未加载，通过 ，展开\gis_ex10\ex26\GeoDB_Anno\Dataset1，选择 Anno_1，按"添加"键。基本工具条中点击 ，调出编辑器工具条，选择菜单"编辑器>开始编辑"，如果"创建要素"窗口不出现，在编辑工具条右侧点击创建要素按钮 。创建要素窗口内点击"注记类 1"，下方出现"构造工具"选项，还会弹出一个"注记构造"小窗口，其文本框内有"文本"二字，为默认的输入内容，可用键盘将其调整为"城南路"（不带引号），在构造工具窗口中，点击"水平对齐"选项，可以看到鼠标的光标带着"城南路" 3 个字，在地图上适当位置点击一下，就确定了输入的位置。点击第二次，重复输入注记字符"城南路"，用同样方法到其他地方再点击第三次，就输入了 3 个"城南路"，点击任何别的操作性按钮，如编辑器工具条中的编辑注记工具 ，就结束了注记的输入状态，"注记构造"小窗口也消失。很多情况下，地图坐标单位和字符单位相差很大，输入的注记可能很小，看不清，可放大地图的显示，直到能看清输入的内容。

某些情况下，注记过程中会偶然出现地图被缩得太小，屏幕上看不见要素，可用鼠标右键点击某图层名，选择快捷菜单"缩放至图层"。

26.2.3　改变注记的位置、角度

编辑器工具条中选择编辑注记工具 ，再点击要编辑的注记要素，该要素进入选择集，可以拖动，调整到合适的位置。放大地图显示，可以看到注记要素外框中上部有一个红色的小三角，上下拖动该三角，实现注记字符的动态放大、缩小。在要素外框左下角、右下角还有两个小扇型，鼠标光标接近任何一个，出现圆弧状符号，上下拖动，调整注记的角度。

26.2.4　改变注记的内容、符号

点击 ，右击某注记要素，选择快捷菜单中"属性"，打开该注记要素属性窗口（图26-4），也是停靠式，可能与"创建要素"窗口重合，底部有切换键。点击其中的"注记"选项，中部文本框内是该要素的文字内容，点击该文本框右下角的切换按钮，使文字框内容的显示切换到与比例有关或无关的状态。如果处于比例相关状态，字体太大或太小，右下方有一个下拉条，可在 25%~400% 内调节文本框内显示字体大小。一般在无关状态下，用键盘修改注记的文字内容，按"应用"键使编辑生效（如将注记内容改为"城南一路"、"城南二路"）。

图 26-4　注记要素的属性记录对话框

注记要素属性对话框下部有字体、大小、颜色、旋转角度等下拉框，还有一些调整字体颜色、加粗、倾斜、下划线、排列对齐方式等按钮。如果希望注记竖排，可以在文本框内在每个字的右侧按回车键，使每个字换行排列，按"应用"键生效，再调整注记的角度，达到合适的程度（图 26-5）。

26.2.5　注记要素的删除、复制

利用工具 或 ，点击要素，进入选择集，按键盘中 Delete 键，或鼠标右键点击要素后选择快捷菜单中"删除"，均可删除注记要素。还可利用右键的快捷菜单中"复制"、"粘贴"实现编辑（和 26.1 节文档注记的操作类似）。

图 26-5 注记要素内容、位置的调整

26.2.6 参照曲线定位注记

切换到"创建要素"窗口，下半部分"构造工具"窗内，点击"弯曲"，在"注记构造"小对话框内将文字内容改为"连接公路匝道"，在需要输入的位置逐点输入定位曲线，要输入的内容会自动沿曲线排列，双击鼠标结束。如果事先已经按水平方式输入了（在"构造工具"窗口中选择了"水平对齐"），用 选择该注记要素，鼠标右键点击该注记，快捷菜单中的"曲率"有 3 种方式可进一步选择："水平对齐"、"沿直线"、"弯曲"，可以将字符排列方式改变为上述 3 种之一。

如果字符已经处于曲线状排列，但是凹凸方向、曲折程度不合适，用鼠标右键点击需要调整的注记要素，选择快捷菜单中"编辑基线草图"，出现由一条弧线、两条直线组成的参照线，一般为 4 个端点，用鼠标自由调整这 4 个端点，可改变字符排列所依靠的曲线（图 26-6），调整到合适的位置、方向，用鼠标右键可以继续选择："删除折点"、"插入折点"、"完成基线草图"。

26.2.7 沿某条线注记

在大致的位置上先输入注记"新区城北路"，调整字体大小，用 选择该注记，鼠标右键点击某线要素（如道路边线），选快捷菜单中"随沿此要素"，该注记要素自动移动到该线的旁边，如果合适的位置在线的另一侧，马上向另一个方向拖动一下，该注记将靠到另一个对称的位置上（图 26-7）。该方法也合适将注记靠到多边形的边界。随沿方式有关参数可调整，鼠标右键点击被选注记要素，选择"随沿>随沿要素选项"，可继续设置（操作内容略）。

图 26-6　靠自定义曲线调整注记位置

图 26-7　随沿线要素注记

26.2.8　牵引式注记

一般注记要素也可转换成牵引式。用 🔧 选择某注记要素，鼠标右键选择快捷菜单中"属性"，在注记属性对话框中，进入"注记"选项，再点击右下侧"牵引线…"按钮，弹出针对牵引线的"编辑器"对话框，对话框上方有下拉菜单"类型"，可选"标记文本背景"、"简单线注释"、"气球注释"、"线注释"等，对话框的内容会随着类型的选择而变化，供用户调整不同注记形式的细节，还可按"符号"按钮，进一步调整，调整完毕，按"确定"键逐级返回。地图上的注记并不立刻变化，注记属性对话框中按"应用"键才能生效。

26.3 尺 寸 注 记

数据框 Data frame1 处于激活状态，如果尺寸要素 Dim_1 类未加载，通过数据工具 ✚，展开\gis_ex10\ex26\GeoDB_Anno\Dataset1，选择 Dim_1，按"添加"键。编辑器工具条已加载，进入"开始编辑"状态。如果"创建要素"窗口不出现，在编辑工具条内点击创建要素按钮 ▦，可看到创建要素窗口有图层 Dim_1，点击"默认"，创建要素窗口下方大约有 10 个"构造工具"选项，选择"简单对齐"，在地图上需要注尺寸的起始位置（某建筑物的转角）点击鼠标，到终止点位置（附近另一个建筑物转角）点击鼠标，两点间的相对距离（尺寸）自动注记到地图上（"35.26"，图 26-8）。

图 26-8 若干典型尺寸注记

在构造工具窗口中选择"对齐"，参照上述操作，先在一个建筑物的转角点击鼠标光标，输入起始点，到另一个建筑物转角点击第二点，输入终止点，再到横向的位置输入第三点，新的相对距离（尺寸）标注到地图上，可以看到，第三点决定了标注字符的位置（"42.60"，图 26-8）。

在构造工具窗口中选择"对齐"，在靠近道路边线的建筑物某个转角位置点击第一点，沿着旁边的道路边线用鼠标右键点击，弹出的快捷菜单中选择"垂直"，在道路边线上点击第二点，在合适的位置上点击第三点，实现该转角离开道路边线的垂直尺寸注记（"25.06"，图 26-8）。

在构造工具窗口中选择"简单对齐"，在道路边线上输入第一点，沿着该道路另一侧边线点击鼠标右键，选择快捷菜单中"垂直"，在适当的位置输入第二点，得到按边线计算的道路宽度注记（"50.00"，图 26-8），为两条线之间的垂直间距。

尺寸注记是复杂要素，用常规方式选择，按键盘 Delete 键，就可整体删除。

如果要改变尺寸注记的符号，可进入 ArcCatalog（或者在 ArcMap 中调出"目录"窗口），鼠标右键点击尺寸注记要素类 Dim_1，选择"属性"，在"要素类属性"对话框中选择"尺寸"，下方有"尺寸注记样式"框，鼠标右键点击某个样式的名称，选"属性"，进入"尺寸样式属性"对话框，就可进一步调整该样式的内部构成，按"确定"键返回。也可按"新建"按钮，新建自己的某个尺寸样式。新建、调整结束后，按"确定"键关闭、返回。如果新建了一种尺寸样式，在 ArcMap 的内容列表中，鼠标右键点击尺寸注记图层名称，进入"编辑要素>组织要素模版"，再选择新样式，就使新输入的尺寸注记采用了新的符号样式。

要素编辑器工具条中下拉选择"编辑器>停止编辑"，提示是否保存，点击"是"，数据将保留在地理数据库中，若点击"否"，则放弃。关闭编辑器工具条。

26.4　属　性　标　注

26.4.1　一般属性标注

激活数据框 Data frame2，打开"设计建筑"的图层属性对话框，进入"标注"选项，勾选"标注此图层中的要素"，"方法"下拉表中选"以相同方式为所有要素加标注"，在"标注字段"下拉表中，下拉选择 Shape_Area，按"确定"键返回，可以看到每个建物都标注了多边形面积（可当成建筑物基底面积）。一般情况下，可能有两个问题：字太大，小数点位数太多。进入"设计建筑>图层属性>字段"选项，点击字段名 Shape_Area，在"数字格式"右侧点击"数值"，再点按钮"…"，在"类别"框内，选"数值"，"取整"框内，点选"小数位数"，下方数字框调整为"1"，再勾选下方"补零"，按"确定"键返回。再进入"标注"选项，在"文本符号"框右侧，将字体大小调整为"5"。点击左下侧按钮"放置属性"，进入"放置"选项，"面设置"框内点选"始终平直"，下侧"同名标注"框内点选"每个要素部分放置一个标注"，按"确定"键返回，再按"确定"键关闭图层属性对话框。可以看到，建筑基底面积标注的小数点只有 1 位，标注字体变小。适当缩放地图显示，如果标注字体的大小不随比例缩放，鼠标右键选"Data frame2>参考比例>设置参考比例"，使地图符号（包括标注字体）的尺寸随地图一起缩放，如果对标注字体的大小还不满意，可在"图层属性>标注"选项中再调整。

进入"设计高程点>图层属性>标注"选项，勾选"标注此图层中的要素"，"方法"下拉表中选"以相同方式为所有要素加标注"，在"标注字段"下拉表中，选择字段名 Hgt，按"确定"键返回，可以看到为每个设计高程点标注了高程值。

26.4.2　自动移位

一般情况下，多边形的标注大致定位在形心位置，对凹多边形，软件会自动调整。在显示窗口内，某个多边形可能被分成多个部分，可以使标注出现在每个部分上（可比较图 26-9 和图 26-10，左侧建筑基底多边形）。

进入"等高线>图层属性>标注"选项，勾选"标注此图层中的要素"，"方法"下拉表中选"以相同方式为所有要素加标注"，在"标注字段"下拉表中，选择字段名 Hgt，按"应用（A）"键，可以看到每条等高线都标注了高程值，如果对字的大小不满意，可以继续调整"文本符号"。点击对话框左下侧按钮"放置属性…"，再进入"放置"选项，在右上侧"位置"框内，在方向框内点选"弯曲"，取消"上方"的勾选，勾选"在线上"，同名标注框内，点选"每个要素部分放置一个标注"，按"确定"键返回，再按"确定"键，关闭图层属性对话框，可以看到沿着每条等线有若干个高程标注。

图 26-9　随地图缩放，软件自动调整标注位置

图 26-10　左侧同一个凹多边形，有两个标注

26.4.3　多重属性标注

　　进入"规划地块>图层属性>标注"选项，勾选"标注此图层中的要素"，"方法"下拉表中选"以相同方式为所有要素加标注"，在"标注字段"下拉表中选择 Parc_no，适当加大字体。点击左下侧按钮"放置属性"，进入"放置"选项，"面设置"框内点选"始终水平"，取消"仅在面内部放置标注"前的勾选，按"确定"键返回图层属性对话框，按"应用（A）"键。可以看到，每个地块均有标注，内容为地块编号。在"文本字符串"框的右侧，点击按钮"表达式…"，取消中部右侧"高级"前的勾选，下部"解析"下拉表中，选择 VBScript，在上部"字段"表中双击字段名 Shape_Area，可以看到"表达式"文本框内出现两个字段名：[Parc_no] [Shape_Area]，在两个字段中间输入空格：&"　"&，结果如下：

[Parc_no] &″ ″& [Shape_Area]　　　　　引号要用英文字符，不能用中文

按"确定"键返回，再按"应用（A）"键。可以看到，地块编号、多边形面积都标注在多边形内，两项内容之间有空格，较小地块内不出现标注的原因是字体太大，可缩小后再尝试。

再进入"规划地块>图层属性>字段"选项，点击字段名 Shape_Area。点击"数字格式"右侧按钮"…"，"类别"表内选"数值"，点选"小数位数"，下方数字框调整为"1"，勾选"补零"，按"确定"键返回。再进入"标注"选项，点击按钮"表达式…"，输入如下表达式（引号应该是英文字符，不能用中文）：

"地块编号" & [Parc_no] & VbCrLf & "地块面积" & [Shape_Area]

按"确定"键返回，再按"应用（A）"键，可以看到多边形内的标注多了中文注释，而且变成两行，这是在表达式中加入了回车换行字符常量 VbCrLf（按 Visual BASIC 惯例）的原因。如果对字符排列还不满意，在"图层属性>标注"对话框"文本符号"框内点击按钮"符号…"，弹出"符号选择器"，再点击按钮"编辑符号…"，出现"编辑器"对话框，在右下侧"水平对齐"框内点选"左对齐"，按"确定"键层层关闭"编辑器"、"符号选择器"、"图层属性"对话框。可以看到标注字符的排列是向左对齐（字体太大会引起显示不正常）。

缩放地图显示，可以看到，为了给每个地块多边形都标注多个属性，有些内容摆放到了地块之外（如图 26-11 中的 107 号、116 号），如果要求标注必须在地块多边形之内，再次进入"规划地块>图层属性>标注"选项，点击按钮"放置属性"，进入"放置"选项，在"面设置"框内点选"始终水平"，勾选"仅在面内部放置标注"，按"确定"键关闭"放置属性"对话框，再按"确定"键返回。可以看到地块的标注大都在自己的多边形内部，当屏幕只能显示部分地块，会有部分超出，但是比上次少了，某些地块因超出太多，标注不出现了。

图 26-11　107 号和 116 号的标注大部分在该地块之外

26.4.4　标注的相互避让

缩放、平移地图。可以看到，在某些情况下，多个标注可能有相互压盖、占位的问题。如图 26-11 中 113 号地块属性的标注正好压在设计高程点上，高程值就不出现了。如果为了照顾设计高程值，可以进一步调整图层标注的优先级别。针对每个图层，分别进入各自的"图层属性>标注>放置属性>冲突检测"选项，用下拉菜单，调整优先级如下：

图层名	标注权重	要素权重	缓冲区	放置压盖标注
设计高程点	高	高	0	☑
设计建筑	低	低	0	☑
规划地块	中等	中等	0	☑

按上述设置，优先考虑设计高程点，其次是规划地块，设计建筑的标注可能会被摆放在不太合适的位置，或者被压盖（图 26-12），缓冲区相当于避让的间距。调整各图层的优先级关系，增加缓冲区距离，可得到不同的标注效果。

图 26-12　软件自动调整标注位置，实现相互避让

同一要素类不同字段可按不同规则标注，读者可进一步尝试。

练习结束，选用主菜单"文件>退出"，会出现"是否保存对当前地图文档的更改"的提示，为了不影响以后及他人的练习，点击"否"。

26.5　本　章　小　结

文档注记（Map Document Annotation）也称图形注记（Graphic Text），属于图形（Graphic）的一种。使用图形工具条编辑，字符可以和其他图形元素（Element）组合在一起处理。由于存储在地图文档中，文档注记较难被其他文档使用。文档注记输入简便、操作灵活，适合量少、内容简单、针对性较强的注记。

注记要素（Annotation Feature）属于要素类（Feature Class）的一种，使用要素编辑工具条输入、修改空间位置，通过属性框编辑要素属性，存储于地理数据库中，加载为独立图层，可用在不同地图文档、数据框中。注记要素的位置、角度、大小可定义得比较精确，适合精细、量大、内容较稳定、反复利用的注记。

尺寸注记（Dimension Feature）表示一般要素之间的相互距离，也储存在地理数据库中，城市规划、土地管理、市政设施领域经常使用。尺寸注记的符号和制图比例尺的关系比普通注记更敏感。在初始定义时，需考虑合适的比例尺，也可进一步调整，防止显示、制图时符号过大或过小。

属性标注（Label）有 3 个特点：一是内容来自要素的属性，内容和属性值自动保持一致；二是不能在地图窗口中编辑，只能通过对话框调整有关规则；三是能自动定位、相互避让。属性标注适合量大、内容变化快，与要素属性保持同步的注记。如果属性标注和注记要素、尺寸注记发生相互占位，一般情况下前者会自动避让。避让功能还有更多，有兴趣的读者可进一步自学。

ArcGIS 还有一种特殊注记：要素关联注记（Feature-Linked Annotation），将注记要素和点、线、面要素建立关联，本教材未涉及。

完成本章练习，会改变练习数据内容，将\gis_ex10\Back\ex26\路径下的原始文件覆盖至\gis_ex10\ex26\，数据内容就恢复到练习之前的状态。

思 考 题

本章练习为图层加标注时，选用"以相同方式为所有要素加标注"，如果选用"定义要素类并且为每个类加不同的标注"，可获得更丰富的标注效果，可尝试。

第27章 制图综合

- 多边形简化
- 提取中心线
- 多边形聚合
- 建筑物简化
- 线的平滑
- 本章小结

27.1 多边形简化

启用\gis_ex10\ex27\ex27.mxd，激活数据框 Data frame1，有一个图层 "乡镇辖区"（图27-1）。该图层的多边形边界输入较细致，对于某些应用，简略更合适。本练习将依靠软件进行简化处理。鼠标右键点击 Data frame1，选择"属性"，进入"常规"选项，确认"地图"和"显示"的单位均为"米"，按"确定"键返回。在主菜单中选用"地理处理>环境…"，进一步设置：

工作空间>当前工作空间：\gis_ex10\ex27\temp	借助文件夹按钮选择
工作空间>临时工作空间：\gis_ex10\ex27\temp	借助文件夹按钮选择
输出坐标系：与输入相同	下拉选择
处理范围：默认	下拉选择

图 27-1 Data frame1 的显示

按"确定"键返回。展开并选用"ArcToolbox>制图工具>制图综合>简化面",继续设置：

输入要素：乡镇辖区　　　　　　　　　　　下拉选择

输出要素类：\gis_ex10\ex27\temp\Town01.shp　　鼠标定位路径，键盘输入数据名，按"保存"键
　　　　　　　　　　　　　　　　　　　　确认，扩展名 shp 为默认

简化算法：POINT_REMOVE　　　　　　　　下拉选择

最大允许偏移量：150 米　　　　　　　　　键盘输入允许偏移量，计量单位默认

最小面积（可选）：0　平方米　　　　　　 默认

处理拓扑错误（可选）：NO_CHCK　　　　　下拉选择，不检查拓扑错误

□　保留提取点（可选）　　　　　　　　　取消勾选

按"确定"键，软件进行简化处理，生成 Shapefile Town01，自动加载，该要素类均保留了简化前每个多边形的所有属性。读者可自行调整图层的显示符号（如将多边形填充调整为空心，适当加粗边界），局部放大地图显示，可以看出，多边形边界得到简化，但是两个相邻多边形的边界不完全重合，有空隙或交叉（图 27-2 中左图），有些线的走向比较尖锐、生硬（图 27-2 左中、右上）。

图 27-2　相邻边界不重合（左，深色）和简化后边界线走向（右，深色）

再选用"ArcToolbox>制图工具>制图综合>简化面"，继续输入：

输入要素：乡镇辖区　　　　　　　　　　　下拉选择

输出要素类：\gis_ex10\ex27\temp\Town02.shp　　数据项的路径、名称，扩展名默认

简化算法：POINT_REMOVE　　　　　　　　下拉选择，计算方法不变

最大允许偏移量：150 米　　　　　　　　　键盘输入允许偏移量，计量单位默认

最小面积（可选）：0　平方米　　　　　　 默认

处理拓扑错误（可选）：RESOLVE_ERRORS　 下拉选择，解决拓扑差错

按"确定"键，再次进行简化处理。由于要解决拓扑差错，计算时间较长。生成 Shapefile Town02，自动加载。设置有关图层的显示符号，可看出，简化后，相邻多边形边界依然重合（图 27-3）。

打开 Town02 的图层属性表，该表的字段 TID、S_IND、T_IND、Town_Area、Town_Perim均来自"乡镇辖区"的图层属性表，为该表添加两个字段。一个字段名称为 Area，类型为双精度，精度为 11，小数位数为 1。另一个字段名称为 Perimeter，类型为双精度，精度为10，小数位数为 1。运用"计算几何"功能，为简化后的多边形计算面积、周长，再利用属性表的"统计"功能，对简化前、简化后多边形的面积、周长总和进行比较：

图 27-3 简化后多边形相邻公共边界依然重合

简化前面积总和	简化后面积总和	简化前周长总和	简化后周长总和
Town_Area	Area	Town_Perim	Perimeter
801706863.7	801517497.3	722443.1	618494.9

可以看出，总面积变化很小，总周长下降了大约 14%。关闭属性表，再选用"ArcToolbox>制图工具>制图综合>简化面"，继续输入：

输入要素：乡镇辖区	下拉选择
输出要素类：\gis_ex10\ex27\temp\Town03.shp	数据项路径、名称，扩展名默认
简化算法：BEND_SIMPLIFY	下拉选择，计算方法改变
参考基线：280 米	键盘输入允许偏移量，计量单位默认
最小面积（可选）：0 平方米	默认
处理拓扑错误（可选）：RESOLVE_ERRORS	下拉选择，解决拓扑差错

按"确定"键，再次进行简化处理。生成 Shapefile Town03，自动加载。设置有关图层的显示符号，可看出，简化后的多边形边界走向和前一种计算方法不同（图 27-4）。再为图层 Town03 的属性表添加 Area 和 Perimeter 两个字段。运用"计算几何"功能，为简化后的多边形计算面积、周长，再利用"统计"功能，对简化前、简化后的多边形的面积、周长总和进行比较：

简化前面积总和	简化后面积总和	简化前周长总和	简化后周长总和
Town_Area	Area	Town_Perim	Perimeter
801706863.7	802033649.3	722443.1	613487.8

图 27-4　两种简化算法的结果差异（浅色为前一种，深色为后一种）

　　本次计算除了参数不同，计算方法更不同，POINT_REVE 按偏移量尽可能缩减折线的点数，BEND_SIMPLIFY 主要将过分弯曲的部分去除。从制图效果上看，POINT_REMOVE 产生的线形某些部位比较平直，另一些部位比较尖锐；BEND_SIMPLIFY 产生的线形走向相对蜿蜒、平缓（图 27-4）。关闭属性表。

27.2　提取中心线

　　激活数据框 Data frame2，有一个图层 "河道边线"（图 27-5），是某城镇的内部河道，已经过人工修整。本练习要求提取河道中心线，既为了地图缩编，也为水文计算服务。鼠标右键点击 Data frame2，选择"属性"，进入"常规"选项，确认"地图"和"显示"的单位均为"米"，按"确定"键返回。展开并选用"ArcToolbox>制图工具>制图综合>提取中心线"，继续设置：

输入要素: 河道边线	下拉选择
输出要素类: \gis_ex10\ex27\temp\Cnln.shp	数据项路径、名称，扩展名默认
最大宽度: 60 米	键盘输入宽度值，计量单位默认
最小宽度（可选）: 5 米	键盘输入宽度值，计量单位默认

图 27-5　Data frame2 的显示

按"确定"键，生成河道中心线 Shapefile Cnln，自动加载（图 27-6）。打开该图层属性表，每个线要素的属性字段中均记录了左、右两侧河道边线要素的内部标识号，可用于进一步的分析。最大宽度、最小宽度的设定会影响计算结果的合理性：

最大宽度值偏小，较宽河道出现两条中心线，与边线重合（图 27-7 左）。

最大宽度值偏大，如果河道很密，可能在陆域产生多余的中心线。

最小宽度值偏大，较窄河道可能出现两条中心线，与边线重合。

最小宽度值偏小，可能会出现异常线（图 27-7 右）。

图 27-6　按河道边线提取中心线

图 27-7　部分结果和边线重合（左）和局部出现异常（右）

27.3　多边形聚合

激活数据框 Data frame3，有一个多边形图层"建设用地"（图 27-8）。为某大城市郊区小城镇的建设用地调查，道路未纳入。按应用要求，合并较小的地块，得到建设用地概貌。进入 Data frame3 数据框属性，确认"地图"和"显示"的单位均为"米"。选用"ArcToolbox>制图工具>制图综合>聚合面"，继续设置：

输入要素：建设用地　　　　　　　　　　　　下拉选择

输出要素类：\gis_ex10\ex27\temp\Land01.shp　数据项路径、名称，扩展名默认

聚合距离：0.5 米　　　　　　　　　　　　　键盘输入距离值，计量单位默认

最小面积（可选）：10 平方米　　　　　　　　键盘输入面积值，计量单位默认

最小孔洞大小（可选）：20　平方米　　　　　键盘输入面积值，计量单位默认

□ 保留正交形状（可选）　　　　　　　　　　取消勾选

障碍要素（可选）　　　　　　　　　　　　　不设定

输出表（可选）：\gis_ex10\ex27\temp\Land01_Tb1 默认

图 27-8　某小城镇建设用地地块

按"确定"键，生成 Shapefile Land01，自动加载（图 27-9），还会出现一个多边形合并对照表 Land_Tb1.dbf，记录了聚合前、聚合后多边形内部标识号的对应关系。本次处理主要合并了相邻多边形、相距较近的多边形，不能一次处理符合要求，继续选用"ArcToolbox>制图工具>制图综合>聚合面"，进一步设置：

输入要素：Land01　　　　　　　　　　　　下拉选择，在前次处理的基础上继续

输出要素类：\gis_ex10\ex27\temp\Land02.shp 数据项路径、名称，扩展名默认

聚合距离：20 米　　　　　　　　　　　　　键盘输入距离值，计量单位默认

最小面积（可选）：20 平方米　　　　　　　键盘输入面积值，计量单位默认

最小空洞大小（可选）：100 平方米　　　　　键盘输入面积值，计量单位默认

□ 保留正交形状（可选）　　　　　　　　　　取消勾选

障碍要素（可选）　　　　　　　　　　　　　不设定

输出表（可选）：\gis_ex10\ex27\temp\Land02_Tb1　默认

图 27-9 相邻多边形被合并

按"确定"键，生成 Shapefile Land02，自动加载。在前次处理的基础上，相距 20m 以内的多边形被合并，小于 20m² 的小地块被删除，多边形内部出现小于 100m² 的孔洞被忽略，得到了城镇建设用地的基本概貌（图 27-10 左）。还可以再概括，选用"ArcToolbox>制图工具>制图综合>聚合面"，继续设置：

图 27-10 地块多边形进一步聚合后的结果

输入要素：Land02   下拉选择，在前次处理的基础上继续

输出要素类：\gis_ex10\ex27\temp\Land03.shp   数据项路径、名称，扩展名默认

聚合距离：30 米   键盘输入距离值，计量单位默认

最小面积（可选）：30 平方米   键盘输入面积值，计量单位默认

最小空洞大小（可选）：300 平方米   键盘输入面积值，计量单位默认

□ 保留正交形状（可选）	取消勾选
障碍要素（可选）	不设定
输出表（可选）：\gis_ex10\ex27\temp\Land03_Tbl	默认

按"确定"键，生成 Shapefile Land03，自动加载，本次处理最明显的变化是南北向主要道路被合并（图 27-10 右）。

多边形聚合的主要作用是合并，也包括外轮廓线的适当简化，如果满足聚合条件的要素较多，只处理一次，不会自动对合并后的多边形再进行第二次合并。因此，即使参数不变，也会有再次处理的必要。选取参数不同，聚合结果肯定会有差异。

27.4　建筑物简化

激活数据框 Data frame4，有一个多边形图层"建筑基底"（图 27-11），要求将建筑基底变得简略。鼠标右键点击 Data frame4，选择"属性"，进入"常规"选项，确认"地图"和"显示"的单位均为"米"，按"确定"键返回。展开并选用"ArcToolbox>制图工具>制图综合>聚合面"，继续输入：

输入要素：建筑基底	下拉选择
输出要素类：\gis_ex10\ex27\temp\Bldg01.shp	数据项路径、名称，扩展名默认
聚合距离：0.5 米	键盘输入距离值，计量单位默认
最小面积（可选）：5 平方米	键盘输入面积值，计量单位默认
最小空洞大小（可选）：5 平方米	键盘输入面积值，计量单位默认
☑ 保留正交形状（可选）	勾选
障碍要素（可选）	不设定
输出表（可选）：\gis_ex10\ex27\temp\Bldg01_Tbl	默认

图 27-11　Data frame4 的显示

按"确定"键，生成 Shapefile Bldg01，自动加载（图 27-12）。本次处理是将相邻多边形合并，尚未达到预定效果。选用"ArcToolbox>制图工具>制图综合>简化建筑物"（和前次不同），继续设置：

输入要素：Bldg01   下拉选择

输出要素类：\gis_ex10\ex27\temp\Bldg02.shp   数据项路径、名称，扩展名默认

简化容差：1 米   键盘输入距离值，计量单位默认

最小面积（可选）：20 平方米   键盘输入面积值，计量单位默认

☑ 检查空间冲突   勾选

图 27-12 用多边形聚合方法处理的结果

按"确定"键，生成 Shapefile Bldg02，自动加载（图 27-13 左）。本次处理删除了一些小于 $20m^2$ 的多边形，建筑物的外轮廓也被适当简化。还可进一步简化，再选用"ArcToolbox>制图工具>制图综合>简化建筑物"，继续设置：

输入要素：Bldg02   下拉选择

输出要素类：\gis_ex10\ex27\temp\Bldg03.shp   数据项路径、名称，扩展名默认

简化容差：3 米   键盘输入距离值，计量单位默认

最小面积（可选）：20 平方米   键盘输入面积值，计量单位默认

☑ 检查空间冲突   勾选

按"确定"键，生成 Shapefile Bldg03，自动加载（图 27-13 右）。本次处理进一步简化了建筑物基底多边形，小凹口进一步消失，边界线更平直一些。如果再简化一次，简化容差值设定为 5 米，处理结果和原始图的区别会更明显（比较图 27-14 左和右）。

图 27-13　建筑基底多边形进一步简化的效果

图 27-14　原始图和最终图的比较

"聚合面"和"简化建筑物"功能稍有差异，前者对多边形轮廓的平直处理相对弱一些，后者一般不合并多边形。

27.5　线 的 平 滑

激活 Data frame5，有一个 TIN 图层"地表模型"（图 27-15），需要产生等高线。进入 Data frame5 的数据框属性，确认"地图"和"显示"的单位均为"米"。在主菜单中选用"自定义>扩展模块"，勾选 3D Analyst，按"关闭"键返回。选用"ArcToolbox>3D Analyst 工具>表面三角化>表面等值线"，进一步设置：

输入表面：地表模型	下拉选择
输出要素类：\gis_ex10\ex27\temp\Cnt01.shp	数据项路径、名称，扩展名默认
等值线间距：1	键盘输入
起始等值线（可选）：0	默认
等值线字段（可选）：Contour	默认
等值线字段精度（可选）：0	默认
计曲线间距（可选）：	保持空白
计曲线间距字段（可选）：	保持空白
Z 因子（可选）：1	默认

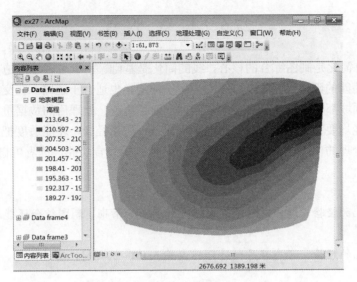

图 27-15 Data frame5 中的地表模型

按"确定"键继续，软件产生等高线数据 Cnt01.shp，自动加载（图 27-16 左）。暂时关闭图层"地表模型"的显示，可以看出，直接从 TIN 产生的等高线走向有些生硬，可进行平滑处理。选用"ArcToolbox>制图工具>制图综合>平滑线"，继续设置：

输入要素：Cnt01　　　　　　　　　　　　下拉选择，需要平滑的等高线
输出要素类：\gis_ex10\ex27\temp\Cnt02.shp　　数据项路径、名称，扩展名默认
平滑算法：BEZIER_INTERPOLATION　　　　　下拉选择，贝塞尔曲线插入算法
处理拓扑错误（可选）：NO_CHECK　　　　　下拉选择，不进行拓扑纠错处理

图 27-16 等高线进行平滑处理的前后差异

按"确定"键执行，Cnt01 经处理后变为相对平滑的 Cnt02，自动加载（图 27-16 右）。计算结果中有贝塞尔函数曲线，但是 Shapefile 不能保存函数，实际存储的是较短折线的拟合结果。

练习结束，选用菜单"文件>退出"，会出现"是否保存对当前地图文档的更改"的提示，为了不影响以后及他人的练习，点击"否"。

27.6　本章小结

　　图形概括、简化是制图综合的核心，线的简化是基础。本章对多边形边界的简化处理属于线要素简化功能的延伸。提取中心线除了用于河道，也适合于道路。在交通分析、道路规划、地图缩编领域都很常用。线的平滑是例外，为了美观，处理后的数据量会明显变大。实现各项处理功能均要和若干参数打交道，掌握原理，积累经验，才能适度把握，使计算机制图发挥出综合合理的作用。ArcToolbox 中还有其他制图综合功能，读者可自行尝试。

思 考 题

　　1. 根据自己的经验，说一说除了缩编地图的美观、清晰，制图综合还能在其他什么场合发挥作用。

　　2. 根据自己的经验，考虑在原始地理信息输入计算机之前，有无概括，如何概括。

第九篇 综合应用

第 28 章 模型构建器

- 模型构建器的初步知识
- 中学选址评价方法、过程
- 初始设置
- 离开现有中学的距离、人口密度、土地使用栅格的生成
- 重分类获得单项评价指标
- 确定明显不合适的位置
- 综合评价
- 本章小结

28.1 模型构建器的初步知识

模型构建器（Model Builder）是创建、编辑和管理模型的专用模块，是 ArcGIS 的二次开发途径之一。模型将一系列地理处理工具串联起来，使前一个工具的输出成为后一个工具的输入，成为批处理工作流，提高工作效率。

模型构建器的界面有自己的菜单、工具条，中部空白区域称为画布（Canvas）。模型有 3 个主要元素（Element）：变量（Variable）、工具（Tool）、连接符（Connector），有不同的显示符号。变量符号为椭圆形的框，分为数据变量和值变量两种，数据变量包括 ArcGIS 能处理的各种数据源，值变量是指数值、字符串等。工具指 ArcGIS 的地理处理工具，符号为方形框。连接符起到变量和工具的连接作用，其符号为带箭头的线，箭头的方向就是数据处理的次序（图 28-1）。一个工具可能同时有多个输入、输出变量，相互之间都用连接符表示。若干工具、变量相互连接起来，形成模型图（Model Diagram）。

图 28-1　模型构建器和模型中的变量、工具、连接符

28.2　中学选址评价方法、过程

本章将创建并运行一个模型，为新建中学的选址提供依据，离开现有中学的距离、人口分布密度、土地使用类型为评价因素，将 3 个因素综合起来，实现选址评价，原理、方法和第 12 章一致。先回顾一下，可利用的数据有如下 3 种。

（1）现有中学。点状空间数据，新建中学不应离现有中学太近，为此建立离开现有中学的距离栅格。

（2）人口调查。点状空间数据，新建中学应在人口比较密集的地方，为此利用点状人口调查数据产生密度栅格。

（3）规划土地使用。矢量多边形转换成栅格，保留土地使用性质。

按既定规则，对上述 3 项栅格数据重分类，转变为单项评价栅格。

在单项评价的基础上，将明显不符合选址要求的位置选出：离现有中学太近、人口密度太低、土地使用为工业、绿地，3 个条件中只要符合其中一个，栅格单元取值就为 0，其他单元取值为 1，得到明显不符合选址要求栅格。

单项评价指标相加，得到初步的评价栅格，与明显不符合选址要求栅格相乘，得到综合评价结果。

28.3　初　始　设　置

启动 ArcCatalog，展开路径\gis_ex10\ex28\，地理数据库 Sch_MB 内含数据集 d1，有 4 个要素类，分别点击它们，在右侧窗口中点击"预览"选项。可以初步知道，parcel 为多边形要素类，相当于第 12 章的"土地使用"；popu_smp 为点要素类，相当于第 12 章的"人口调查"；road 为线要素类，相当于第 12 章的"道路"；scho 为点要素类，相当于第 12 章的"现有中学"。加载扩展模块 Spatial Analyst 的许可证，主菜单中选择"地理处理>环境…"，进行初始设置：

工作空间>当前工作空间：\gis_ex10\ex28\Sch_MB.gdb	下拉选择，添加
工作空间>临时工作空间：\gis_ex10\ex28\Sch_MB.gdb	下拉选择，添加
输出坐标系：与输入相同	下拉选择
处理范围：与数据集 road 相同	点击文件夹按钮，选择并打开
栅格分析>像元大小>如下面的指定：50	下拉选择，键盘输入

按"确定"键，完成初始设置。

28.4　离开现有中学的距离、人口密度、土地使用栅格的生成

28.4.1　建立离开现有中学的距离模型

在标准工具条中点击模型构建器按钮 ![按钮] （或选用主菜单"地图处理>模型构建器"），调出模型构建器窗口。在 ArcCatalog 左侧　"目录树"窗口中，将要素类 scho 拖放到模型构建

器窗口中（画布上），显示为蓝色的椭圆，再利用鼠标右键，配合快捷菜单"重命名..."，输入新的元素名称："现有中学"（不含引号），按"确定"键返回。启用 ArcToolbox，展开"Spatial Analyst 工具>距离分析"，将工具"欧氏距离"拖放到模型构建器的画布中的"现有中学"的右侧。该工具显示为 3 个元素。方形框是工具本身，两个椭圆是该工具的输出变量，3 个元素之间有连接符（带箭头的直线）。该工具的输入数据尚未设置，3 个元素均显示为无色透明（图 28-2）。

图 28-2　数据、工具拖放入到画布中

模型构建器窗口上方点击工具条的连接符工具 ，在变量"现有中学"椭圆内点击起点，再到"欧氏距离"方框内点击终点，在弹出的快捷菜单中选择"输入栅格数据或要素源数据"。本项操作是将点要素类"现有中学"作为工具"欧氏距离"的输入数据。双击工具"欧氏距离"，进一步设置：

输入栅格数据或要素源数据：现有中学	下拉选择
输出距离栅格数据：\gis_ex10\ex28\Sch_MB.gdb\school	路径和数据名
最大距离（可选）	保持空白
输出像元大小（可选）：50	和初始设置一致
输出方向栅格数据（可选）	保持空白

按"确定"键，完成工具"欧氏距离"的设置，变量"输出距离栅格数据"名称自动变为"school"。此时，工具"欧氏距离"方形框自动填充为黄色，变量"输出距离栅格数据"自动填充为绿色。本练习不考虑方向距离，"输出方向栅格数据"依然是透明色。

28.4.2　生成人口分布密度栅格

在左侧"目录树"窗口中，将要素类 pop_smp 拖放到画布上，"现有中学"下方，显示为蓝色的椭圆，再利用鼠标右键，配合快捷菜单"重命名"，将该项数据更名为"人口调查"（不含引号）。展开"ArcToolbox>Spatial Analyst 工具>密度分析"，将"核密度分析"工具拖放到画布中的"人口调查"右侧。该工具显示为两个元素：方形框是工具本身，椭圆框是输出变量。

借助连接符工具 ，在变量"人口调查"和工具"核密度分析"之间加入一条连接符，在弹出的快捷菜单中选择"输入点或折线要素"，本项操作是将点要素图层"人口调查"作为"核密度分析"工具的输入数据。此时，工具"核密度分析"方形框自动填充为黄色，变量"输出栅格"自动填充为绿色。双击工具"核密度分析"方形框，进一步设置：

输入点或折线要素：人口调查　　　　　　　　　　默认，不修改
Population 字段：POPU　　　　　　　　　　　　默认或下拉选择
输出栅格：\gis_ex10\ex28\Sch_MB.gdb\popu_den　　路径和数据名
输出像元大小（可选）：50　　　　　　　　　　　和初始设置一致
搜索半径（可选）：800　　　　　　　　　　　　计算密度的搜寻半径
面积单位（可选）：SQUARE_MAP_UNITS　　　　　下拉选择，面积按地图单位

按"确定"键，完成"核密度分析"工具的设置，"输出栅格"自动更名为"popu_den"。如果觉得要素摆放的位置不合适，可借助选择元素选择工具 ▶，移动元素，调整位置（图28-3）。

图 28-3　完成工具"核密度分析"的设置

28.4.3　土地使用多边形转换为栅格

在左侧"目录树"窗口中，将要素类 parcel 拖放到画布中的"人口调查"的下方，显示为蓝色的椭圆，再利用鼠标右键，配合快捷菜单"重命名"，将该项数据更名为"土地使用"（不含引号）。展开"ArcToolbox>转换工具>转为栅格"，将工具"面转栅格"拖放入画布中的"土地使用"的右侧。该工具也显示为两个元素。方形框是工具本身，椭圆是该工具的输出变量。

利用连接符工具 ，在变量"土地使用"和工具"面转栅格"之间输入一条连接符，在弹出的快捷菜单中选择"输入要素"，多边形要素类"土地使用"成为工具"面转栅格"的输入变量。工具"面转栅格"方形框自动填充为黄色，变量"输出栅格数据集"自动填充为绿色。双击工具"面转栅格"方形框，进一步设置：

输入要素：土地使用	默认，不修改
值字段：LANDUSE	下拉选择
输出栅格：\gis_ex10\ex28\Sch_MB.gdb\ld_use	路径和数据名
像元分配类型（可选）：CELL_CENTER	下拉选择
优先级字段（可选）：NONE	下拉选择
像元大小（可选）：50	默认，不修改

按"确定"键，完成工具"面转栅格"的设置，"输出栅格"自动更名为"ld_use"。

28.5　重分类获得单项评价指标

28.5.1　离开现有中学距离重分类

展开"ArcToolbox>Spatial Analyst 工具>重分类"，将"重分类"工具拖放到画布中的"school"的右侧。该工具显示为两个元素，方形框是工具本身，椭圆框是输出变量，均显示为无色透明，输入、输出设置尚未完成。右键点击工具"重分类"，快捷菜单中选择"重命名"，将该工具命名为"重分类_中学"，按"确定"键返回。点击连接符工具 ，在工具"欧氏距离"的输出变量、椭圆"school"和工具"重分类_中学"方框之间输入一条连接符，在弹出的快捷菜单中选择"输入栅格"，栅格数据集"school"成为工具"重分类_中学"的输入变量，工具方框自动填充为黄色，变量"输出栅格"自动填充为绿色。

在模型构建器中使用重分类工具，输入数据来自尚未运行的前一个工具，则重分类工具需要的参数可能是空的，无法正确定义重分类对照表。遇到这一情况，可先运行前置工具，右键点击前置工具"欧氏距离"，选用快捷菜单中的"运行"，运行结束，关闭运行提示窗口。画布上工具"欧氏距离"和输出变量"school"均产生阴影，其数据存储在 Sch_MB 中。双击工具"重分类_中学"方框，进一步设置：

| 输入栅格：school | 默认，不修改 |
| 重分类字段：Value | 默认，不修改 |

点击右上侧按钮"分类…"，在随后的对话框中，"方法"可选"相等间隔"，"类别"输入 4，按"确定"键返回，按既定要求，修改分类间距：

旧值	新值
0　-　500	0
500　-　1000	1
1000　-　1500	2
1500　-　2200	3
NoData	NoData

输出栅格：\gis_ex10\ex28\Sch_MB.gdb\r_school　　　路径和数据名

按"确定"键，完成离开现有中学距离的重分类设置。借助右键，将"输出栅格"重命名为"r_school"。选择元素选择工具　，光标移至"重分类_中学"的方框内，可以查看该工具的各项设置是否正确。

28.5.2　人口密度重分类

将"ArcToolbox>Spatial Analyst 工具>重分类>重分类"工具拖放到画布中的"pop_den"的右侧。右键点击工具"重分类"，在弹出的菜单上选择"重命名…"，将该工具更名为"重分类_人口"。点击连接符工具　，在上一个"核密度分析"工具的输出变量"popu_den"椭圆框和本工具"重分类_人口"方框之间加一条连接符，在弹出的对话框中选择"输入栅格"，将栅格数据"popu_den"作为工具"重分类_人口"的输入数据，该工具方形框自动填充为黄色，变量"输出栅格"也自动填充为绿色。

右键点击工具"核密度分析"，选用快捷菜单中的"运行"。运行结束，画布上工具"核密度分析"和输出变量"pop_den"产生阴影，其数据存储在 Sch_MB 中。双击"重分类_人口"工具，进一步设置：

输入栅格：popu_den　　　　　　默认，不修改
重分类字段：Value　　　　　　默认，不修改

点击按钮"分类…"，在随后的对话框中，"方法"可选"相等间隔"，"类别"输入 4，按"确定"键返回，按分析之前确定的要求，修改分类间距：

旧值	新值
0 － 0.005	0
0.005 － 0.01	1
0.01 － 0.02	2
0.02 － 0.03	3
NoData	NoData

输出栅格：\gis_ex10\ex28\Sch_MB.gdb\r_popu　　　　　路径和数据名

按"确定"键，完成设置，借助鼠标右键，可将"输出栅格"重命名为"r_popu"，点击选择工具　，光标移至"重分类_人口"方形框内，查看各项设置是否正确。

28.5.3　土地使用重分类

将"ArcToolbox>Spatial Analyst 工具>重分类>重分类"工具拖放到画布中的"ld_use"的右侧，将该工具重命名为"重分类_土地"。在上一个"面转栅格"工具输出变量 ld_use 椭圆框和工具"重分类_土地"方形框之间添加一条连接符，在弹出的对话框中选择"输入栅格"，栅格数据"ld_use"成为工具"重分类_土地"的输入变量，该方形框自动填充为黄色，变量"输出栅格"也自动填充为绿色。

右键点击工具"面转栅格"，选用快捷菜单中的"运行"，运行结束。画布上工具"面转栅格"和输出变量"ld_use"均产生阴影，其数据存储在 Sch_MB 中。双击"重分类_土地"工具，进一步设置：

输入栅格：ld_use　　　　　　　　　　默认，不修改

重分类字段：LANDUSE　　　　　　　　下拉选择

直接修改分类值：

旧值	新值
M	0
C	1
R2	2
R1	2
G	0
NoData	0　　（注意：没有土地使用分类的栅格取值为 0）

输出栅格：\gis_ex10\ex28\Sch_MB.gdb\r_use　　　　　　路径和数据名

　　按"确定"键，完成土地使用的重分类设置，借助右键，将"输出栅格"重命名为"r_use"。借助元素选择工具 ，查看该工具的设置是否正确（图 28-4）。

　　离开现有中学的距离、人口密度、土地使用均完成了单项评价指标的建模。

图 28-4　土地使用重分类完成设置

28.6　确定明显不合适的位置

28.6.1　乘法叠合计算

　　将"ArcToolbox>Spatial Analyst 工具>地图代数>栅格计算器"工具拖放进入画布中的"r_popu"的右侧。借助鼠标右键，将该工具更名为"乘法叠合 1"。双击工具"乘法叠合 1"方形框，进一步设置"栅格计算器"，输入公式如下：

"%r_school%" * "%r_popu%" * "%r_use%"

输出栅格：\gis_ex10\ex28\Sch_MB.gdb\calc01　　　　　路径和数据名

按"确定"键，再将工具"乘法叠合1"的输出变量更名为"calc01"。选用模型构建器的菜单"视图>自动布局"，模型图自动调整布局（图28-5）。

图 28-5　完成乘法叠合设置

28.6.2　运行、保存模型

在"目录树"窗口，展开文件地理数据库\gis_ex10\ex28\Sch_MB.gdb，用鼠标右键删除"school"、"popu_den"、"ld_use"三项栅格数据。模型构建器上方菜单中选用"视图>自动布局"，模型中的各元素会自动排列整齐。在模型构建器上方的菜单中，选用"模型>验证整个模型"，若验证正确，ArcGIS将已运行过的模型变为准备运行状态。"school"、"popu_den"、"ld_use"三个数据椭圆框以及对应的工具方框的阴影消失，此时，模型可以再次运行。选用菜单"模型>运行"，系统开始再次运行该模型，生成现有中学、人口密度、土地使用的分析结果、重分类结果和乘法叠合计算结果，输出数据均保存到文件地理数据库\gis_ex10\ex28\Sch_MB.gdb 中。

点击"模型构建器"工具条上的保存工具 ![保存]，弹出"保存"对话框，选择路径\gis_ex10\ex28\temp，点击对话框右上角的新建工具箱按钮 ![工具箱]，系统默认为"工具箱.tbx"，建议改名为"ex_box.tbx"，双击展开工具箱 ex_box.tbx，下方名称栏中输入 ex28_01，保存类型默认为"基础工具"，按右侧"保存"键，新建立的模型命名为 ex28_01，保存在 ex_box 工具箱中，关闭"保存"对话框，可以看到模型构建器窗口左上角显示出当前模型的名称为ex28_01。

28.6.3　重分类确定要排除的位置

再次将"ArcToolbox>Spatial Analyst 工具>重分类>重分类"工具拖放到画布中，"calc01"

的右侧，将该工具更名为"重分类_排除"。在变量"calc01"椭圆形框和工具"重分类_排除"方形框之间绘制一条连接符，在弹出的快捷菜单中选择"输入栅格"，将"calc01"作为工具"重分类_排除"的输入数据。双击工具"重分类_排除"方形框，进一步设置：

　　输入栅格：calc01　　　　　　　默认，不修改

　　重分类字段：Value　　　　　　默认，不修改

　　点击按钮"分类…"，在随后的对话框中，"方法"可选择"相等间隔"，"类别"选择 2，按"确定"键返回。按分析之前确定的要求，要排除的位置，栅格单元值已经是 0，不排除的应该是 1，修改分类的间距（如果行数不够，可按"添加条目"键）：

旧值	新值
0	0
1 – 12	1
NoData	NoData

　　输出栅格：\gis_ex10\ex28\Sch_MB.gdb\r_calc　　　路径和数据名

按"确定"键，完成排除位置的重分类设置，借助鼠标右键，将"输出栅格"更名为"r_calc"。

28.7　综合评价

28.7.1　加法叠合得到初步的综合评价栅格

将工具"ArcToolbox>Spatial Analyst 工具>地图代数>栅格计算器"拖放到画布中，"乘法叠合 1"的下侧，重命名为"加法叠合"。双击工具"加法叠合"方形框，进一步设置：

"%r_school%" + "%r_popu%" + "%r_use%"

　　输出栅格：\gis_ex10\ex28\Sch_MB.gdb\calc02　　　路径和数据名

按"确定"键，完成工具"加法叠合"设置，将输出栅格更名为"calc02"。

28.7.2　乘法叠合排除明显不合适的位置

再次将"ArcToolbox>Spatial Analyst 工具>地图代数>栅格计算器"工具拖入，位于"r_calc"下方，重命名为"乘法叠合 2"。双击工具"乘法叠合 2"方形框，进一步设置：

"%calc02%" * "%r_calc%"

　　输出栅格：\gis_ex10\ex28\Sch_MB.gdb\calculation　　　路径和数据名

按"确定"键，完成工具"乘法叠合 2"的设置，输出变量重命名为"calculation"。若需要，选择用菜单"视图>自动布局"，自动调整各元素的相对位置（图 28-6）。

图 28-6　综合评价的加法叠合、乘法叠合设置完成

28.7.3　分类计算面积

展开"ArcToolbox>数据管理工具>字段",将工具"添加字段"拖放到画布中,"calculation"的下侧,该工具默认名称为"添加字段",显示为两个元素。双击工具"添加字段"方形框,进一步设置:

输入表: calculation　　　　　下拉选择上一个工具的输出变量
字段名: Sum_Area　　　　　　字段名
字段类型: LONG　　　　　　　长整型
字段精度: 8　　　　　　　　　键盘输入

其余设置不改,均采用默认选项,按"确定"键完成。工具方形框自动填充为黄色,与上一工具"综合计算"的输出变量"calculation"之间自动产生一条连接符。输出变量自动填充为绿色,自动更名为"calculation(2)"。

继续展开"ArcToolbox>数据管理工具>字段",将工具"计算字段"拖放到画布中的"calculation(2)"的右侧,该工具默认名称"计算字段",显示为两个元素。双击工具"计算字段"方形框,进一步设置:

输入表: calculation(2)　　　　下拉选择上一个工具的输出变量
字段名: Sum_Area　　　　　　键盘输入或下拉选择
表达式: [Count]*50*50　　　　键盘输入或借助按钮▦
表达式类型: VB　　　　　　　下拉选择

　　其余设置不改，按"确定"键，完成工具"计算字段"的设置，与上一工具"添加字段"的输出变量"calculation(2)"之间自动产生一条连接符。该工具方形框自动填充为黄色，输出变量自动填充为绿色，自动更名为"calculation(3)"。

　　至此，中学选址评价的模型设置完毕。可自动调整画布中各元素的排列，也可借助元素选择工具 ，人为调整显示布局（图 28-7）。运行整个模型之前，删除部分运行产生的过程数据，在"目录树"窗口中，展开文件地理数据库\gis_ex10\ex28\Sch_MB.gdb，删除数据项"school"、"popu_den"、"ld_use"、"r_school"、"r_popu"、"r_ld_use"、"calc01"。选用菜单"模型>验证整个模型"，再次验证后选用菜单"模型>运行"，运行整个模型，生成中学选址的评价结果"calculation"，计算中的过程数据、结果数据均保存到地理数据库\gis_ex10\ex28\Sch_MB.gdb 中。

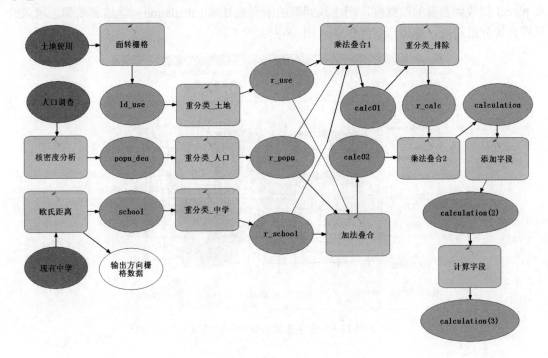

图 28-7　中学选址评价模型设置完成

　　在"目录树"窗口中点击栅格数据 calculation，ArcCatalog 右侧窗口点击"预览"选项，下侧"预览:"下拉条中选择"表"，可看到计算结果和第 12 章一致：

OBJECTID *	VALUE	COUNT	SUM_AREA
1	0	7750	19375000
2	3	234	585000
3	4	955	2387500
4	5	1682	4205000
5	6	523	1307500
6	7	8	20000

28.7.4　模型保存、导出

点击"模型构建器"工具条上的 ▣，整个模型会保存到 \gis_ex10\ex28\temp\ex_box.tbx 中，关闭模型构建器窗口。可到 ArcCatalog 的"目录树"窗口（或者 ArcMap 的"目录"窗口）中展开\gis_ex10\ex28\temp\ex_box.tbx，右键点击 ex28_01，快捷菜单中选择"编辑"，该模型再次打开，既可编辑、修改，也可运行。

在模型构建器菜单中，如果选用"模型>导出>至图形"，则将该模型转换成图像、图形文件（如 JPG、PDF、BMP 等格式），供其他电子文档或文字报告引用，也可导出为 Python 脚本语言程序代码，供进一步编程使用。

启动 ArcMap，新建一个地图文档，将栅格 calculation，要素类 scho、popu_smp、road 及 parcel 加载到当前的数据框，用由浅到深的渐变色显示 calculation，显然显示颜色越深的位置评价分值越高，越适合新建中学（图 28-8）。

图 28-8　中学选址的综合评价结果

28.8　本 章 小 结

ArcGIS 有多种再开发途径，模型构建器（Model Builder）是简单、易学、易用的一种。它将 ArcToolbox 的各种工具组合起来，使冗长的交互式操作流程化，传统的批处理可视化，模型可保存、修改、调试、反复运行。使用户将注意力侧重于数据、工具的逻辑关系，防止过分频繁的交互式操作。模型构建器既可在 ArcCatalog 下也可在 ArcMap 下组建、运行，操作方式相同。

同一模型再次运行前，要删除已经存在、名称相同的数据，还要验证数据、参数、设置、工具之间是否相互匹配、有效。经验证后，模型进入可运行状态，可再次运行。

本练习多次使用到了重分类工具，输入数据必须存在，否则无法正常设置对照表，为此不得不先运行前置的部分。其他工具一般不需要事先确定输入数据，就可一次完成设置和构建。

　　与第 12 章相比，本章练习将栅格数据存放在地理数据库中，可提高数据储存、管理的集成度。如果读者已熟悉 ArcToolbox 的栅格计算器，可以将"加法叠合"、"乘法叠合 2"合并为一个步骤。

　　完成本章练习，会改变练习数据内容，将\gis_ex10\Back\ex28\路径下的原始文件覆盖至\gis_ex10\ex28\，数据内容就恢复到练习之前的状态。

思　考　题

　　可对现有中学的距离、人口密度、土地使用 3 项指标进一步标准化处理，再将权重引入评价模型。

第29章　基于网络的设施服务水平

- 概述
- 建立网络数据集
- 生成公园服务区
- 估算服务区人口
- 计算服务水平
- 计算有关指标
- 本章小结

29.1　概　　述

服务区（Service Area）是一个较常用的空间概念，缓冲区（Buffer Zone）是产生服务区的简单方法。基于交通网络的服务区比圆形缓冲区精确，还可考虑交通走向、速度等因素。第 22 章已经比较了两者的差异，本章练习基于网络，产生离开公园 800m 的服务区，估计服务区范围内大致有多少居民，再按公园的服务容量，计算人均服务水平，用专题地图显示，还可进一步计算其他指标。

（1）服务区人均服务量（公园总服务量 / 服务区总人口）。

（2）公园服务人口比例（服务区总人口 / 规划区总人口）。

（3）公园服务面积比例（服务区总面积 / 规划区总面积）。

为练习准备好的空间，属性数据有以下 3 项。

（1）公园：点要素类。空间位置定在主入口，有公园名称（Pack_Name），服务容量（Capacity，对应该公园有效活动面积）等属性。

（2）道路网：线要素类。可计量每路段长度，计算沿路步行距离。

（3）人口统计区：多边形要素类。每个多边形有居住人口属性（Popu），表示公园的需求。人口统计范围也是规划区范围。

29.2　建立网络数据集

启动 ArcCatalog，选用主菜单"自定义>扩展模块..."，勾选 Network Analyst，按"关闭"键。窗口左侧"目录树"中展开\gis_ex10\ex29\Serv_Area.gdb（如果 ex29 无法出现，可借助文件夹连接按钮 ），鼠标右键点击 Dataset1，选择快捷菜单中"新建>网络数据集..."，出现提示：

输入网络数据集的名称: roadnet　　　　　键盘输入

选择网络数据集的版本: 10.1　　　　　　下拉选择

按"下一步（N）>"键，会出现"参与到网络数据集的要素类"的提示，仅勾选"☑ road"，按"下一步（N）>"键，会出现"是否要在此网络中构建转弯模型？"的提示，点击"否"，按"下一步（N）>"键，点击按钮"连通性…"，显示：

连通性组

源	连通性策略	1
road	端点	☑

按"确定"键继续，再按"下一步（N）>"键，会出现"如何对网络要素的高程进行建模？"的提示，点击"无"，按"下一步（N）>"键，有如下提示：

为网络数据集指定属性：

名称	用法	单位	数据类型
长度	成本	米	双精度

按"下一步（N）>"键，会出现"是否要为此网络数据集建立行驶方向设置？"的提示，默认为"否"，按"下一步（N）>"键，出现"摘要"显示框，按"完成"键，会出现"新网络数据集已创建。是否立即构建？"的提示，点击"是（Y）"，网络数据集完成初始构建。可以看到 Dataset1 增加了 roadnet 和 roadnet_Junctions 两个数据项，关闭 ArcCatalog。

29.3　生成公园服务区

29.3.1　初始设置

启用地图文档\gis_ex10\ex29\ex29.mxd，当前数据框内，已有"公园"和"人口统计区"两个图层。进入 Data frame1 的数据框属性，确认"地图"和"显示"单位均为"米"，返回。选用主菜单"文件>地图文档属性"，点击右下方的文件夹按钮，将默认地理数据库选为\gis_ex10\ex29\Serv_Area.gdb，按"添加"键返回，再按"确定"键关闭对话框。选用主菜单"地理处理>环境…"，进一步设置：

工作空间>当前工作空间：\gis_ex10\ex29\Serv_Area.gdb	借助文件夹按钮选择
工作空间>临时工作空间：\gis_ex10\ex29\Serv_Area.gdb	借助文件夹按钮选择
输出坐标系：与输入相同	下拉选择
处理范围：默认	下拉选择

按"确定"键返回。上述初始设置，可使计算过程中的空间、属性数据较方便地进入同一个地理数据库。

29.3.2　产生基于网络的服务区

选用主菜单"自定义>扩展模块…"，勾选 Network Analyst，返回，再选用"自定义>工具条>Network Analyst"，调出网络分析工具条。点击添加数据工具 ✚，在\gis_ex10\ex29\Serv_Area\Dataset1\路径下，选择网络边数据 roadnet，点击"添加"键，会出现"是否还要将参与到 roadnet 中的所有要素类添加到地图？"的提示，点击"否（N）"，roadnet 被加载（图 29-1）。

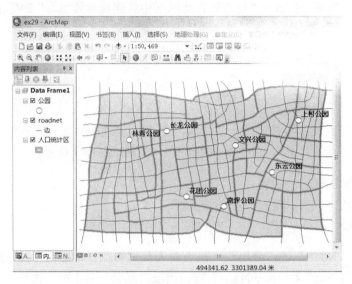

图 29-1　加载网络数据 roadnet

　　在网络分析工具条中，点击 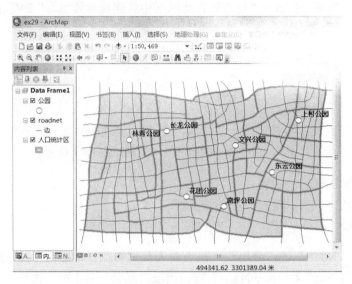，出现网络分析窗口，再下拉选择"Network Analyst>新建服务区"，网络分析窗口中出现"设施点、面、线、点障碍、线障碍、面障碍"等目录，在内容列表中出现一个新的图层组"服务区"。在网络分析窗口中，鼠标右键点击"设施点（0）"，选择快捷菜单"加载位置..."，继续操作：

加载自：公园		下拉选择
☑ 仅显示点图层		勾选
位置分析属性		
属性	字段	默认值
Name	Pack_Name 表中下拉选择	〈空白〉
CurbApproach	〈空白〉	车辆的任意一侧（默认）
Atrr_长度	〈空白〉	0
Breaks_长度	〈空白〉	〈空白〉
位置定位：⊙ 使用几何		点选
搜索容差　200　米		键盘输入，下拉选择

　　后续内容均为默认，按"确定"键返回。网络分析窗口中"设施点（0）"变成"设施点（7）"，地图上也出现 7 个位置和"公园"重合的设施点。

　　在内容列表中，鼠标右键点击图层组"服务区"，选择快捷菜单中"属性..."，弹出图层属性对话框，进入"分析设置"选项，继续操作：

阻抗：长度（米）	下拉选择
默认中断：800	键盘输入服务区的最大距离
□ 使用时间	取消勾选
方向：⊙ 离开设施点	点选

交汇点的 U 形转弯：允许　　　下拉选择，允许任何位置调头

☑ 忽略无效位置　　　　　　　勾选

　进入"面生成"选项：

☑ 生成面　　　　　　　　　　勾选

面类型

◉ 详细　　　　　　　　　　　点选，产生详细的多边形

☐ 修剪面　　　　　　　　　　取消勾选

排除的源

☐ road　　　　　　　　　　　空白，不勾选

多个设施点选项

◉ 不叠置　　　　　　　　　　点选

叠置类型

◉ 环　　　　　　　　　　　　点选，服务区呈环状

　进入"线生成"选项：

☑ 生成线　　　　　　　　　　勾选

　　☐ 生成测量值　　　　　　取消勾选

　　☑ 在中断处分割线　　　　勾选

　　☐ 包括网络源字段　　　　取消勾选

叠置选项

◉ 不叠置　　　　　　　　　　点选

　进入"累积"选项：

☑ 长度　　米　　　　　　　　勾选

　　按"确定"键关闭"服务区"的图层属性对话框。点击网络分析工具条上的求解工具 ▦，产生服务区。可看到每个公园有自己的服务区，林青公园和长龙公园，花团公园和南坪公园之间有分界线，另有小部分超出了人口统计区（图 29-2）。

　　在两个相邻服务区的交界处，放大地图显示，利用要素识别工具 ❶，点击边界左侧一段路径（图 29-3 中左侧颜色较浅一段），可显示：

FacilityID　　　3　　　　　自动产生的公园用户标识

FromCumul_长度　376.28　　从设施到本段路径起始点的累计长度

ToCumul_长度　　584.11　　从设施到本段路径终止点的累计长度

　　到边界另一侧，点击查询相交汇的右侧那段路径（图 29-3 中右侧颜色较浅一段），可以看出字段"ToCumul_长度"的取值和左侧那段相同。这就说明，分别从两个公园出发，到达分界线的距离相同。在服务区外侧边界，点击任何一段路径，均可以验证字段"ToCumul_长度"的取值都是 800。

图 29-2　基于网络的 800m 服务区

图 29-3　两个服务区的相邻边界、交汇路径

内容列表中，展开组合图层"服务区"，打开"面"的图层属性表，字段 Name 为每个服务区的名称，属性值为公园名称加起始、终止距离，前半段是加载设施点时选定 Pack_Name，后半段在网络分析过程中自动添加。

29.4　估算服务区人口

29.4.1　计算统计区的人口密度

内容列表中打开"人口统计区"的图层属性表，字段 Shape_Area 为人口统计区每个多边形的面积，Popu 为每个统计区的人口数。点击左上角表选项菜单"▦▾>添加字段…"，输入字段名称为 Pop_den，数据类型为"浮点型"，按"确定"键返回。鼠标右键点击字段名 Pop_den，选择快捷菜单"字段计算器…"，在窗口下方"Pop_den ="的提示下，用鼠标点击、选择输入：[Popu] / [Shape_Area]，按"确定"键，字段 Pop_den 赋值为人口密度。属性表可关闭。

29.4.2　服务区和人口统计区相叠合

选用"ArcToolbox>分析工具>叠加分析>相交"，进一步操作：

输入要素:	两次下拉选择
服务区\面	展开后选择
人口统计区	
输出要素类: \gis_ex10\ex29\Serv_Area.gdb\Intersect	保存在 Geodatabase
连接属性（可选）: ALL	下拉选择
XY 容差（可选）:	不设定，按默认值处理
输出类型（可选）INPUT	默认或下拉选择

按"确定"键，经叠合计算，产生要素类 Intersect，自动加载（图 29-4）。

图 29-4　服务区和人口统计区的叠合

29.4.3　归并服务区、汇总人口数

要素类 Intersect 排除了人口统计区以外的位置。打开该图层的属性表，字段 Name，来自"服务区"的"面"要素类，人口（Popu）、人口密度（Pop_den）来自"人口统计区"，多边形面积（Shape_Area）自动产生。鼠标右键点击字段名 Popu，打开"字段计算器…"，窗口下方提示"Popu ="，用鼠标点击、选择输入：[Pop_den] * [Shape_Area]，按"确定"键，字段 Popu 被重新赋值，从叠合前的统计区人口数变为叠合后每个多边形内的估计人口数。属性表可关闭。

选用"ArcToolbox>数据管理工具>制图综合>融合"，继续设置：

输入要素: Intersect	下拉选择
输出要素类: \gis_ex10\ex29\Serv_Area.gdb\Dissolve	保存在 Geodatabase
融合_字段（可选）	
☑ Name	按服务区名称归并
统计字段（可选）	下拉选择 Popu，估计人口数

字段	统计类型	
Popu	SUM	表中下拉选择，人口数累加

□ 创建多部件要素（可选）	取消勾选
□ 取消线分割（可选）	取消勾选

按"确定"键，计算产生 Dissolve，再现 7 个独立多边形，为 7 个公园的服务区。打开图层属性表，可看出每个服务区的估计人口数：

Name（服务区名称）	SUM_Popu（估计人口）
东云公园：0 - 800	9741.724
花团公园：0 - 800	6886.390
林青公园：0 - 800	18884.336
南坪公园：0 - 800	6296.863
上村公园：0 - 800	13159.100
文兴公园：0 - 800	18903.304
长龙公园：0 - 800	29601.299

29.5　计算服务水平

在 Dissolve 图层属性表中，鼠标点击表选项菜单"▤▾>添加字段…"，输入字段名 Capa_Popu，数据类型为"浮点型"，按"确定"键返回，属性表增加了一个新字段。鼠标右键点击字段名 Name，选择快捷菜单中"字段计算器…"，窗口下方提示："Name ="，继续操作：

⊙ 字符串	在窗口右半部"类型"列下点选
Left ([Name], 4)	鼠标选函数、字段，键盘补充输入，获得左侧 4 个字符

按"确定"键执行，字段 Name 中，表示服务区起始、终止距离的部分（：0-800）消失，留下公园原始名称，便于和"公园"的图层属性表连接。点击"▤▾>连接和关联>连接…"，继续操作：

要将哪些内容连接到该图层：某一表的属性	下拉选择
1. 选择该图层中连接将基于的字段：Name	下拉选择
2. 选择要连接到此图层的表，或者从磁盘加载表：公园	下拉选择
3. 选择此表中要作为连接基础的字段：Pack_Name	下拉选择
⊙ 仅保留匹配记录	点选

按"确定"键，图层"公园"的属性表被连接到 Dissolve 的要素属性表中，使后者增加了字段 Capacity（每个公园的服务容量）。标准工具条中点击 ，调出编辑器工具条，选择下拉菜单中"编辑器>开始编辑"[①]，随后选择要编辑的要素类 Dissolve，按"确定"键返回。鼠标右键点击字段名 Capa_Popu，选择快捷菜单中"字段计算器…"，窗口下方提示："Dissolve. Capa_Popu ="，鼠标点击、选择：[pack.Capacity] / [Dissolve.SUM_Popu]，按"确

---

① 对某些版本的软件，可能不需要开启、关闭编辑器。

定"键执行，字段 Capa_Popu 被赋值，表示每个服务区人均公园服务量（服务水平）：

公园名称 Name	估计人口数 SUM_Popu	人均公园服务量 Capa_Popu	公园服务容量 Capacity
东云公园	9741.724	6.87763	67000
花团公园	6886.390	13.35968	92000
林青公园	18884.336	3.97155	75000
南坪公园	6296.863	4.44666	28000
上村公园	13159.100	4.02763	53000
文兴公园	18903.304	2.16893	41000
长龙公园	29601.299	1.99316	59000

　　到编辑器工具条中选择"编辑器>停止编辑"，保存编辑结果，关闭属性表。进入"Dissolve>图层属性>符号系统"选项中，左上侧"显示"框内选择"类别>唯一值"，中间"值字段"下拉表中选择 Capa_Popu，下侧点击"添加所有值"键，"色带"下拉表中重新选择一种渐变色带，取消"<其他所有值>"前的勾选，按"确定"键关闭对话框，得到公园服务水平专题图（图 29-5）。

图 29-5　"公园服务容量／服务人口"专题图

29.6　计算有关指标

　　本章开始，曾建议用若干指标评价公园的服务水平，现在可按需要打开对应的属性表，鼠标右键点击需要计算的字段，选择快捷菜单中"统计"，得到评价所需的基础数据，对应的属性表及其字段名如下：

　　"公园"的 Capacity 总和为公园总服务量（415000）；

　　"人口统计区"的 Popu 总和为规划区总人口（278917）；

　　"人口统计区"的 Shape_Area 总和为规划区总面积（20693726.2）；

"Dissolve" 的 SUM_Popu 总和为服务区总人口（103473.0）；

"Dissolve" 的 Shape_Area 总和为服务区总面积（6825682.9）。

根据上述计算结果，用其他计算工具，可进一步得到（因软件版本、初始设置不同，计算结果可能会有少量差异）：

服务区人均服务量 = 公园总服务量 / 服务区总人口（4.0107）

公园服务人口比例 = 服务区总人口 / 规划区总人口（0.3710）

公园服务面积比例 = 服务区总面积 / 规划区总面积（0.3298）

练习结束，选用菜单"文件>退出"，会出现"是否保存对地图文档做过的改动"的提示，为了本练习完成后，不影响以后及他人的练习，点击"否（No）"。

29.7　本 章 小 结

本练习涉及多种方法，过程较长，可分为 4 个阶段和 11 个步骤。

（1）产生服务区两个步骤：①建立网络数据集；②产生服务区。

（2）估算每个服务区人口数 4 个步骤：①计算统计区人口密度；②服务区和统计区叠合；③计算服务范围内人口分布；④按服务区归并多边形、汇总人口数。

（3）计算每个服务区服务水平 3 个步骤：①服务区和公园属性表连接；②按独立服务区计算人均公园服务量；③定义服务水平专题图。

（4）计算有关指标两个步骤：①利用属性统计功能获得评价基础数据；②用基础数据进一步组合计算。

产生服务区前，设施点名称选为 Pack_Name，属性值被带到"服务区"的"面"要素类中，用于多边形归并，再用于公园属性表连接。如果没有这一步，归并多边形可借助用户标识字段 FacilityID，通过空间连接、属性连接获得公园服务容量。

初次练习可能过于关注单步操作的正确性，完成练习后，除了要回顾单步操作的含义，还要知道各项功能、要素、属性之间的相互关系。

完成本章练习，会改变练习的数据内容，将\gis_ex10\Back\ex29\路径下的原始文件覆盖至\gis_ex10\ex29\，数据内容就恢复到练习之前的状态。

思 考 题

1. 每个服务区如何获得 800m 范围内的居住人口。

2. 如果"公园"图层属性表中没有字段 Pack_Name，如何靠其他途径使服务区获得公园服务容量，请读者自己尝试。

3. 尝试用模型构建器完成本练习的某部分。

第 30 章　复杂地形中的选址

- 概述
- 环境限制分析
- 计算取水费用
- 计算铁路支线修建费用
- 计算煤炭运输费用
- 评价指标的标准化、综合化
- 本章小结

30.1　概　　述

30.1.1　基本背景

某区域需要选址建设一处火电厂，区域面积约 6000km² (图 30-1)。区域内有一处煤矿，为火电厂的煤炭来源。东侧有湖泊，为火电厂水源。有 3 条铁路主线，需要修建一条专用铁路支线，用于煤炭运输。区域内还有 3 个城镇，一处森林公园。火电厂的建设要考虑因素的很多，某些和地理位置无关，如发电设备、厂房、对排放烟气的净化处理等。与地理位置有关的因素中影响较大的有两类:

(1) 环境因素。城镇、森林公园对电厂位置有限制，明显不符合要求的位置将排除在外。

(2) 经济因素。水源供应、铁路支线、煤炭运输都对电厂的建设、运营费用有影响。

本练习使用的基本数据有以下 5 种:

(1) 区域范围，多边形。分为城镇、湖泊、森林公园、范围内、范围外 5 类。

(2) 研究边界，多边形。由区域范围的"范围外"界定。

(3) 铁路主线，线。区域内已有铁路主线。

(4) 煤矿，点。区域内的煤矿。

(5) 地形高程，点。测量得到的地形高程点。

30.1.2　选址评价方法

(1) 环境。新建电厂应和现有城镇、森林公园保持一定距离，也不能选在预定的研究边界之外。

(2) 水源。发电用水取自东侧的湖泊，费用与输水距离及地形起伏有关，前者为输水管道的建设成本，后者包括泵站建设和运营费用。

(3) 铁路支线。新建铁路支线从现有铁路主线引出，延伸到电厂，与取水类似。铁路支线的修建费用除了和现有铁路的距离有关，也和地形变化有关。当地形坡度较大时，就要增加土石方工程量，还可能修建隧道、桥梁。

图 30-1　Data frame1 的显示

（4）煤炭运输。煤矿到火电厂的运输费用主要由距离决定，包括铁路主线运距和支线运距两部分。

（5）多因子综合。取水费用、铁路支线修建费用、煤炭运输费用可以叠加计算，得到综合总费用，同时也受环境因素的限制，汇总后得到电厂选址的综合评价结论。

本练习的分析方法均基于栅格，原始矢量数据要转换成格网。

30.2　环境限制分析

30.2.1　栅格分析的初始设置

启用地图文档\gis_ex10\ex30\ex30.mxd，数据框仅有 Data frame1（图 30-1）。进入"数据框属性>常规"选项，确认"地图"和"显示"的单位为"米"，按"确定"键返回。主菜单中选择"地理处理>环境…"，进一步设置：

工作空间>当前工作空间：\gis_ex10\ex30\temp　　　借助文件夹按钮选择
工作空间>临时工作空间：\gis_ex10\ex30\temp　　　借助文件夹按钮选择
输出坐标系：与输入相同　　　　　　　　　　　　　下拉选择
处理范围：与图层 区域范围 相同　　　　　　　　　下拉选择
栅格分析>像元大小>如下面的指定：1000　　　　　下拉选择，键盘输入

按"确定"键。选用主菜单"自定义>扩展模块…"，加载 Spatial Analyst 许可证，返回。

按前期研究，不能选为电厂的位置有 4 个条件：①湖泊；②现有城镇及其周边 3km 范围；③森林公园及其周边 5km 范围；④研究边界之外。

30.2.2　确定城镇周边 3km 范围

选用主菜单"选择>按属性选择…"，进一步设置：

图层：区域范围　　　　　　　　　　下拉选择

方法：创建新选择内容　　　　　　　下拉选择

在下方文本框借助鼠标选择输入：

"CLASS" LIKE 'town'

按"应用"键，可看到地图上 3 个城镇多边形进入选择集，按"关闭"键返回。选用"ArcToolbox>Spatial Analyst 工具>距离分析>欧氏距离"，继续设置：

输入栅格数据或要素源数据：区域范围　　　　　　　下拉选择

输出距离栅格数据：\gis_ex10\ex30\temp\D_town　　处理结果的路径和名称

最大距离：　　　　　　　　　　　　　　　　　　不设置，保持空白

输出像元大小：1000　　　　　　　　　　　　　　按初始设置

输出方向栅格数据：　　　　　　　　　　　　　　不设置，保持空白

按"确定"键，产生离开现有城镇的距离栅格 D_town，自动加载（图 30-2，为了印刷效果，作者特意调整了显示顺序，关闭了一些图层）。选用"ArcToolbox>Spatial Analyst 工具>重分类>重分类"，进一步设置：

输入栅格：D_town　　　　　　下拉选择

重分类字段：Value　　　　　　默认

点击右侧"分类"按钮，进入"分类"对话框：

分类>方法：相等间隔　　　　　下拉选择

分类>类别：2　　　　　　　　　下拉选择

图 30-2　离开现有城镇的栅格距离图

按"确定"键返回，键盘输入重分类对照表：

旧值	新值
0 − 3000	NoData　（离开现有城镇的距离必须大于 3000m）
3000 − 52200	1　（距离超过 52200m 肯定在区域范围之外）
NoData	NoData

输出栅格：\gis_ex10\ex30\temp\R_town

按"确定"键，产生新的分类栅格 R_town，自动加载，该栅格的单元离开城镇的距离大于 3000m，在区域范围内。图层 D_town 对以后计算不再起作用，鼠标右键点击图层名 D_town，选择快捷菜单"移除"，数据框得到精简。

30.2.3　确定森林公园周边 5km 范围

用要素选择工具 ，使多边形"森林公园"进入选择集，选用"ArcToolbox>Spatial Analyst 工具>距离分析>欧氏距离"，进一步设置：

输入栅格数据或要素源数据：区域范围	下拉选择
输出距离栅格数据：\gis_ex10\ex30\temp\D_forest	
最大距离：	不设置，保持空白
输出像元大小：1000	按初始设置
输出方向栅格数据：	不设置，保持空白

按"确定"键，产生离开森林公园的距离栅格 D_forest，自动加载（图 30-3）。选用 "ArcToolbox>Spatial Analyst 工具>重分类>重分类"，进一步设置：

输入栅格：D_forest	下拉选择
重分类字段：Value	默认

图 30-3　离开森林公园的栅格距离图

点击右侧"分类"按钮，进入"分类"对话框：

分类>方法：相等间隔　　　　　　下拉选择
分类>类别：2　　　　　　　　　　下拉选择

按"确定"键返回，键盘修改重分类对照表：

旧值	新值	
0 - 5000	NoData	（离开森林公园的距离必须大于 5000m）
5000 - 97000	1	（距离超过 97000m 肯定在区域范围之外）
NoData	NoData	

输出栅格：\gis_ex10\ex30\temp\R_forest

按"确定"键，产生新的分类栅格 R_forest，自动加载，该栅格只有离开森林公园的距离大于 5000m 的单元。鼠标右键点击图层名 D_forest，选择菜单"移除"，数据框得到精简。

30.2.4　产生只包括"范围内"的栅格

打开图层"区域范围"的要素属性表，点击左上角表选项菜单"▤▾>添加字段…"，继续操作：

名称：Value
类型：短整型
精度：2

按"确定"键返回。如果属性表内有记录进入选择集，点击▨，清空选择集，鼠标右键点击表中字段名 Value，选择菜单"字段计算器…"，在"Value ="的提示下，在下部的文本框内输入 1，按"确定"键返回。可观察到每条记录的字段 Value 都取值为 1，核实后关闭属性表，返回 Data frame1。

用要素选择工具 ▧，使图层"区域范围"中的多边形"范围内"进入选择集，选用"ArcToolbox>转换工具>转为栅格>面转栅格"，进一步设置：

输入要素：区域范围　　　　　　　　　下拉选择
值字段：Value　　　　　　　　　　　下拉选择
输出栅格数据集：\gis_ex10\ex30\temp\Site
像元分配类型：CELL_CENTER　　　　　下拉选择
优先级字段：NONE　　　　　　　　　　下拉选择
输出像元大小：1000　　　　　　　　　按初始设置

按"确定"键，"范围内"多边形转换成栅格 Site，自动加载（图 30-4）。

图 30-4　"范围内"多边形转换成栅格

30.2.5　环境因子综合

选用"ArcToolbox>Spatial Analyst 工具>地图代数>栅格计算器",进一步操作:

"R_town" * "R_forest" * "Site"

输出栅格:\gis_ex10\ex30\temp\R_site

按"确定"键,产生环境评定栅格 R_site,自动加载(图 30-5)。显然可建设电厂的栅格应取值 1,不可建设电厂的栅格应取值 NoData(空值)。打开图层 R_site 属性表 ,显示如下:

Value(单元取值)　　　Count(单元累计)

　1　　　　　　　　　　　3493

栅格单元大小为 1000m×1000m,可建设范围为 3493km^2。清空选择集,关闭属性表。

图 30-5　可建设电厂范围栅格(R_site)

30.3　计算取水费用

发电用水费用和取水距离及地形高程有关。从湖泊沿岸取水、提升、加压，靠专用管道输往电厂。由于取水口的一级泵站加压能力有限，在输水过程中，当地面高差大于 50m 时，要建设升压泵站，这就增加了输水费用。因此，用水费用受输水管长度及地形高差两个因素的影响。这是一个典型的成本距离问题。

选用主菜单"插入>数据框"，产生"新建数据框"，借助鼠标右键，进入"新建数据框>属性…>常规"，将名称改为 Data frame2，确认"地图"和"显示"单位均为"米"，按"确定"键返回。借助键盘 Ctrl 键，分别用鼠标在 Data frame1 中点击图层名称"地形高程"、"区域范围"、R_site，再用鼠标右键，选择"复制"，鼠标右键点击图层名 Data frame2，选择快捷菜单"粘贴图层"，将上述 3 个图层复制到 Data frame2。

30.3.1　建立"成本"栅格

选用主菜单"自定义>扩展模块…"，加载 3D Analyst 许可证，返回。用 ▣ 清空选择集，选用"ArcToolbox>3D Analyst 工具>数据管理>TIN>创建 TIN"，进一步设置：

输出 TIN：\gis_ex10\ex30\temp\tin1	结果的路径及名称
坐标系（可选）：\Xian_1980_GK_GM_117E	下拉展开"图层"选择
输入要素类（可选）：地形高程	下拉选择图层名
高度字段：ELEVATION（下拉选择）	
SF_Type：Mass_Points（下拉选择）	
Tag Field：〈None〉（下拉选择）	
□ 约束型 Delaunay（可选）	不勾选

按"确定"键，产生不规则三角网 tin1，自动加载（图 30-6）。再将 TIN 转换成高程栅格，选用"ArcToolbox>3D Analyst 工具>转换>由 TIN 转出>TIN 转栅格"，进一步设置：

输入 TIN：tin1	下拉选择或键盘输入
输出栅格：\gis_ex10\ex30\temp\Site_elev1	结果的路径和名称
输出数据类型（可选）：FLOAT	下拉选择
方法（可选）：LINEAR	
采样距离（可选）：CELLSIZE 1000	先下拉选择，再修改栅格单元大小
Z 因子（可选）：1	默认

按"确定"键，TIN 转换成按高程分类的栅格 Site_elev1。高程栅格还不能直接反映水的输送费用，需要再分类。规则为地面高程小于 100m 时，不计高程变化带来的额外费用，按栅格单元的大小，每个栅格只计算1000m 的管道长度，成本计为 2;地面高程大于 100m 时，高程每上升 50m，增加 1 个单位的成本（相对值），以此类推。选用"ArcToolbox>Spatial Analyst 工具>重分类>重分类"，进一步设置：

输入栅格：Site_elev1	下拉选择
重分类字段：Value	默认

图 30-6　三角网地形高程模型

点击右侧"分类"按钮，进入"分类"对话框：

分类>方法：相等间隔　　　　下拉选择

分类>类别：5　　　　　　　　下拉选择

按"确定"键返回，键盘修改重分类对照表：

旧值	新值
100~150	3（实际计算没有小于 100 的单元）
150~200	4
200~250	5
250~300	6
300~350	7
NoData	NoData

输出栅格：\gis_ex10\ex30\temp\R_site_elev　　　处理结果路径和名称

按"确定"键，产生新的分类栅格，自动加载（图 30-7）。即使在 **R_site_elev** 范围内，森林公园、城镇依然不能铺设水管，还不能铺设到研究边界之外，但是水管可以沿着森林、城镇的边缘绕行，为此需要在输水成本图层中扣除不能铺设水管的部分，但要保留湖泊。用要素选择工具 ，配合键盘上的 Shift 键，使图层"区域范围"的"范围内"、"湖泊"两个多边形进入选择集，选用"ArcToolbox>转换工具>转为栅格>面转栅格"，进一步设置：

输入要素：区域范围　　　　　　　　　　　　下拉选择

值字段：Value　　　　　　　　　　　　　　下拉选择

输出栅格数据集：\gis_ex10\ex30\temp\S_water

像元分配类型：CELL_CENTER　　　　　　　　下拉选择

优先级字段：NONE　　　　　　　　　　　　　下拉选择

输出像元大小：1000　　　　　　　　　　　　按初始设置

图 30-7　按高程分类的输水成本栅格

按"确定"键，"范围内"和"湖泊"多边形转换成栅格 S_water，自动加载。区域范围要素属性表中，Value 的取值为 1，该栅格图层的有效单元取值也都是 1。点击 ，清空选择集，选用"ArcToolbox>Spatial Analyst 工具>地图代数>栅格计算器"，进一步操作：

"R_site_elev" * "S_water"

输出栅格：\gis_ex10\ex30\temp\Elev_cost

按"确定"键，产生输水成本栅格 Elev_cost，自动加载（图 30-8）。由于 S_water 有效单元取值为 1，对成本没有影响，排除了"森林公园"和"城镇"的位置。

图 30-8　输水成本图层（颜色浅的位置单位成本较低）

30.3.2　产生取水费用栅格

对区域范围图层，用要素选择工具 ，使图层"区域范围"的多边形"湖泊"进入选择集，为"源图层"。选用"ArcToolbox>Spatial Analyst 工具>距离分析>成本距离"，进一步设置：

输入栅格数据或要素数据源：区域范围	下拉选择，水源所在地
输入成本栅格：Elev_cost	下拉选择，成本栅格
输出距离栅格数据：\gis_ex10\ex30\temp\Calculation1	结果路径和名称
最大距离（可选）：	不设置，保持空白
输出回溯链接栅格数据（可选）：	不设置，保持空白

按"确定"键，产生栅格 Calculation1，自动加载（图 30-9）。在 Calculation1 的范围内能铺设输水管，但并不都能建电厂，应从中扣除不能布置电厂的部分位置（城镇周边和森林公园周边）。点击 ，清空选择集，选用"ArcToolbox>Spatial Analyst 工具>地图代数>栅格计算器"，进一步操作：

"Calculation1" * "R_site"

输出栅格：\gis_ex10\ex30\temp\Water_cost

图 30-9　取水费用 Calculation1 计算结果（颜色越深、费用越高）

按"确定"键，产生取水费用栅格 Water_cost，自动加载（图 30-10，作者对图层及符号的设置均是为了适应印刷）。

图 30-10　取水费用图层 Water_cost（颜色越深、费用越高）

30.4　计算铁路支线修建费用

铁路支线的修建费用，与取水费用评价类似，依靠成本距离计算，不仅与铁路的修建长度有关，也与地形坡度有关。

选用主菜单"插入>数据框"，产生"新建数据框"，借助鼠标右键，进入"新建数据框>属性…>常规"，将名称改为 Data frame3，确认"地图"和"显示"单位均为"米"，按"确定"键返回。借助键盘 Ctrl 键，分别用鼠标在 Data frame1 中点击图层名称"铁路主线"、"区域范围"及 R_site，在 Date frame2 中点 tin1，借助鼠标右键，选择"复制"，鼠标右键点击图层名 Data frame3，选择快捷菜单"粘贴图层"，上述 4 个图层被复制到 Data frame3。

30.4.1　建立"成本"栅格

修建铁路成本和地形坡度密切相关，ArcToolbox 不提供 TIN 直接转坡度栅格的功能，直接将已有的高程栅格 Site_elev1 转换成坡度栅格，计算过程简单，但是基本单元太大（1000m），计算精度不高，因此，先将 TIN 转换成基本单元较小的高程栅格，然后转换成坡度栅格，再聚合成单元较大的平均坡度栅格。点击 ▣，清空选择集，选用"ArcToolbox>3D Analyst 工具>转换>由 TIN 转出>TIN 转栅格"，进一步设置：

输入 TIN：tin1　　　　　　　　　　　　下拉选择或键盘输入

输出栅格：\gis_ex10\ex30\temp\Site_elev2

输出数据类型（可选）FLOAT　　　　　　下拉选择，浮点型

方法（可选）：LINEAR　　　　　　　　　下拉选择，线性计算

采样距离（可选）：CELLSIZE 100　　　　下拉选择，再修改单元大小

Z 因子（可选）：1　　　　　　　　　　默认

　　按"确定"键，产生单元大小为 100m×100m 的高程栅格，继续转换为坡度栅格。选用"ArcToolbox>Spatial Analyst 工具>表面分析>坡度"，进入对话框后，先点击右下侧按钮"环境…"，展开"栅格分析"，将像元大小的下拉表选择"与图层 Site_elev2 相同"，显示栅格单元大小为 100，按"确定"键返回，继续设置：

　　输入栅格：Site_elev2　　　　　　　　　　　　下拉选择

　　输出栅格：\gis_ex10\ex30\temp\Slope1

　　输出测量单位（可选）：PERCENT_RISE　　　　百分比为坡度单位

　　Z 因子（可选）：1　　　　　　　　　　　　　纵向比例不夸张

　　按"确定"键，产生一个基本单元大小为 100m×100m 的坡度栅格，可进一步聚合为 1000m×1000m 的较大单元栅格，选用"ArcToolbox>Spatial Analyst 工具>栅格综合>聚合"，进入对话框后，先点击右下侧按钮"环境…"，展开"栅格分析"，将像元大小的下拉表选择"与图层 Slope1 相同"，显示栅格单元大小为 100，按"确定"键返回，继续设置：

　　输入栅格：Slope1

　　输出栅格：\gis_ex10\ex30\temp\Slope2

　　像元系数：10　　　　　　　　　　　　经聚合，栅格单元大小从 100 变为 1000

　　聚合技术（可选）：MEAN　　　　　　　下拉选择，取平均值

　　☑ 需要时扩展范围（可选）　　　　　　默认

　　☑ 在计算中忽略 NoData（可选）　　　默认

　　按"确定"键，基本单元较小的坡度栅格 Slpoe1 聚合为单元较大的坡度栅格 Slope2。因坡度带来的铁路修建相对的工程成本如下：

坡度百分比	相对成本
0 – 2%	1
2% – 5%	2
5% – 10%	3
10% – 15%	4
＞ 15%	不合适
＞ 20%	排除

　　观察 Slope2，经聚合后，最大坡度为 12.1%。选用"ArcToolbox>Spatial Analyst 工具>重分类>重分类"，进一步设置：

　　输入栅格：Slope2　　　　下拉选择

　　重分类字段：Value　　　默认

　　点击右侧"分类"按钮，进入"分类"对话框，

　　分类>方法：相等间隔　　　下拉选择

　　分类>类别：4　　　　　　　下拉选择

按"确定"键返回，进一步修改重分类对照表：

旧值	新值	
0 – 2	1	
2 – 5	2	
5 – 10	3	
10 – 15	4	（实际计算可能没有大于 10 的单元）
NoData	NoData	

输出栅格：\gis_ex10\ex30\Rec_slope

按"确定"键，产生成本分类栅格，自动加载，坡度大于 10%的单元没出现。铁路与森林公园的距离不能小于 5000m，与城镇的距离不能小于 3000m，不能穿越湖泊，不能在"范围外"，还需要将坡度成本栅格 Rec_slope 和 R_site 叠合。选用"ArcToolbox>Spatial Analyst 工具>地图代数>栅格计算器"，进一步操作：

"Rec_slope" * "R_site"

输出栅格：\gis_ex10\ex30\temp\R_slope

按"确定"键，产生支线铁路修建成本计算栅格 R_slope，自动加载（图 30-11）。

图 30-11　修建铁路支线的成本栅格

30.4.2　计算铁路支线修建费用

有了"源图层"和"成本图层"，就可以计算成本距离。选用"ArcToolbox>Spatial Analyst 工具>距离分析>成本距离"，进一步设置：

输入栅格数据或要素源数据: 铁路主线   下拉选择源图层

输入成本栅格: R_slope   下拉选择成本栅格

输出距离栅格数据: \gis_ex10\ex30\temp\Rial_cost

最大距离（可选）:   不设置，保持空白

输出回溯链接栅格数据（可选）:   不设置，保持空白

按"确定"键，产生铁路支线修建费用栅格 Rail_cost，自动加载（图 30-12）。

图 30-12 支线铁路修建费用计算结果（颜色越深费用越高）

30.5   计算煤炭运输费用

煤炭从区域内的煤矿运到火电厂，运费是距离的函数。煤矿自身在铁路主线附近，运输费用由铁路主线运距、支线运距两部分组成。参照已经完成的练习，新建数据框 Data frame4，确认"地图"和"显示"单位均为"米"，将 Data frame1 中的图层"煤矿"、"铁路主线"、"区域范围"及"R_site"复制到 Data frame4。

30.5.1   建立铁路主线运输成本栅格

点击 ⊠，清空选择集。鼠标右键打开图层"铁路"主线的属性表，可看到所有记录的 Rail_trn 字段取值都是 1，选用"ArcToolbox>转换工具>转为栅格>要素转栅格"，进一步设置：

输入要素: 铁路主线   下拉选择

字段: Rail_trn   下拉选择

输出栅格数据集: \gis_ex10\ex30\temp\Rail_grid

输出像元大小: 1000   键盘输入

按"确定"键，线要素"铁路主线"换成栅格数据 Rail_grid，自动加载。

30.5.2　煤炭在铁路主线上的运距

煤炭在铁路主线上的运距是从煤矿出发沿铁路主线的运输距离，是沿铁路线计算运距的，要用成本距离计算方法。用鼠标右键打开图层 Rail_grid 的属性表，可以看到栅格数据的所有单元取值都是 1，这样经过每个单元，引起的单位运输成本也是 1，Rail_grid 为"成本栅格"，煤矿位置是"源"。选用"ArcToolbox>Spatial Analyst 工具>距离分析>成本距离"，进一步设置：

输入栅格数据或要素源数据：煤矿　　　　　　　　　下拉选择
输入成本栅格：Rail_grid　　　　　　　　　　　　　下拉选择
输出距离栅格数据：\gis_ex10\ex30\temp\Calculation2
最大距离（可选）：　　　　　　　　　　　　　　　不设置，保持空白
输出回溯链接栅格数据（可选）：　　　　　　　　　不设置，保持空白

按"确定"键，产生沿铁路主线的运输距离栅格 Calculation2。

30.5.3　邻近分配

Calcultion2 中的每个单元取值是煤炭在铁路主线上的运输距离，还要将这一运距的数值分配给区域内的其他栅格，使每个栅格都知道将煤炭运到这一点在主线上花了多少运距（支线还未修建，运距要另外计算）。为此，使用栅格型的邻近分配方法（第 18 章曾有练习，为每个消防站分配服务单元，读者可回顾）。邻近分配的计算结果是使新的栅格单元取值等于离它最近的被分配的栅格单元值。根据 Spatial Analyst，被分配单元应该是整数型，但是，用成本距离法产生的铁路主线运距栅格 Calculation2 是浮点型，选用"ArcToolbox>Spatial Analyst 工具>地图代数>栅格计算器"，进一步操作：

Int("Calculation2")

输出栅格：\gis_ex10\ex30\temp\Calculation3

按"确定"键，浮点型 Calculation2 转换为整数型 Calculation3，打开它的属性表，可以看到 Value 字段均为整数。选用"ArcToolbox>Spatial Analyst 工具>距离分析>欧氏分配"，进一步继续设置：

输入栅格数据或要素数据：Calculation3　　　　　　下拉选择
源字段（可选）：VALUE　　　　　　　　　　　　下拉选择，煤炭运距
输出分配栅格数据：\gis_ex10\ex30\temp\Main_dist　路径和名称
最大距离（可选）：　　　　　　　　　　　　　　不设定，保持空白
输入赋值栅格（可选）：　　　　　　　　　　　　不设定，保持空白
输出像元大小（可选）：1000　　　　　　　　　　默认，初始设置
输出距离栅格数据（可选）　　　　　　　　　　　不设定，保持空白
输出方向栅格数据（可选）　　　　　　　　　　　不设定，保持空白

按"确定"键，生成栅格数据 Main_dist，自动加载。铁路主线运距被分配到了每一个栅格（图 30-13）。

图 30-13　煤炭到达每个栅格单元在铁路主线上的运距

30.5.4　计算煤炭在支线上的运距

煤炭在铁路支线上的运距等于支线铁路的长度，与 30.4 节铁路支线的修建费用不同，可忽略地形高程和坡度的变化，成本栅格可直接用 R_site（该栅格每个单元均取值为 1，不适合修建支线的位置被排除），"源"图层为铁路主线栅格 Rail_grid，选用"ArcToolbox>Spatial Analyst 工具>距离分析>成本距离"，进一步设置：

输入栅格数据或要素源数据：铁路主线	下拉选择
输入成本图层：R_site	下拉选择，运输的范围
输出距离栅格数据：\gis_ex10\ex30\temp\Sub_dist	结果路径和名称
最大距离（可选）：	不设定，保持空白
输出回溯链接栅格数据（可选）：	不设定，保持空白

按"确定"键，产生栅格数据 Sub_dist，表示煤炭在铁路支线上的运距（图 30-14）。

30.5.5　计算煤炭运输费用

煤炭运输费用是总运距和单位距离运输成本的乘积，总运距是铁路主线运距和铁路支线运距之和，可以对 Main_dist 和 Sub_dist 进行相加叠合得到。本练习的栅格单元大小为 1000m×1000m，假设每千米运距的成本为 0.2 个单位。选用"ArcToolbox>Spatial Analyst 工具>地图代数>栅格计算器"，进一步操作：

```
("Main_dist"+"Sub_dist") * 0.2
```

输出栅格：\gis_ex10\ex30\temp\Trans_cost

按"确定"键，得到的煤炭运输费用栅格 Trans_cost，自动加载（图 30-15）。

图 30-14　煤炭到达每个栅格单元在铁路支线上的运距

图 30-15　煤炭运输费用计算结果

30.6　评价指标的标准化、综合化

以上处理得到了取水费用、铁路支线修建费用及煤炭运输费用 3 个单项分析结果图层。这 3 个图层的各自计量单位不同，相互之间的数值差异很大，量纲也不一致，难以相互比较，必须对这 3 个单项结果进行数值的标准化处理。

标准化是将每个图层中所有栅格的数值，转化成统一的、相对的比值。常用的办法是将每个栅格单元值都转化为 0~1。处理方法有许多种，本练习使用线性比例转换法：

$$x_i^{'} = 1 - \frac{x_i - x_{\min}}{x_{\max} - x_{\min}}$$

式中，x_i' 为第 i 个栅格的标准化处理后的得分数值；x_i 为第 i 个栅格的标准化处理前的初始得分；x_{min}、x_{max} 分别为所有栅格初始得分中的最低值、最高值。

在本例中，3 个费用分析结果的数值都是越小越佳。经以上的标准化处理后，所有数值都转化为 0～1。注意：费用值越小的栅格单元，标准化处理后的数值越大，得分越高。

新建 Data frame5，确认"地图"和"显示"单位均为"米"。将 Data frame2 的图层 Water_cost（取水成本），Data frame3 的图层 Rail_cost（铁路支线修建成本），Data frame4 的图层 Trans_cost（煤炭运输成本），复制到 Data frame5 中（为了显示效果，还可从 Data frame1 中加入"煤矿"、"铁路主线"、"区域范围"）。

30.6.1　取水费用的标准化处理

借助鼠标右键，进入"Water_cost>图层属性>源"，该选项的属性窗口底部可看到栅格单元的统计信息：

统计值

...

最小值　　　　　　　　4000

最大值　　　　　　　　337448.28125

...

该栅格数据集中单元取值最小的为 4000，最大的为 337448.28125，按"确定"键关闭对话框。选用"ArcToolbox>Spatial Analyst 工具>地图代数>栅格计算器"，进一步操作：

1- ("Water_cost"-4000) / (337448.28125-4000)

输出栅格：\gis_ex10\ex30\temp\Water_std

按"确定"键，得到标准化后的取水费用栅格 Water_std（图 30-16）。

图 30-16　标准化的取水费用图层（颜色越浅费用越高）

30.6.2　铁路支线修建费用的标准化处理

借助鼠标右键，进入"Rail_cost>图层属性>源"，该选项的属性窗口底部可看到栅格单元的统计信息：

统计值

...

最小值　　　　　　　　0

最大值　　　　　　　　52698.484375

...

按"确定"键关闭对话框。选用"ArcToolbox>Spatial Analyst 工具>地图代数>栅格计算器"，进一步操作：

```
1- "Rail_cost" / 52698.484375      （因最小值为零，计算可简化）
输出栅格: \gis_ex10\ex30\temp\Rail_std
```

按"确定"键，得到标准化以后的铁路支线修建费用栅格 Rail_std（图 30-17）。

图 30-17　标准化的铁路支线修建费用图层（颜色越浅费用越高）

30.6.3　煤炭运输费用的标准化处理

借助鼠标右键，进入"Trans_cost>图层属性>源"，在该选项的属性窗口底部可看到栅格单元的统计信息：

统计值

...

最小值　　　　　　　　　0

最大值　　　　　　　　　19265.11328125

...

按"确定"键关闭对话框。选用"ArcToolbox>Spatial Analyst 工具>地图代数>栅格计算器",进一步操作:

1- "Trans_cost" / 19265.11328125　　　（因最小值为零,计算可简化）

输出栅格: \gis_ex10\ex30\temp\Trans_std

按"确定"键,得到标准化后煤炭运输费用栅格 Trans_std（图 30-18）。

图 30-18　标准化的煤炭运输费用图层（颜色越浅费用越高）

30.6.4　选址评价的指标综合

经过以上多个步骤,已经完成了环境允许、取水费用、铁路支线修建费用及煤炭运输费用 4 个单项因子的评价。在计算取水费用、铁路修建支线费用及煤炭运输费用中已经考虑了环境允许,下一步的综合评价只要针对后 3 个费用因子。已知 3 个费用评价因子有不同的重要性:取水费用的权重为 0.35,铁路支线修建费用权重为 0.2,煤炭运输费用权重为 0.45。选用"ArcToolbox>Spatial Analyst 工具>地图代数>栅格计算器",进一步操作:

"Water_std"* 0.35 + "Rail_std" * 0.2 + "Trans_std" * 0.45

输出栅格: \gis_ex10\ex30\temp\Cost_eval

按"确定"键,得到综合评价栅格 Cost_eval（图 30-19,图层及符号设置为了适应印刷）,环境制约部分已扣除。栅格单元的评价值为 0.27326～0.79858,取值越小,成本越高,越不适宜;取值越大,成本越低,越适宜建设电厂。

　　练习结束，选用主菜单"文件>退出"，会出现"是否要保存对地图文档做过的改动"的提示，本练习完成后，为了不影响以后及他人的练习，点击"否（No）"。

图 30-19　考虑权重的综合评价结果（颜色越深越合适）

30.7　本 章 小 结

　　本章是基于栅格的综合选址评价分析，可分为环境、取水、铁路、运输及综合 5 个阶段。

　　（1）环境。①建立与现有城镇距离 3km 以上距离的栅格；②建立离森林公园 5km 以上距离的栅格；③选出可建设的位置；④3 个栅格叠合，产生环境允许的位置栅格（取名为 R_site，逻辑关系见图 30-20）。

图 30-20　产生环境允许可建设电厂位置栅格

　　（2）取水。①湖泊为"源"栅格；②产生地形 TIN，转化成高程分类栅格；③产生可铺设输水管的栅格；④将②和③的结果叠合，产生"成本"栅格；⑤用距离成本计算方法产生取水费用栅格（取名为 Water_cost，逻辑关系见图 30-21）。

图 30-21　产生取水费用栅格

（3）铁路修建。①铁路主线为"源"栅格；②按坡度分类确定铁路修建的相对成本；③利用可建设位置栅格排除不可建设位置，产生"成本"栅格；④用距离成本计算方法产生支线铁路修建费用栅格（取名为 Rail_cost，逻辑关系见图 30-22）。

（4）煤炭运输。①煤矿为"源"栅格，铁路主线为"成本"栅格，产生沿主线的运距栅格；②用邻近分配法将主线运距值分配给周围每个栅格单元；③铁路主线为"源"栅格，允许建设电厂的位置为"成本"栅格，用距离成本方法产生从主线到各栅格单元的支线运距栅格；④主线运距和支线运距相加，再乘系数，产生煤炭运输费用栅格（取名为 Trans_cost，逻辑关系见图 30-23）。

（5）指标综合。对供水费用（Water_cost）、铁路直线修建费用（Rail_cost）及煤炭运输费用（Trans_cost）3 个栅格的数值进行标准化处理，得到 3 个标准化的栅格：Water_std、Rail_std 及 Trans_std，对标准化栅格，按各因子的权重相加，产生选址综合评价栅格（逻辑关系见图 30-24）。

不可建设位置没有栅格数据，取水成本、铁路修建及煤炭运输分析中都用到，这 3 个栅格数据中均不包括不可建设位置，后续的计算结果中也被排除，因此，环境因子不必参加最后的综合。

图 30-22　产生铁路支线修建费用栅格

图 30-23　产生煤炭运输费用栅格

图 30-24　产生选址综合评价栅格

　　本练习过程长、步骤多，初学者可能会将主要精力用于计算机操作，完成操作后，应回顾、理解练习的含义，这比单纯得到正确的计算结果更重要。对栅格分析方法尚不熟悉的读者可回顾本教材第五篇。若对选址的基本原理尚不熟悉，可参考《地理信息系统及其在城市规划与管理中的应用》第 7 章，第 74~80 页（宋小冬、叶嘉安，科学出版社，北京，1995年版）。本练习使用的数据、指标、权重均是作者假设。

<h2 style="text-align:center">思　考　题</h2>

　　1. 复述煤炭在铁路主线上、支线上运距的计算方法原理。

　　2. 复述输水成本、铁路支线修建成本的计算方法原理。

　　3. 尝试用模型构建器（Model Builder）完成本练习。单个模型太大，可参考逻辑关系图，拆分成相对独立的几段。

附录一 软件平台、练习数据、参考读物

1. 关于软件平台

ArcGIS 是美国环境系统研究所（Environmental Systems Research Institute, ESRI）公司开发的地理信息系统软件，为系列产品，涉及范围较宽，其中比较典型的有 ArcGIS for Desktop（桌面式），ArcGIS for Server（基于网络的服务器式），ArcGIS for Mobile（基于手持设备的移动式），ArcGIS Online（在线服务平台），还有开发工具、数据服务等其他产品。本教材是基于桌面式（desktop）的，利用台式或便携式计算机实现各种功能，以交互式操作为主。教材中所有练习均用 ArcGIS 10.1 for Desktop（中文版）完成，含 Service Pack 1，操作系统用 Windows 7。

ArcGIS for Desktop 由若干子系统组成，主要有 ArcMap、ArcCatalog、ArcScene 及 ArcGlobe 等。ArcMap 是最主要的显示、查询、分析、制图子系统。ArcCatalog 是数据管理、维护子系统，部分功能以"目录"、"搜索"窗口形式嵌入到 ArcMap 中。ArcScene 是小范围的三维空间查询、显示子系统。ArcGlobe 是大范围的三维空间查询、显示子系统。本教材未涉及后者。

ArcGIS for Desktop 有多种语言增补模块，安装后，可以灵活切换到不同语言的应用界面。在中文界面中操作，偶然出现个别功能不正常时，切换到英文界面，往往会正常。

ArcGIS for Desktop 有若干扩展模块，本教材涉及的有：3D Analyst，针对不规则三角网数据模型（TIN）和多面体（Multipatch）的应用；Network Analyst，针对交通系统的网络分析；Spatial Analyst，基于栅格模型的空间分析。使用本教材的读者除了要安装扩展模块，还要获得相应的许可证。

2. 关于练习数据

练习数据集成在压缩文件 GISsetup10. exe 中，可从 http://www.ecsponline.com 网站下载，下载方式见"第三版前言注"。下载完成后，在 Windows 操作系统下直接运行 GISsetup10.exe，先出现提示界面，按"下一步(N)"键继续，按提示可点击"更改安装路径（R）"按钮，浏览、选择练习数据所安装的路径，建议将\gis_ex10\设为默认根目录确定后，按"下一步(N)"键继续，大约 1min 可安装完毕，按"完成(F)"键结束。在\gis_ex10\目录下有 ex01，ex02 等目录，存放对应的练习数据；Back 目录下是部分练习数据的备份，可以复制到对应的目录，使数据恢复到初始状态；Mxd 目录下是地图文档（Map Document）的备份文件；temp 目录用于存放临时文件、中间结果及计算结果。

如果安装前某应用程序正在运行，所处理的数据和解开的练习数据文件有冲突，安装结束时会出现警告：是否重启操作系统，可按"取消"键回避，否则，会因重启而强制关闭所有程序，因此，事先关闭可能有冲突的程序（如退出 ArcGIS 的子系统）比较稳妥。

本教材假定练习数据安装路径为\gis_ex10\，实际练习时应按真实路径操作。

练习中的小范围地理数据（包括坐标系、坐标值、属性、权重）均为假设。

本教材附带的数据仅供练习，不得用于其他业务。

3. 进一步学习的参考读物

初学者除了使用本教材做练习，还需要进一步阅读地理信息系统原理方面的教科书，适当循环，才能切实理解。

ArcGIS for Desktop 内容很多。本教材是为初学而编的，若要继续深入了解、掌握软件，应按自己的需要，进一步学习。以下将列出基于 ArcGIS 的与本教材关系较密切的参考读物。

若将 GIS 一般原理和 ArcGIS 功能相对应，可参考《地理信息系统导论（第 5 版）》（（美）张聪康著，陈健飞、张筱林译，科学出版社，北京，2010 年 7 月）。

若对 ArcGIS 10 for Desktop 的功能进行一般了解，可参考《ArcGIS 10 地理信息系统教程》（牟乃夏、刘文宝等，测绘出版社，北京，2012 年 9 月）。

若希望了解更多的栅格分析功能，或进一步涉及地形分析、地统计分析、水文分析，可参考《ArcGIS 地理信息系统空间分析实验教程（第二版）》（汤国安、杨昕等，科学出版社，北京，2012 年 4 月）。

若对 ArcToolbox 进行更详细了解，可参考《ArcGIS 学习指南——ArcToolbox》（邢超、李斌，科学出版社，北京，2010 年 9 月）。

若要进一步了解 GIS 空间分析一般原理，可参考《GIS 空间分析指南》（张旸译，测绘出版社，北京，2011 年 9 月）。原著为 *The ESRI Guide to GIS Analysis, Volume 1: Geographic Patterns and Relationships*（Mitchell A, ESRI Press, Redland CA，1999）。

若要进一步了解地理数据库的概念以及 Geodatabase 的技术原理，可参考《为我们的世界建模——ESRI 地理数据库设计指南》（张晓祥、张峰、姚静译，人民邮电出版社，北京，2004 年 12 月）。该书原著目前有了第二版：*Modeling Our World，The ESRI Guide to Geodatabase Concepts，Second Edition*（Zeiler M，ESRI Press，Redland CA，2011）。

ArcGIS 的技术说明网页为 http://resources.arcgis.com。

附录二　拓扑规则说明

　　运用或处理空间数据时，要素之间应该保持某种几何、逻辑关系，或者不要求出现某种关系。例如，汽车站必须在公交线路上，行政管辖范围不能相互重叠。这类特定的关系可用拓扑学来描述、定义，再以生活中的常用词汇表达出来，称为拓扑规则。ArcGIS 的拓扑规则用英语词汇表达，并有附图解释。本附录依据 ArcGIS 10.1 for Desktop 的电子文档 ArcGIS Geodatabase Topology Rules（电子文件名称为 topology_rules_poster.pdf），用中文进行进一步说明。为了贴近现实，便于理解，所用的中文词语和中文版软件菜单提示、帮助文档及技术说明略有差异。

　　若干专用词汇的简要解释如下：

Be covered by：A 被 B 覆盖，A 的全体和 B 的部分有重合。

Overlap：重叠，A 和 B 有部分重合。

Intersect：交叉，A 和 B 除了交叉，也可能有部分重合。

Touch interior：某条线的端点和另一条线的非端点位置有接触。

　　Geodatabase 可将 Feature Class 的子集定义为 Subtype，本教材未涉及。拓扑规则对 Feature Class 和 Subtype 同等对待，本教材省略。

　　以下说明所配的插图中，左半部分是符合规则的例子，右半部分是局部不符合规则的例子（颜色偏深者）。在实际应用时，可能是逆向的，希望出现不符合规则的情形。

1. 点拓扑规则

　　规则一：Must be coincident with，与另一点要素类重合。例如，路灯必须在电杆上（两个点要素类）（附图 1）。

　　规则二：Must be disjoint，相互分离。例如，电杆和电杆必须分离，不能重合（一个点要素类）（附图 2）。

附图 1　点拓扑规则一　　　　　　　　　　附图 2　点拓扑规则二

　　规则三：Must be covered by endpoint of，被线的端点覆盖。例如，变电站必须在输电线的尽端（点要素类和线要素类）（附图 3）。

　　规则四：Point must be covered by line，被线覆盖。例如，消防栓必须和水管重合（点要素类和线要素类）（附图4）。

附图3　点拓扑规则三　　　　　　　附图4　点拓扑规则四

规则五：Must be properly inside polygons，在多边形内部。例如，中心镇必须在县域范围内（点要素类和面要素类）（附图5）。

规则六：Must be covered by boundary of，与多边形边界重合。例如，界碑必须在行政辖区的边界上（点要素类和面要素类）（附图6）。

附图5　点拓扑规则五　　　　　　　附图6　点拓扑规则六

2. 线拓扑规则

规则一：Must be larger than cluster tolerance，要素之间的距离不能小于容差值。例如，利用拓扑关系处理数据过程中，要素的坐标不发生移动（和多边形拓扑规则一重复，插图省略）。

规则二：Must not have pseudonodes，没有伪结点。例如，两条河道不能在尽端汇合，首尾自相连例外（一个线要素类）（附图7）。

规则三：Must not have dangles，没有悬挂点。例如，地块边界不能有悬挂点（一个线要素类）（附图8）。

附图7　线拓扑规则二　　　　　　　附图8　线拓扑规则三

规则四：Must not self overlap，要素自身不重叠。例如，同一条公路不能有部分重合（一个线要素类）（附图9）。

规则五：Must not overlap，相互不重叠。例如，河道和河道不相互重叠（一个线要素类）（附图10）。

附图9　线拓扑规则四　　　　　　附图10　线拓扑规则五

规则六：Must not self intersect，要素自身不交叉。例如，同一条等高线不能自相交叉（一个线要素类）（附图11）。

规则七：Must not intersect，相互不交叉。例如，河道必须在相交处打断，也不能有重合（一个线要素类）（附图12）。

附图11　线拓扑规则六　　　　　　附图12　线拓扑规则七

规则八：Must be single part，不能将分离的部分合为整体。例如，同一条高压输电线不能分离为多个线段（一个线要素类）（附图13）。

规则九：Must not intersect with，与另一线要素类相互不交叉。例如，住宅区道路不能穿越城市道路，也不能部分重合（两个线要素类）（附图14）。

附图13　线拓扑规则八　　　　　　附图14　线拓扑规则九

规则十：Must be covered by feature class of，与另一线要素类重合，被覆盖。例如，公共汽车线路必须行驶在道路上（两个线要素类）（附图15）。

规则十一：Must not intersect or touch interior，线和线不交叉、不重叠，不能与非端点接触。例如，地块分界线不能相互交叉、重叠，交汇处必须都是端点（一个线要素类）（附图16）。

附图15　线拓扑规则十　　　　　　　附图16　线拓扑规则十一

规则十二：Must be covered by boundary of，与多边形的边界重合，被边界覆盖。例如，道路必须和地块边界重合（线要素类和面要素类）（附图17）。

规则十三：Must not intersect or touch interior with，与另一线要素类不交叉、端点不能和非端点接触。例如，次要道路不能穿越主要道路，如果和主要道路相连，双方都是端点（两个线要素类）（附图18）。

附图17　线拓扑规则十二　　　　　　附图18　线拓扑规则十三

规则十四：Must be inside，在多边形内。例如，河道必须在其流域范围内（线要素类和面要素类）（附图19）。

规则十五：Must not overlap with，与另一线要素类不重叠。例如，道路不能和河道有重叠（两个线要素类）（附图20）。

附图19 线拓扑规则十四　　　　　附图20 线拓扑规则十五

规则十六：Endpoint must be covered by，端点与其他要素类重合。例如，燃气管的端点必须有接口（线要素类和点要素类）（附图21）。

附图21 线拓扑规则十六

3. 多边形拓扑规则

规则一：Must be larger than cluster tolerance，要素之间的距离不能小于容差值。例如，利用拓扑关系处理数据过程中，要素的坐标不发生移动（和线拓扑规则一重复，插图省略）。

规则二：Must not overlap，没有重叠。例如，地块之间不重叠（一个面要素类）（附图22）。

规则三：Must not have gaps，没有空隙。例如，行政辖区之间不出现空隙（一个面要素类）（附图23）。

附图22 多边形拓扑规则二　　　　　附图23 多边形拓扑规则三

规则四：Contains point，每个多边形内部至少包含一个点，边界上的点不算包含。例如，每个学区内至少有一所学校（面要素类和点要素类）（附图24）。

规则五：Contains one point，每个多边形内部包含一个点，边界上的点不算包含。例如，每个治安辖区内（只）有一个公安派出所（面要素类和点要素类）（附图25）。

附图24　多边形拓扑规则四　　　　　附图25　多边形拓扑规则五

规则六：Must be covered by feature class of，被另一多边形要素类覆盖。例如，开发区的范围只能在若干乡镇行政辖区之内（两个面要素类）（附图26）。

规则七：Boundary must be covered by，边界必须与另一要素类重合。例如，人口普查区边界必须由若干道路围合而成（两个面要素类）（附图27）。

附图26　多边形拓扑规则六　　　　　附图27　多边形拓扑规则七

规则八：Must not overlap with，与另一要素类的多边形无重叠。例如，湖泊不能和地块有重叠（两个面要素类）（附图28）。

规则九：Must be covered by，被另一要素类中的单个多边形覆盖。例如，县域必须在省域内（两个面要素类）（附图29）。

附图28　多边形拓扑规则八　　　　　附图29　多边形拓扑规则九

规则十：Area boundary must be covered by boundary of，多边形边界与另一要素类的多边形边界重合。例如，开发区的边界必须和若干地块边界重合（两个面要素类）（附图30）。

规则十一：Must cover each other，两个要素类的多边形相互重合、边界一致。例如，街道行政辖区和公安派出所辖区必须相互重合（两个面要素类）（附图31）。

附图30 多边形拓扑规则十

附图31 多边形拓扑规则十一

词 汇 索 引

（汉英对照）

特殊词汇、缩略语

（英汉对照）